塔里木超深高温高压气井修井技术研究

胥志雄　潘昭才　王胜军　高文祥　等编著

石油工业出版社

内 容 提 要

本书在调研国内外超深高温高压气井修井工艺及工具现状的基础上，结合塔里木超深高温高压气井复杂工况下修井案例，介绍了超深高温高压气井修井技术总体概况和修井特色配套技术，并提出了修井作业技术的未来发展方向。

本书可供从事采气工程及井下作业技术人员阅读参考。

图书在版编目（CIP）数据

塔里木超深高温高压气井修井技术研究 / 胥志雄等编著
. —北京：石油工业出版社，2023.12
ISBN 978-7-5183-6256-1

Ⅰ.①塔… Ⅱ.①胥… Ⅲ.①气井－修井 Ⅳ.
① TE358

中国国家版本馆 CIP 数据核字（2023）第 168776 号

出版发行：石油工业出版社
　　　　　（北京安定门外安华里 2 区 1 号　　100011）
　　　　　网　　址：www.petropub.com
　　　　　编辑部：（010）64523760
　　　　　图书营销中心：（010）64523633
经　　销：全国新华书店
印　　刷：北京九州迅驰传媒文化有限公司

2023 年 12 月第 1 版　　2023 年 12 月第 1 次印刷
787×1092 毫米　开本：1/16　印张：16.5
字数：410 千字

定价：128.00 元

《塔里木超深高温高压气井修井技术研究》
编委会

前 言
PREFACE

塔里木油田为世界少有、我国独有的"三超一高"油气田，连续6年油气产量超百万吨增长，在边疆地区建成油气当量3300万吨大油气田。库车前陆盆地天然气资源非常丰富，天然气资源量超过 $5.4×10^{12}m^3$，占塔里木盆地天然气资源量的67.8%，年产能力 $190×10^8m^3$，为国家西气东输工程主力气源地。深层、超深层气藏开辟了中国天然气增储上产的新领域，具有埋藏深（4500~8000m）、地层压力高、地层温度高、普遍含二氧化碳等腐蚀气体的特点，恶劣的井况条件给井完整性带来了巨大挑战，修井作业具有操作复杂、成本高、周期长、风险性大等特点。

目前，产量任务越来越严峻，井数越来越多，修井任务越来越繁重，修井作业的内涵也不断发生变化，与传统作业相比，它具有"常规作业频繁、劳动强度大、粗放式作业、环保风险高"的特征。新时代背景下，修井作业的特征主要扩充为"使命、产量、安全、井筒、技术、质量、环境、发展"八个方面。

在此背景下，本书基于塔里木库车山前地质特征、钻完井现状和生产期间出现的问题，在对标国内外超深高温高压气井修井工艺及工具现状的基础上，从塔里木高温高压气井复杂工况下修井案例出发，总结了超深高温高压气井修井技术和修井特色配套技术，并在现有技术基础上，提出了修井作业技术的未来发展方向。

本书在编写过程中参考了国内外近年的研究成果与文献，也得到了兄弟油田单位和相关科研院校的大力支持，在此表示感谢！编写本书的作者都是长期从事油气田开发现场管理的科技工作者，由于塔里木超深高温高压气井井况条件可参考范例少，且时间仓促，不足之处在所难免，恳请专家与读者批评指正。

目 录
CONTENTS

第一章 超深高温高压气井基本概况

伴随着常规油气藏开发的不断深入，石油开采逐渐向超深、超高温高压的储层方向发展。目前，塔里木克深区块已钻探的平均井深达 6800m，储层温度压力高，是典型的"三超"气井。本章对塔里木库车山前工程地质特征、钻完井概况、生产期间出现的问题进行了介绍。

第一节 塔里木库车山前工程地质概况

塔里木油田库车坳陷是塔里木油田天然气的重要产区，位于塔里木盆地北部，北与南天山断裂褶皱带以逆冲断层相接，南为塔北隆起，东起阳霞凹陷，西至乌什凹陷，是一个以中、新生代沉积为主的叠加型前陆盆地。坳陷中部自北向南划分为"两带一凹"，即克拉苏冲断带、秋里塔格冲断带和拜城凹陷[1-3]。

克拉苏冲断带是南天山南麓第一排冲断构造，该冲断带由北部单斜带、克拉苏构造带两个次级构造单元组成，南北向以克拉苏断裂为界可进一步划分为克拉区带和克深区带，其中克深区带受北部的克拉苏断裂和南部的拜城断裂控制，两条边界断裂之间发育多条次级逆冲断裂，其中克深 21 号构造位于克深区带克深段，克深 21 井位于克深 21 号构造高点附近。东西向可分为四段：博孜—阿瓦特段、大北—吐北段、克深段、克拉 3 南段。塔里木盆地已发现的高温高压气田主要有分布于库车前陆盆地的克拉 2 气田、迪那 2 气田、大北气田和克深等区块。这些气田普遍具有埋藏深、地层压力高、压力系数高、裂缝发育和构造复杂等特点。该区钻探目的层巴什基奇克组埋深普遍超过 5000m，甚至超过 8000m，地层压力系数普遍超过 1.5，部分井温度超过 150℃，属高温、超深、异常高压气藏，矿化度高，氯离子含量高，基质渗透率低（0.1~1.0mD），孔隙度低（6%~9%），属低孔隙度（低孔）低渗透率（低渗）储层。同时天然裂缝比较发育，在钻井过程中钻井液伤害比较严重，多数井需要储层改造才能够恢复自然产能。

通过对克深、博孜、大北和迪那四个区块进行过大修的部分井的工程地质、井下作业、施工设计与工艺、井史、地层水等相关资料，进行全面的数据统计和分析，列出了克深、大北、博孜和迪那四个区块的工程地质概况及储层特征，见表 1-1-1 和表 1-1-2。通过对地层水资料的统计分析（主要包括密度、pH 值、总矿化度、水型等）列出了水质分析结果，见表 1-1-3。

表 1-1-1　库车坳陷克深、博孜、大北、迪那区块地质构造特征

构造带	区块	构造	目的层
克拉苏构造带	克深	库车坳陷中部自北向南划分为"两带一凹"，即克拉苏冲断带、秋里塔格冲断带、拜城凹陷；克拉苏冲断带由北部单斜带、克拉苏构造带两个次级构造单元组成，南北向以克拉苏断裂为界可分为克拉苏区带和克深区带	白垩系巴什基奇克组、巴西改组
	博孜	克拉苏构造带克深区带西倾末端，冲断、褶皱形成库车逆冲叠瓦构造带，盐相关褶皱极为发育	白垩系巴什基奇克组、巴西改组
	大北	克拉苏构造带克深区带西段，该区带受北部的克拉苏断裂和南部的拜城断裂所夹持，两条区域大断裂之间发育多条次级逆冲断裂，由北向南形成 7 个断背斜	白垩系巴什基奇克组、巴西改组
秋里塔格构造带	迪那	秋里塔格构造带的东段；秋里塔格构造带位于库车前陆冲断带最前峰，为弧形构造，北部与拜城凹陷以单斜相连；西段褶皱冲断隆起幅度较高，向东逐渐倾伏消失	古近系苏维依组、库姆格列木群

表 1-1-2　库车坳陷克深、博孜、大北、迪那区块储层特征

区块	岩石学特征	储层类型	物性特征	裂缝发育特征	流体性质	气藏类型
克深	结构成熟度中等，石英为主	裂缝—孔隙型储层	特低孔、低渗储层	平行高角度缝、高角度网状缝及高角度共轭缝	甲烷含量 97%~98.5%；CO_2 含量 0.59%~1.04%；不含 H_2S	典型干气气藏
博孜	泥岩与粉、细砂岩	裂缝—孔隙型储层	特低孔、低渗储层	大量的高角度裂缝及微裂缝	甲烷含量高，含凝析油；含 CO_2，不含 H_2S	凝析层状气藏
大北	砂岩、泥质粉砂岩	裂缝—孔隙型储层	低孔—特低孔、特低渗储层	高角度裂缝，裂缝倾角 50°~70°	甲烷含量 96.00%，CO_2 平均含量 1.11%	凝析湿气气藏
迪那	砂岩、细砂岩，砾砂岩，砾岩，石英长石为主	裂缝—孔隙型储层	低孔低渗—特低孔特低渗储层	高角度为主，每米约 0.5 条	甲烷含量平均 87.7%；CO_2 含量 0.07%~6.93%；不含 H_2S	凝析气藏

表 1-1-3　库车坳陷克深、博孜、大北、迪那区块地层水特征

区块	地层水主要类型	水质主要颜色	平均总矿化度 / g/cm³	平均 pH 值	平均密度 / g/cm³	平均氯离子含量 / g/cm³	是否含 CO_2
克深	氯化钙水型 85%，碳酸氢钠水型 8%，氯化镁水型 7%	黄色、褐色、乳白色；刺激性气味和芳香性气味；大量絮状物和颗粒	160072	6.02	1.1078	55297	是
博孜	氯化钙水型 71%，碳酸氢钠水型 29%	褐色、棕色、黄色；刺激性气味和芳香性气味；大量絮状物和颗粒	151480	5.91	1.1107	67003	是
大北	氯化钙水型 89%，碳酸氢钠水型 8%，氯化镁水型 3%	黄色、浅黄色、砖红色；刺激性气味和芳香性气味；大量絮状物和颗粒	158666	5.47	1.0678	96275	是
迪那	氯化钙水型 53%，碳酸钠水型 28%，碳酸氢钠水型 13%，氯化镁水型占比 6%	黄色、褐色、浅黄色、浅褐色、棕色；刺激性气味和芳香性气味；大量絮状物和颗粒	127960	5.72	1.0219	78420	是

第二节　钻完井概况

塔里木地区地质情况复杂，储层埋藏深，为了开采油气资源，勘探开发新储层，深井和超深井的数量逐渐增多，井眼尺寸越来越小。伴随着小井眼井数的增多，后期修井处理因受作业管柱水眼尺寸、钻杆、工具强度和作业空间等限制，处理这种事故更加艰难，处理手段都比较单一，成功率低，耗时长，成本高，给油井正常生产带来极大的影响。

7in套管完井主要集中在迪那区块（大北区块部分井），由于该区块相比大北、克深、博孜区块井深、温度、地层压力工况严苛程度较低，井内管柱变形、断裂、埋卡问题相对复杂程度较低，处理难度较低，且常规配套修井工具及技术基本成熟，区块修井周期为31~118天，平均为79.1天，修井成功率较高。

5½in或5in套管完井主要集中在克深、大北、博孜区块，目前塔里木超深高压井小井眼常用井身结构为塔标Ⅰ（图1-2-1）、塔标ⅡB（图1-2-2），对应的油层套管程序为7in+7⅛in（封盐）+5in、7¾in+8⅛in（封盐）+5½in，由于区域井深6800~8000m、井温166~190℃、地层压力112~136MPa井况工况严苛，且随着库车山前勘探开发的不断深入，勘探开发对象日益复杂，井况、工况越来越恶劣。

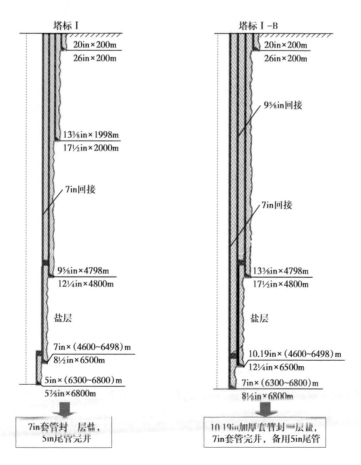

图1-2-1　塔标Ⅰ井身结构图

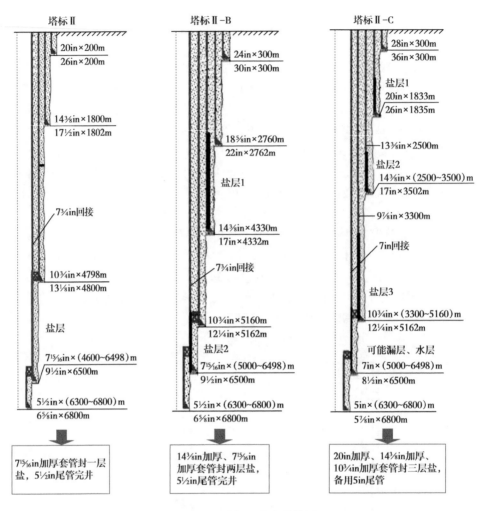

图 1-2-2　塔标Ⅱ井身结构图

超深高温高压气井完井管柱主要由井下安全阀、油管、永久式封隔器等构成，根据井况配置生产筛管、射孔枪等其他工具，管柱具有结构简单、安全性高及使用寿命长等特点。针对库车山前不同区块高压超高压气藏特点，结合改造增产要求与工程技术能力，同时考虑到安全高效开发的生产需求，设计出三种不同的完井管柱结构：（1）射孔—酸压—完井一体化完井管柱；（2）射孔后再下入封隔器改造—完井一体化完井管柱；（3）分层改造—完井一体化完井管柱。

一、射孔—酸压—完井一体化完井管柱

射孔—酸压—完井一体化完井管柱主要用于储层情况已经明确、改造方式已经形成固定模式的开发井，采用这种工艺可以一次性完成射孔、酸压改造及酸化后的对比测试等作业工序，避免了常规完井中多次重复起下钻、压井等作业程序，既提高了作业效率，也减少了压井、起下钻作业过程中的井控安全风险和对储层的伤害。

管柱结构：油管挂＋油管＋井下安全阀＋油管＋永久式完井封隔器＋油管＋剪切球座＋开孔油管＋射孔枪，根据井身结构和管柱优化设计的结果来确定使用的油管外径及封隔器类型。

管柱特点：利用一趟管柱，直接实现射孔、酸化和排液求产等联合作业，减少了起下钻次数和地层伤害；如果口袋较长具备射孔后丢枪条件则在管柱上增加丢枪接头，射孔后自动丢枪；如果不具备丢枪条件则可选择全通径射孔枪，这样既避免了射孔枪影响改造效果，又能满足后期生产、电测的需要。典型完井管柱示意图如图1-2-3所示。

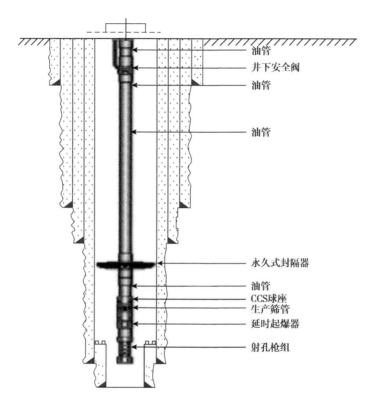

图1-2-3　射孔—酸压—完井一体化完井管柱示意图

二、改造—完井一体化完井管柱

改造—完井一体化完井管柱主要用于评价井及不具备丢枪条件的开发井完井作业。采用这种管柱结构可以实现储层改造和后期的完井投产。该工艺管柱配置了以"气密封油管、超高压安全阀、永久式封隔器"为核心的三套改造—完井—投产一体化管柱系列，可满足不同改造规模需求，满足长期安全生产、储层改造和后期生产电测的需要。

（1）小型酸洗—完井管柱。

对于裂缝发育的储层，采用小型酸洗或酸化作业即可获得工业产能。完井管柱以ϕ73 in油管为主，满足排量在$3m^3/min$以下的改造要求。具体管柱结构如图1-2-4所示。

（2）大型酸压—完井管柱。

对于裂缝较发育的储层，需要通过大型酸压或水力压裂才能获得工业产能。完井管柱采用 4½in 和 3½in 油管组合，满足排量 5~7m³/min 的改造要求。具体管柱结构如图 1-2-5 所示。

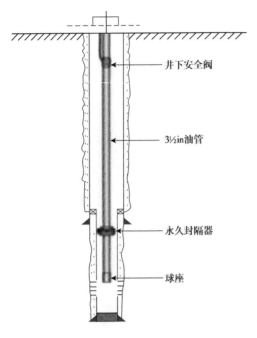

图 1-2-4　小型酸洗—完井管柱示意图　　　图 1-2-5　大型酸压—完井管柱示意图

（3）加砂压裂完井管柱。

对于裂缝欠发育的储层，只能通过加砂压裂才能获得工业产能。为满足加砂压裂施工要求，完井管柱以 4½in 油管为主，设计施工排量 8m³/min 以上。

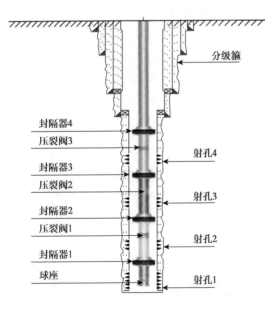

图 1-2-6　分层改造压裂工具示意图

三、机械分层改造—完井一体化工艺

分层压裂工艺是针对非均质性严重的纵向多产层，提高纵向改造强度的一种压裂工艺。改造井段较长时进行压裂一般采用分层压裂技术，针对井深、温度高、地层压力高等储层特点，优选了封隔器＋压裂滑套分段改造工具，采用这种管柱结构可以实现定点、定段的储层改造和完井投产（图 1-2-6）。

管柱结构：油管挂＋油管＋永久式封隔器＋改造滑套＋油管＋永久式封隔器＋油管＋永久式封隔器＋改造滑套＋油管＋永久式封隔器＋改造滑套＋油管＋永久式

封隔器＋改造滑套＋油管＋球座＋改造滑套。

管柱特点：可满足长期安全生产的要求；可利用压裂滑套实现分层改造；管柱内通径能满足后期生产电测的需要。

第三节　生产期间出现的问题

通过对库车山前截至 2019 年底已完成 19 井次修井作业分析，导致修井作业包括因油管穿孔或断裂引起 A、B、C 环空带压不得不修井的井筒完整性问题，井下或管柱内有落鱼影响井内生产通道的井内复杂情况导致的不得不修井，因为井筒完整性和井筒堵塞综合问题或是完整性问题和井内复杂情况导致的不得不修井等多种原因。

一、井筒完整性问题

油套连通导致环空压力异常：

（1）油套管渗漏或腐蚀穿孔；

（2）井口密封失效；

（3）因腐蚀和综合工况应力导致油管断裂产生纵向裂纹出现油套连通问题；

（4）油管接头口型的压缩效率较低，导致油管接头泄漏。

二、井下复杂修井生产测试过程或完井过程中出现复杂情况

（1）完井—射孔—酸压一体管柱 THT 封隔器坐封后射孔枪未响；

（2）试井压力计带钢丝落井；

（3）试井压力计托筒＋减振器＋油管＋射孔枪组落井；

（4）永久式封隔器及以下射孔枪串残留井内。

三、其他

完整性和井筒堵塞综合问题或完整性问题和井内复杂生产过程中井筒堵塞，同时油套连通，包括：

（1）试井压力计带钢丝落井，井筒出砂、钢丝或电缆丝堵塞通道；

（2）砂、蜡、垢等的堵塞导致油管存在被挤毁风险；

（3）磷酸盐环空保护液导致油管存在腐蚀穿孔风险；

（4）油管断裂水眼堵塞。

第二章 国内外超深高温高压气井修井主体工艺概况

国外超深高温高压气井主要分布在英国北海 Elgin-Franklin 区块、伊朗 Mansuri 区块、阿联酋 Sajaa 区块、墨西哥湾区块等；国内超深高温高压气井主要分布在中国石化彭州区块、西南油气田高磨区块和双鱼石区块、南海东方 1-1 气田、塔河油田区块等。本章主要对国内外超深高温高压气田地质情况、钻完井情况、生产期间出现的问题等方面进行了对标分析和总结，并调研分析了国内外修井工艺及工具概况。

第一节 国外超深高温高压区块概况

一、地质概况

1. 英国北海 Elgin-Franklin 气田

1991 年发现的 Elgin 气田和 1985 年发现的 Franklin 气田位于北海中部，相距大约 10km。主要储层深度为 5300m，储层压力为 110MPa、温度为 190℃，具体见表 2-1-1[4-5]。

表 2-1-1 Elgin-Franklin 气田的油藏参数汇总

气田	埋深 / m	压力 / MPa	温度 / ℃	储层流体	渗透率 / mD	CO_2 含量 / %	H_2S 含量 / mL/m³
Elgin-Franklin	5364	110.6	189	凝析气	0.01~1000	2.0~7.0	30~50

2. 伊朗 Mansuri 油田

Mansuri 油田位于 Dezful 海湾，是 Zagros 褶断带的一个分区。Mansuri 背斜位于伊朗西北部的 Khuzestan 省，Mansuri 油田有五个油藏，分别位于 Asmari 组，Ilam 组，Upper Sarvak 组，Lower Sarvak 组和 Khami 组[6]。储层埋深约为 4450m，油藏压力大于 70.0MPa，温度高于 150℃。Khami 组油藏的原始压力和温度分别约为 87MPa 和 140.6℃，渗透率约为 4mD。Mansuri 油田的油藏参数汇总见表 2-1-2。

表 2-1-2 Elgin-Franklin 气田的油藏参数汇总

区块	埋深 /m	压力 /MPa	温度 /℃	储层流体	渗透率 /mD	储层特性
Mansuri	4450~4850	> 69.9	150	油	4	裂缝型海相碳酸盐岩

3. 阿联酋 Sajaa 气田

Sajaa 气田于 1980 年首次被发现，位于阿联酋 Sharjah 的 Rub' Al-Khali 盆地，Rub' Al-Khali 盆地是阿拉伯板块最大的盆地之一，从南部的哈德拉穆特延伸到霍尔木兹海峡和伊朗东南部沿海地区[7]。

Sajaa 气田储层为 Sharjah 中心东部的下白垩统（提塘期—早瓦兰今晚期）断裂带。它是阿曼山脉前缘俯冲地层的一部分，在晚白垩世时期被移动到当前位置。目前，开发集中在上侏罗统和下白垩统，储层流体为酸性气体，含 5% 的 H_2S，14% 的 CO_2，80% 的 CH_4，以及高水气比，约为 150 bbl/10^6ft^3（$8.4×10^{-4}$m^3/m^3）。

Sajaa 气田的 Thamama 气藏是一个凝析气藏，其压力和温度分别约为 54MPa 和 132℃。孔隙度为 0.6%~23.0%，渗透率为 0.1~100mD，平均渗透率为 1mD。所产气体由 76% 的 CH_4，约 5% 的 CO_2，约 1% 的 N_2 和约 0.1% 的 H_2S 组成。据报道，该气田的可采储量约为 $6.0×10^{12}$ft^3（$1.7×10^{11}$m^3）的天然气和 $4.50×10^8$bbl（$7.2×10^7$m^3）的凝析油。

4. 墨西哥湾区块

墨西哥湾海上油田，主要分布在西南部的坎佩切湾和美国得克萨斯州及路易斯安那州沿海。1978 年，坎佩切湾石油探明储量 $50×10^8$t 以上，美国所属墨西哥湾大陆架区石油储量为 $20×10^8$t，天然气储量 $3600×10^8$m^3[8-9]。

墨西哥湾储层包括碎屑岩和碳酸盐岩，主要以碎屑岩为主，储层孔隙度为 16%~36%，渗透率为 50~3200mD。

墨西哥湾油气藏具有超深、超高温、超高压、高孔隙度、高渗透的特点，储层埋深为 6000~10000m，储层温度为 240~275℃，储层压力为 70~240MPa，其中 H_2S 含量为 25mL/m^3，CO_2 含量高达 6%（表 2-1-3）。

表 2-1-3　墨西哥湾油气藏参数汇总

区块	埋深 /m	压力 / MPa	温度 /℃	孔隙度 /%	渗透率 /mD	CO_2/%	H_2S/（mL/m^3）
墨西哥湾	6000~10000	70~240	240~275	16~36	50~3200	6	25

二、钻完井概况

1. 英国北海 Elgin-Franklin 气田

Elgin-Franklin 气田的完井理念是在开发的概念阶段确定的，该设计优化了完井的操作和功能，同时考虑了高温高压环境对现场施工的重大安全影响[10]。

设计基本前提为：套管结构满足储层井眼尺寸要求；井身结构尽可能简单；尽量避免使用弹性或动态密封；确保安全可靠地封隔流体；通过对最长 200m 的区域进行射孔参数优化，优化储层与井筒界面的质量；将修井要求降至最低。井身结构如图 2-1-1 所示。

完井选用了两种尺寸油管。所有生产套管尺寸为 9⅝in、10¾in 的井都将下入 5in 油管，5in 油管为可回收高且可补偿的嵌入油管，与 4½in 油管相比其有生产性能优势。4½in 油管可下入 7⅝in 回接管柱中（如果套管磨损严重，可以下入）。完井管柱结构如图 2-1-2 所示。

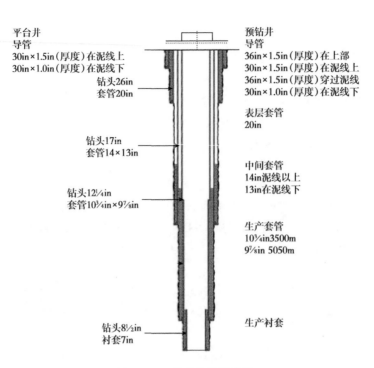

平台井
导管
30in×1.5in（厚度）在泥线上
30in×1.0in（厚度）在泥线下

钻头26in
套管20in

钻头17in
套管14×13in

钻头12¼in
套管10¾in×9⅞in

钻头8½in
衬套7in

预钻井
导管
36in×1.5in（厚度）在上部
30in×1.5in（厚度）在泥线上
36in×1.5in（厚度）穿过泥线
30in×1.0in（厚度）在泥线下

表层套管
20in

中间套管
14in泥线以上
13in在泥线下

生产套管
10¾in3500m
9⅞in 5050m

生产衬套

图 2-1-1　井身结构示意图

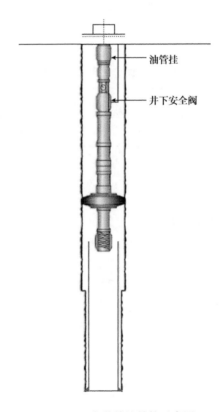

油管挂

井下安全阀

图 2-1-2　完井管柱结构示意图

2. 伊朗 Mansuri 区块

为提高油井产能，伊朗国家石油公司（NIOC）选择了裸眼完井策略，使用裸眼膨胀式防砂筛管（ESS，Expandable Sand Screen）进行防砂，并对井壁提供支撑，更重要的是，能够使井壁维持更长的稳定，从而最终提高储层采收率[11]。

例如 MI-34 井为增加储层产量，通过安装防砂装置来减少出砂，选择侧钻和重新完井，首先在 7in 的衬管上铣出一个窗口，开口点位于 2153.5m，钻出长度为 64m 的 6⅛ in 裸眼，这个过程中增加了一个 52m 的储层段（2168~2220m）。然后通过酸化除去滤饼。酸化后，刮管洗井，保证封隔器顺利坐封，确保井中无杂物损坏 ESS。膨胀悬挂封隔器坐封在 7in 尾管中，使可膨胀防砂筛管穿过储层。然后，使用轴向柔性膨胀工具对 ESS 进行膨胀。通过工具头中的钻头喷嘴泵送产生的背压确保防砂筛管膨胀至完全接触井壁，即使在不规则几何形状的井眼中也是如此。

ESS 与其他可膨胀管技术的区别在于开槽基管。开槽基管允许膨胀率比原始直径大80%。与安装在井眼尺寸相同的传统防砂筛管相比，ESS 提供了更大流入面积和更大流动内径。ESS 具有三层结构：基管、过滤介质和外部保护套（图 2-1-3）。基管和外保护套在膨胀过程中打开，以适应直径的变化，而层层叠叠的过滤介质层相互滑动，形成过滤介质，进行防砂。

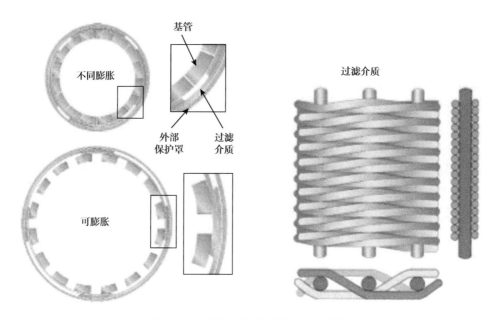

图 2-1-3　膨胀式防砂筛管（ESS）结构

开发了两种扩展工具来扩展 ESS。第一种是柔性旋转膨胀系统（CRES）。柔性旋转膨胀系统已经被一种更可靠、更容易操作的系统所取代，这种系统被称为轴向柔性膨胀（ACE）（图 2-1-4）。该工具是柔性的，因为如果遇到孔径增大或减小的情况，活塞可以伸出或缩回。这使得 ESS 能够完全膨胀，以改善与井眼接触，从而提供更好的井眼支撑并消除任何微间隙。柔性滚子 / 移动活塞组件激活通过在轴向柔性膨胀工具内产生背压来实现。背压由流体直接在柔性部分的前端通过钻头喷射喷嘴而产生。

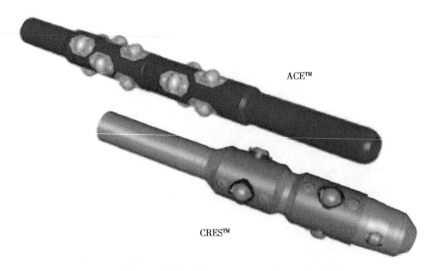

图 2-1-4　柔性旋转膨胀系统（CRES）和轴向柔性膨胀（ACE）

3. 阿联酋 Sajaa 气田

目前，Sajaa 气田储层段水平展布长度为 10000~20000ft，采用 6⅝in 预穿孔衬管（PPL）、流入控制装置（ICD）或有限孔眼衬管（LEL）下部完井[12-13]。

Sajaa 气田西部的储层物性较差，需要采用有限孔眼衬管进行下部完井，通过压裂增产提高油井产能。若在下入完井管柱和裸眼顶替期间堵塞下部完井管柱过流孔眼，可以显著缩短完井阶段时间，从而可以使用尾管送入管柱进行井筒顶替作业，随后无须干预即可进行生产和增产作业。在没有专用工作管柱的情况下，需要一种可靠的方法对衬管鞋进行液压隔离。与预穿孔衬管下部完井相比，有限孔眼衬管下部完井需要封堵的完井管柱上的过流孔眼数量有限；与流入控制装置相比，完井设备的复杂性降低。因此，有限孔眼衬管下部完井被视为衬管封堵的理想候选方案，可最大限度地提高大位移钻井（ERD）长分支井的产量和采收率。为了提高长分支井的产量和采收率，降低完井设备的复杂性，堵塞衬管技术的开发开始使用可溶解堵塞喷嘴组件（DPNA），与有限孔眼衬管下部完井和远程关闭鞋（RCS，Remote Close Shoe）一起下入。

4. 墨西哥湾区块

墨西哥湾盐下复杂地层地质挑战主要为盐下破碎岩层带和异常压力地层，主要钻井风险为严重漏失、坍塌卡钻和井控风险。应对上述钻井技术风险的盐下安全钻井技术包括迭代式地震反演地层预测技术、井身结构优化、钻井液优选和配套特殊钻井工具装备，安全钻井技术在实际应用中有效解决了盐下复杂地层问题，带来较好的安全和经济效益。

墨西哥湾 A-1 井水深 2400m，井深 6600m，中间 3200~4300m 钻遇一套 1100m 厚盐层。设计井深结构 7 开，实钻 8 开（盐下发生严重漏失，下入应急尾管），由于井身结构层次较多，下部地层使用钻头 + 扩眼器的钻具组合进行扩眼钻进，以最大程度增加井眼尺寸，为套管下入和固井留有足够环空间隙，实钻井身结构如图 2-1-5 所示：36in 喷射井段 + 26in 表层井段 + 17½in×22in 扩眼井段 + 16⅜in×20in 扩眼井段 + 14½in×17½in 扩眼井段 + 12¼in×14¾in 扩眼井段 + 10⅝in×12¼in 扩眼井段 + 8½in 井段。

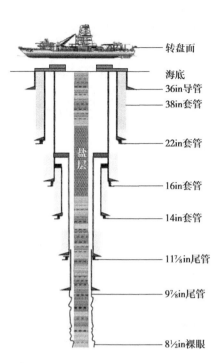

转盘面
海底
36in导管
38in套管
22in套管
16in套管
14in套管
11⅞in尾管
9⅞in尾管
8½in裸眼

盐层

图 2-1-5　墨西哥湾 A-1 井实际井身结构

三、生产期间出现的问题概况

对国外哈乌扎克、萨曼杰佩气田、墨西哥湾 Atlantis 油田等多个区域生产期间出现的问题进行调研，通过调研发现井口设备腐蚀、油管脱扣、腐蚀断裂、穿孔等问题在各个油田较为普遍，部分区域生产期间出现套管腐蚀穿孔、水泥环气窜问题较常见，对于不同生产期间出现问题的处理方式有所不同。

（1）高含硫气藏，井内管柱套管腐蚀严重，管柱断裂，环空带压井居多；

（2）年限较长的井，井口设备及井身腐蚀严重，井口采气树阀门损坏较为常见；

（3）气层活跃封井期间，虽然定期进行压井液循环，去除压井液中置换的地层气，但大部分气井井口仍有较高的油压、套压；

（4）高压气井环空压力异常问题较为常见；

（5）产层压裂充填支撑剂失效出砂导致井筒堵塞。

第二节　国内超深高温高压区块概况

一、地质概况

1. 中国石化彭州区块

彭州气田是川西中段雷口坡组的代表性气藏，位于彭州至鸭子河地区一线，主要构造呈北东向沿龙门山山前展布。川西海相雷口坡组气藏资源丰富，具有高温、高含硫、埋藏深的特点。雷口坡组构造位于彭州断层北西盘（上盘）和安县—都江堰断层（下盘）之间形成的断背斜构造，构造圈闭的闭合线为海拔高度 -5km，闭合高度约 335m，面积约

$200km^2$。彭州地区雷口坡组雷四上亚段下储层段储层主要发育在藻黏结云岩、晶粒云岩及颗粒云岩中，藻黏结灰岩中发育较少。储集空间类型主要以膏溶孔、膏模孔为主，其次是未充填构造裂缝、晶间孔及晶间溶孔。在横向上储层主要在台地内部局限潮坪环境中发育。该构造长轴方向为北东—南西向，北西向构造具有一致性，断层发育；而北东方向构造虽略有起伏，但整体构造稳定，构造高点位于鸭子河一带，是一个较完整的断背斜构造。该气藏普遍埋深在 5700.0~6100.0m 左右，地层压力梯度 1.1MPa/100m 左右，气藏温度 150°C 左右，CO_2 含量 3%~5%，H_2S 含量 3%~6%[14]。

2. 西南油气田高磨区块

高石梯—磨溪区块（安岳气田）地理位置位于四川省遂宁市、资阳市及重庆市潼南区境内，地面出露侏罗系砂泥岩地层，丘陵地貌，地面海拔 250~400m。高石梯—磨溪区块碳酸盐岩主力产层主要包括寒武系龙王庙组和震旦系灯影组。

高石梯区块（安岳气田）区域构造位置位于四川盆地中部川中古隆起平缓构造区威远至龙女寺构造群，处于乐山—龙女寺古隆起区，东邻合川气田，西南与威远气田相望[15]。气藏产层埋深在 5000m 左右，高石梯—磨溪区块灯四段地层温度 148.7~158.9°C，平均 153.55°C，地温梯度 2.6°C/100m 左右，地层压力系数在 1.09~1.15，属高温常压气藏。高石梯区块气井压力在 56.01~57.54MPa；磨溪区块气井压力为 57.59~60.12MPa。天然气组分中 H_2S 含量 1.18% 左右，CO_2 含量为 4.11%~8.16%，且单井产量普遍较高，单井最高测试产量为 $263.47×10^4m^3/d$，具有深层、高温、高压含酸性介质和大产量等特点。

高温、高压、含酸性介质和大产量等特点给完井投产造成相当大的困难，主要表现在几个方面：（1）气藏温度和压力高，对完井工具和井口等都提出了非常高的要求；（2）天然气中含 H_2S 和 CO_2，对入井管材与螺纹密封性能要求高；（3）气井产量高，对完井管柱和工具抗冲蚀性能要求高；（4）储层埋藏深，施工压力高，酸化施工控制难度大。

3. 西南油气田双鱼石区块

双鱼石区块高带区内断层发育，主要为南西—北东向逆断层，长 2~40km，栖霞组垂向断距在 80~180m，受断层控制区内发育多个背斜、断背斜及断鼻构造圈闭，由西至东可划分为麻柳场、王家坝—海棠铺—云集—盐店场、卢家漕—古脚台、田坝里—双鱼石、上吴家山—秀钟、多宝寺 6 个构造高带，高带区面积为 $466.47km^2$。6 个构造高带共发育圈闭 24 个，单个圈闭面积为 $1.45~31.96km^2$，累计圈闭面积为 $235.1km^2$。

区内栖霞组主要岩性为生屑灰岩及白云岩，与下伏梁山组呈整合接触，与上覆茅口组整合接触。区内地层分布稳定，厚度 104~139m，平均厚度约 120m；纵向上分为栖一段和栖二段，栖一段厚度约为 44~80.5m，平均厚度约 58m；栖二段厚度约为 44~79m，平均厚度约 64m；平面上，向北东方向地层厚度减薄[16-17]。

川西北部地区栖霞组沉积期广泛海侵，继承了云南运动对泥盆系、石炭系改造后的古地貌背景，沉积环境为碳酸盐岩台地，分为台缘滩、台内滩和开阔台地 3 个亚相，双鱼石区块位于储层发育最有利的台缘滩亚相，区内滩体垂厚 26~42m，分布稳定，横向连续性好，高能滩云化形成颗粒白云岩，呈大面积连续分布，厚度在 20~25m，北东往南西方向白云岩逐渐增厚。

储集岩主要为晶粒白云岩和残余砂屑白云岩，储集空间以晶间孔、晶间溶孔为主，溶洞和微裂缝发育，储层洞密度为 13.54 个/m，以中、小溶洞为主，裂缝以水平缝和张开缝

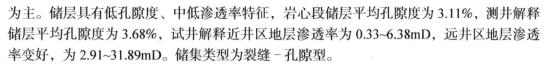

为主。储层具有低孔隙度、中低渗透率特征，岩心段储层平均孔隙度为3.11%，测井解释储层平均孔隙度为3.68%，试井解释近井区地层渗透率为0.33~6.38mD，远井区地层渗透率变好，为2.91~31.89mD。储集类型为裂缝-孔隙型。

双鱼石区块目的层平均垂深为7000~8000m，气藏中部温度约154℃，原始地层压力约95.00MPa、压力系数为1.37。栖霞组属高温、高压、中含硫、低含二氧化碳气藏，H_2S含量为5.62g/m³，CO_2含量为39.35g/m³。

4. 南海东方1-1气田

东方气田隶属南海西部油田，气田位于南海北部莺歌海海域，东方1-1气田是国内海上首个高温高压气田，压力系数为1.91，地温梯度为4.36℃/100m，天然气中CO_2含量高达50%。

是以海相沉积为主的地层，自上而下新生代可划分为6个组段：第四系，新近系莺歌海组、黄流组，古近系梅山组、三亚组、陵水组—崖城组。东方1-1构造所钻遇的主要地层有第四系、新近系莺歌海组和黄流组，以及古近系梅山组[18-19]。

东方1-1含气层属于莺歌海组二段上部，储层段厚度约为150~200m，顶部埋深1200~1300m。气田主要开发Ⅱb砂体与Ⅲa砂体，Ⅱb气组渗透率在0.45~14.05mD，平均为7.05mD，Ⅲa气组渗透率在0.64~3.28mD，平均为1.88mD，该气田整体表现为低渗透特征。温度分布范围在140~249℃，地层压力系数为1.7~2.3；流体组分多样：多含有酸性气体，而且分布不均衡，部分区域CO_2含量低于1%，而部分区域高达90%以上，具有潜在H_2S风险。

东方1-1气田天然气具有如下特点：

（1）天然气中烃类以CH_4为主，C_2以上组分含量较少（0.63%~2.61%），属干气；

（2）根据非烃含量可将天然气分为两类：第一类高含N_2（15.31%~31.21%），低含CO_2（小于1%），相对密度为0.647~0.697；第二类高含CO_2（51.6%~73%），低含N_2（4.75%~7.03%），相对密度为1.2。

5. 塔河油田区块

塔河油田位于天山南麓、塔克拉玛干沙漠北缘，构造上属塔里木盆地北部沙雅隆起中段阿克库勒凸起西部，是中国石化第二大油田，目前原油年产量超过600×10^4t。

塔河油田南邻满加尔生烃坳陷，主要烃源岩为寒武系、奥陶系，以斜坡和欠补偿盆地相暗色富含有机质泥岩和碳酸盐岩为主，满加尔坳陷最为发育，厚度达800~1200m；台地相烃源岩以碳酸盐岩为主，一般厚度为600~800m。

塔河油田奥陶系碳酸盐岩油藏属于缝洞型油藏，储集空间以裂缝、溶蚀孔隙和溶蚀孔洞及大型洞穴为主，底水发育。储集体表现为相对孤立的单井缝洞单元，储集体内高角度裂缝发育。该类气藏储集空间类型多样化、埋藏深、构造复杂、连通性差，具有网络状油气藏的特征，是当前最复杂特殊的气藏之一。

塔河油田主要产层属缝洞型碳酸盐岩地层，具有埋藏深（5300~8400m）、温度高（120~180℃）和压力高（55~90MPa）的特点，并普遍含有H_2S（含量为0.01%~15.00%）[20]。

二、钻完井概况

1. 中国石化彭州区块

为减少作业次数，降低作业风险及成本，形成深井超深井APR测试工艺技术和试油完井一体化技术。根据完井试油作业目的及要求优先采用相应的完井试油技术（表2-2-1），确保了深井超深井高效、安全试油和快速投产。其中以试油—暂闭—完井一体化管柱为核心的试油完井一体化技术系列，较好解决了高压高产气井测试后储层易漏、压井难、卡埋管柱等难题，降低了井控风险，缩短单层试油完井作业周期，大大提高了油气勘探效率[21-22]。

表 2-2-1　超深高温高压气井完井试油技术表

完井试油技术	管柱结构	工艺特点	应用推荐
APR 测试工艺技术	APR 测试工具 + 丢手工具 + 测试封隔器 / 完井封隔器	射孔—酸化—测试三联作，测试周期短	以录取资料为主要目的的探井或评价井
	APR 测试工具 + 丢手工具 + 测试封隔器 / 完井封隔器	先射孔，后下酸化—测试联作管柱，能及时检查射孔质量同时避免射孔冲击载荷的影响	
试油完井一体化技术	APR 测试工具 + 丢手工具 + 井下关井阀 + 液压完井封隔器	测试后用原管柱直接封堵产层，减少压井堵漏时间，节约试油转层周期	多层试油，需要快速转层试油的井
	APR 测试工具 + 完井封隔器 + 暂堵球座	单层试油取全取准地层资料后，管柱脱接封堵产层，回插后可直接投产	勘探结束后快速投产气井

完井方式主体上采用套管射孔完井，其中2口井采用193.7mm+139.7mm 油层套管（彭州103、马井1），3口井采用273.1mm+193.7mm+139.7mm 油层套管，如图2-2-1 所示。

安卓1采用裸眼完井，273.1mm+193.7mm 油层套管 +165.1mm 裸眼，如图2-2-2 所示。

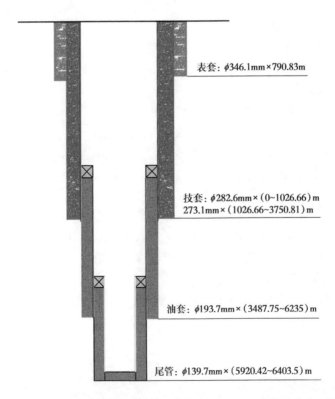

表套：ϕ346.1mm×790.83m

技套：ϕ282.6mm×（0~1026.66）m
273.1mm×（1026.66~3750.81）m

油套：ϕ193.7mm×（3487.75~6235）m

尾管：ϕ139.7mm×（5920.42~6403.5）m

图 2-2-1　前期测试井 193.7mm 套管回接至井口，后期井均未回接

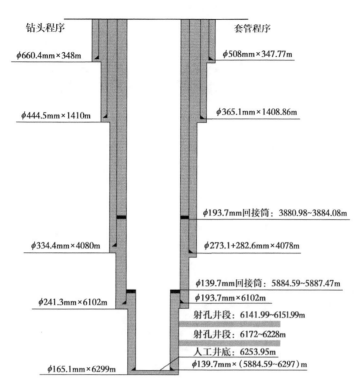

图 2-2-2　安阜 1 井裸眼完井井身结构示意图

2. 西南油气田高磨区块

1）主要井身结构

根据气藏工程方案，震旦系开发井井型分为斜井和水平井。井身结构主要依据磨溪区块地层三压力剖面、套管必封点并结合前期钻井经验及单井配产要求的完井管柱尺寸进行设计（表 2-2-2）。

表 2-2-2　磨溪地区灯四气藏井身结构方案设计

开钻次序	参考井段 / m	钻头尺寸 / mm	套管程序	套管下入地层层位
一开	0~500	444.5	表层套管	沙二段
二开	500~3200	311.2	技术套管	嘉二 3
三开	3200~5000	215.9	油层回接	—
			油层悬挂	灯四顶
四开	5000~ 设计井深	19.2	尾管悬挂 / 裸眼	灯二段 / 灯二段

2）完井管柱类型

设计采用常规四开井身结构（不含导管）：表层套管下深 500m 左右，封固表层易漏易垮段；技术套管下至嘉二3中部白云岩地层，封隔上部相对低压、漏失、垮塌层，为下部高压地层安全钻进创造条件；生产套管下至震旦系顶，封隔上部高压层；四开采用ϕ149.2mm钻头钻至完钻井深，下入尾管固井或裸眼完井，生产套管设计采用先悬挂，钻完目的层后再回接至井口。对地表井漏风险高的井，采用ϕ660.4mm钻头钻至30m左右，下ϕ508mm导管，封井口附近垮塌、窜漏[23-25]，如图2-2-3所示。

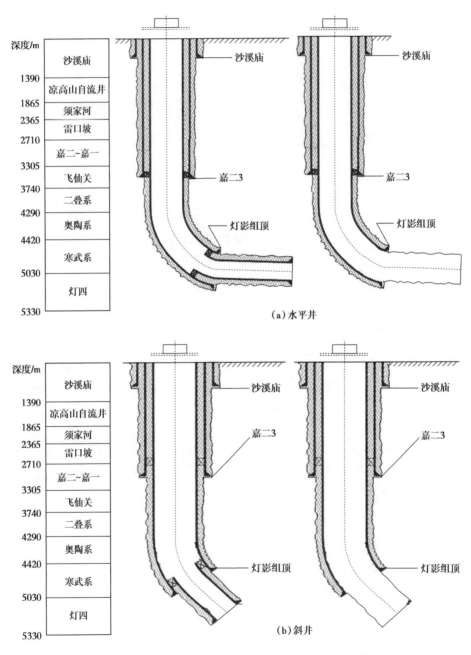

(a) 水平井

(b) 斜井

图 2-2-3　磨溪区块震旦系灯四气藏水平井、斜井井身结构示意图

目前高磨区块开发井主要采用斜井、水平井开发，完井方式主要有下部完井＋上部完井：斜井／水平井裸眼＋分段酸压完井（图 2-2-4）；斜井／水平井射孔完井＋酸压改造完井管柱（图 2-2-5）。

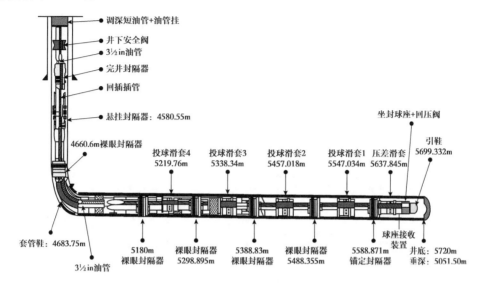

图 2-2-4　高石 001-H15 井（水平井）

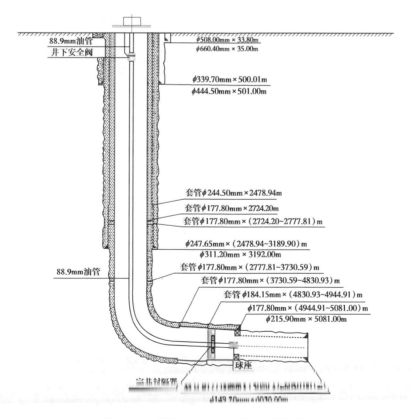

图 2-2-5　磨溪 008-11-x1 井（大斜度井）

3. 西南油气田双鱼石区块

西南油田双鱼石区块主要采用的完井方法：垂直井采用射孔完井＋酸压改造，水平井采用裸眼完井＋分段酸压、射孔完井＋分段酸压两种方式（表 2-2-3）。

表 2-2-3　完井方法统计表

井号	完钻井深/m	五开井眼/mm	尾管外径/mm	尾管壁厚/mm	五开裸眼段长/m	完井方式	栖霞组试油层位射厚/m	测试产量/10^4m^3/d
双探 1 井	7316.6	149.2	127	12.7	817.08	射孔	35	87.61
双探 3 井	7620	149.2	127	10.36	370.7	射孔	32	41.86
双探 7 井	7775	149.2	127	10.36	385.34	射孔	19	33.28
双探 8 井	7529.49	149.2	127	10.36	445	射孔	23	36.88
双鱼 001-1 井	7510	149.2	127	10.36	415.6	射孔	29	83.72
双鱼 132 井	7658	149.2	127	10.36	108	射孔	38	55.68
双鱼 X131	7859	149.2	114.3	10.92	368	射孔	88	123.97
双鱼 X133	8102	149.2	—	—	383	裸眼＋分段酸压	383	142.51

前期主要采用射孔酸化测试一体化管柱，如双探 9 井。双探 9 井是一口预探井，完钻层位为志留系金宝石组，完钻井深 7855.00m，采用射孔完井，完井管柱结构设计：油管＋伸缩接头＋油管＋定位短节＋DB 阀＋HP-RDS 循环阀＋压力计托筒＋DBE 替液阀＋震击器＋RTTS 安全接头＋RTTS 封隔器＋筛管＋尾管安全接头＋油管＋接球筛管＋筛管＋减振器＋筛管＋射孔枪组，油管钢级材质为 BG110SS，油管组合为 ϕ88.9mm×6.45mm+ϕ88.9mm×12.09mm+ϕ88.9mm×9.53mm。根据套管接箍调整封隔器坐封位置，但应符合射孔位置要求[26-28]。

双探 8 井完井双探 8 井是一口预探井，完钻层位为志留系金宝石组，完钻井深 7529.49m，采用先射孔后下入酸化测试完井一体化管柱完井。完井管柱结构设计：油管挂＋双公短节＋调整短节＋油管＋伸缩接头＋变扣接头＋油管＋定位短节＋油管＋变扣接头＋压力计托筒＋HP-RDS 循环阀＋RTTS 安全接头＋变扣接头＋锚定密封＋完井封隔器＋磨铣延伸筒＋下接头＋变扣接头＋油管＋变扣接头＋坐封球座＋变扣接头＋接球筛管＋射孔枪，油管钢级材质为 BG110SS，油管组合为 ϕ88.9mm×6.45mm+ϕ73mm×7.01mm+ϕ88.9mm×12.09mm+ϕ88.9mm×9.53mm。

双鱼 X133 井先用钻杆下入裸眼分段完井管柱，再插入酸压测试完井一体化管柱。双鱼 X133 井是一口评价井，完钻层位为栖霞组，完钻井深 8102.00m，完井方法为裸眼完井，裸眼封隔器封隔后分四段进行后续的酸化作业。油管钢级材质采用 BG2532-125，油管组合为 ϕ88.9mm×9.53mm+ϕ88.9mm×6.45mm，根据套管接箍调整封隔器坐封位置（图 2-2-6）。

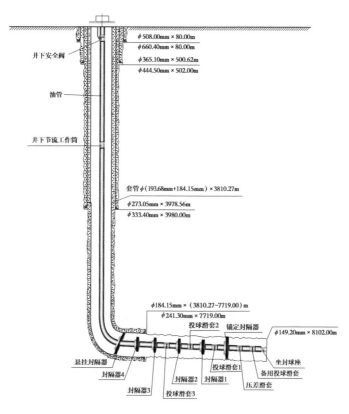

图 2-2-6　双探 X133 井完井管柱结构（先射孔后酸化测试）

4. 南海东方 1-1 气田

1）主要井身结构

考虑东方区块以往高温高压探井实际作业经验，形成一套基于安全风险评价的高温高压深探井井身结构设计方法。相较于高温高压深探井通常采用的 5 开次井身结构设计方案，使用 ϕ508mm×ϕ339.725mm 大小头方案优化减少一层 ϕ508mm 套管，将五开次井身结构优化为四开次（图 2-2-7）。单井节省工期 3~4 天，节省 ϕ508mm 套管费用约 200 万元[29-30]。

2）完井生产管柱

东方 1-1 气田具有高产、CO_2 含量较高的特点。作为中海油自营开发的首个气田在开发所面临的最大问题就是安全开发问题。作为安全生产的第一屏障生产管柱结构的设计选择尤其重要。生产管柱的设计和下入须满足低压力损耗，使用寿命长，满足气藏动态监的要求。油管选用强度高、密封性好、内孔平滑和可多次重复上扣的 13Cr FOX 油管。上部设计井下安全阀，保证气井在紧急状况下安全可靠关闭，及时切断气源。安全阀为全金属密封（气密封）。采用双封隔器结构保证安全生产的需要，增加封隔油套管环空的可靠性，降低完井作业返工率，第一密封由插入密封总成与防砂悬挂封隔器组成，第二密封为油管回收封隔器。管柱底部用液压剪切坐封球座，避免在大斜度井钢丝作业坐封封隔器（图 2-2-8）。

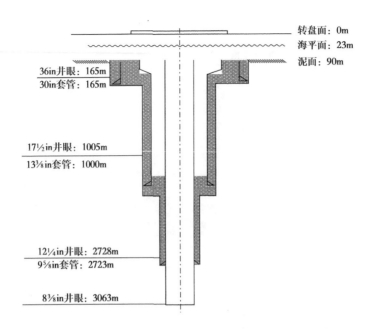

图 2-2-7 四开次的井身结构设计方案

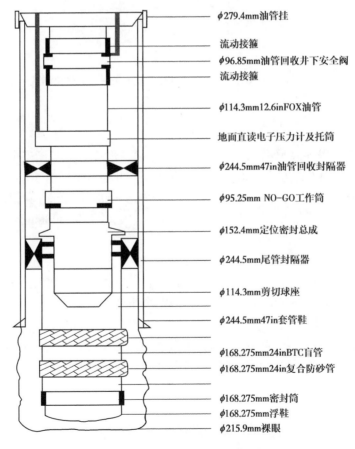

图 2-2-8 东方 1-1 气田典型生产管柱图

5. 塔河油田区块

在勘探开发初期，塔河油田奥陶系碳酸盐岩油藏的完井方式全部为裸眼完井，尤其是钻遇缝洞发育段出现放空或严重漏失，钻井液密度窗口小，漏失和喷涌矛盾十分突出的井况，下尾管固井的作业难度大，这类井就直接采用裸眼方式完井。

随着对储层特征认识的不断深入和裸眼封隔工具及配套工艺技术的引进，通过裸眼封隔工艺基本能够实现裸眼井段有针对性的改造和测试，而且施工周期明显缩短、成本明显降低，所以后期完钻井的完井方式仍以裸眼方式完井为主。

塔河油田裸眼完井水平井技术套管采用177.8mm（7in）套管，悬挂在244.5mm（9⅝in）的技术套管上，下深至水平段设计位置附近，靶前造斜段及直井段部分固井，水平段采用裸眼方式完井。177.8mm（7in）技术套管一般未回接至井口。244.5mm（9⅝in）技术套管+177.8mm（7in）技术套管+149.2mm（5⅝in）裸眼水平段是塔河油田奥陶系裸眼水平井最常见的完井井身结构[31-32]。

塔河油田裸眼水平井一个显著特点就是裸眼井段比较长，资料显示奥陶系部分水平井及侧钻水平井裸眼井段长度比较长，最短的为80.33m，最长的707.11m，平均长度为351.05m。

裸眼完成的生产井，具有钻井工艺简单、周期快、成本低、油井完善程度高、油层产量高等优点，但最大的不足之处是利用现有技术不能很好认识下部未揭开层段的地质情况，只能进行酸洗等小型措施，不利于进行诸如酸压、压裂、堵水等油层改造措施，很难对水淹井段进行分层测试，不能很好了解水淹区的驱油效率和残余油的分布。

对于这类水平井完井，可以应用水泥封堵的方式进行封下采上施工，以封堵下部水层，达到控水稳油的目的。由于裸眼井段只能采用套管外封隔器进行封隔，而套管外封隔器胶皮与裸眼井壁的摩擦力小，在施工过程中容易移位，影响封堵效果。新型管柱采用裸眼锚的方法对注水泥管柱进行锚定，裸眼锚采用液压方式涨开，机械锁定，保证密封可靠，丢手方式采用液压丢手。

针对塔河油田奥陶系油井基本为裸眼完井特点，经过多年实践摸索，形成了两套主要完井管柱：

（1）带封隔器酸压管柱：油管挂+油管+水力锚+套管封隔器+油管+喇叭口，方便酸压作业过程中保护套管及套管头，如图2-2-9所示。

（2）光管柱：喇叭口+油管+双

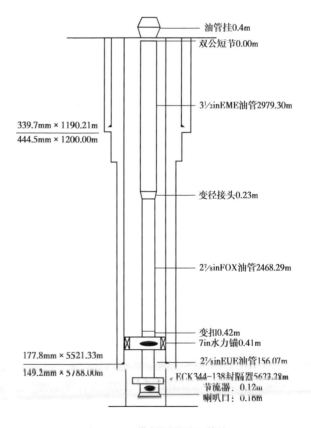

油管挂0.4m
双公短节0.00m

3½inEME油管2979.30m

339.7mm×1190.21m
444.5mm×1200.00m

变径接头0.23m

2⅞inFOX油管2468.29m

变扣0.42m
7in水力锚0.41m

177.8mm×5521.33m
2⅞inEUE油管156.07m

149.2mm×5788.00m
FCK344-138封隔器5623.28m
节流器0.12m
喇叭口0.16m

图2-2-9　带封隔器酸压管柱

公短节＋油管挂。该管柱结构简单，施工操作方便，有利于稠油掺稀井完井，如图 2-2-10 所示。

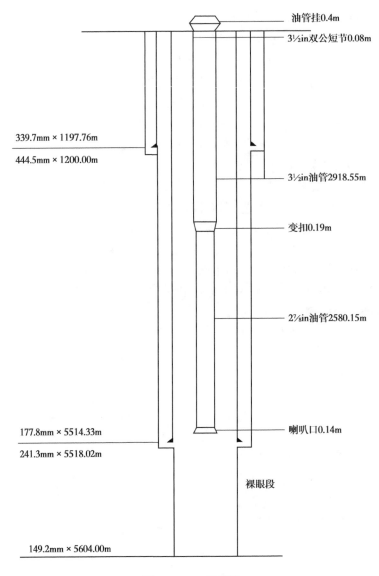

图 2-2-10　光管柱

三、生产期间出现的问题及处理概况

1. 生产期间出现的问题

对国内大港油田、四川元坝气田、西南气田、渤海油田、塔河油田、塔里木油田等多个区域生产期间出现的问题进行调研（表 2-2-4），通过调研发现油管脱扣、腐蚀断裂、穿孔等问题在各个油田较为普遍，部分区域生产期间套管腐蚀穿孔、水泥环气窜问题较常见，对于不同生产期间出现问题的处理方式有所不同[33-36]。

表 2-2-4　生产期间出现的问题统计表

区域	大修作业原因
大港油田	（1）生产油管、井下工具发生腐蚀、穿孔或裂缝； （2）设计或施工质量原因导致分层封隔器密封失效或生产管柱密封模块未能安装到位； （3）长时间生产后井下分层封隔器封隔失效； （4）套管腐蚀或穿孔，水泥环出现气窜问题
四川元坝气田	（1）套管腐蚀变形导致测试管柱遇卡； （2）早期投产井未全部使用抗腐蚀的油管，受 CO_2 和盐水腐蚀，发生断裂落井导致套环空存在带压，被迫压井更换生产管柱甚至封井； （3）裸眼坍塌埋卡产层导致无产量
西南气田	（1）因为地层能量衰减、产层出砂出水等因素的影响，导致气井产量降低甚至不能正常生产，需要进行捞砂修井作业； （2）原管串不适合气井现有生产能力；还有气井出水无法生产等，都需要更换生产管柱； （3）气井的套管因为某些因素（如固井质量差、地层垮塌、出砂等）的影响，出现变形、破裂、错断； （4）因井内的 H_2S、CO_2 等腐蚀性气体和盐水造成生产管柱腐蚀穿孔、断裂，环空存在带压的情况
渤海油田	（1）部分井储层疏松易出砂造成产层被埋； （2）CO_2 含量高、腐蚀严重，由于生产油管、井下工具腐蚀穿孔、封隔器封隔失效、固井水泥环气窜等原因易造成油套同压现象，套管带压问题不得不修井
塔河油田顺北区块	（1）管柱穿孔、断裂，封隔器失效环空带压更换失效管柱可回收封隔器不解封； （2）裸眼坍塌埋卡产层导致无产量； （3）胶质沥青导致钢丝测井管串等小件落物落井； （4）胶质沥青堵塞生产通道和产层
塔里木油田库车山前	（1）因腐蚀和综合工况应力导致油管断裂、产生纵向裂纹出现油套连通问题，环空起高压不得不修井； （2）井下复杂修井生产测试过程或完井过程中出现复杂； （3）完整性＋井筒堵塞修井生产过程中井筒堵塞，同时油套连通

2. 修井压井工况对比

长庆油田低压低渗透井采用正循环堵漏压井，通过正循环方式将堵漏与压井有机结合在一起，进行间断或者连续施工，处置喷漏同存的问题。川西深层、川东北对于管内堵塞采用连续油管带压解堵技术解除井底堵塞恢复生产。渤海油田分析油套同压原因，研究了测流体电阻法找漏、多臂井径成像测井、电磁探伤测井、井温噪声测井等 11 种方法，提出了适合油套同压井的漏点查找方法，根据不同的漏点位置研究不同压井方法作用机理，提出分级优选压井方法。国外 Atlantis 油田则采用产层封堵的方式。萨曼杰佩气田利用多层管柱电磁探伤成像仪（MID-K）能监测单层、双层油套管结构及生产状态油、套管穿孔、裂口、断裂位置，对不同情况老井分类制定压井措施（表 2-2-5）[37-39]。

3. 封隔器上部管柱处理

对于可回收式封隔器上部管柱处理，通常先采用活动、震击等常规打捞方式处理，对于埋卡严重和永久封隔器上部管柱处理，常规有倒扣处理后，根据倒扣情况长段磨铣处理＋打捞倒扣的一般处理方式，但对于超深井，通过井下油田营面上部油管切割处理可以有效减少处理周期，如化学切割、聚能切割、连续油管聚能切割等切割技术已广泛应用于各油田（表 2-2-6）[40-41]。

表 2-2-5　修井压井问题及现状统计表

区域	压井存在问题	处理现状
川西深层、川东北海相碳酸盐岩气藏	(1)酸化或压裂改造时发生砂堵或地层返砂造成的井筒堵塞；(2)修井液性能不稳定和堵漏压井材料堆积、架桥造成管柱堵塞或工具串的卡埋；(3)地层产出凝析油与井筒修井液发生乳化凝结导致的井底堵塞	(1)管柱采用单流阀以防止井内带压流体窜入连续油管内；(2)为防止推堵塞物出油管鞋过程中，尖钻头压入堵塞物中造成连续油管堵塞，设计了平底钻头；(3)为防止解堵时堵塞物上下压差大造成瞬间整体上移顶弯连续油管，严格控制连续油管的下放速度和保持一定的回压
渤海油田	油套同压、套管带压、无循环压井通路，漏点位置不同对压井方法选用和效果产生了较大影响	(1)分析油套同压原因，研究了测流体电阻法找漏、多臂井径成像测井、电磁探伤测井、井温噪声测井等11种方法，提出了适合油套同压井的漏点查找方法；(2)根据不同的漏点位置研究不同压井方法作用机理，提出分级优选压井方法；(3)建立起压井优选图，取得了良好的现场应用效果
塔河油田顺北区块	裸眼坍塌、胶质沥青堵塞产层及通道	采用先胶质沥青分散剂后压井，如果地层不吃液，半压井后连续油管钻磨通水眼后，再压井
塔里木油田库车山前	无压井通道、管柱渗漏、短路、管柱断裂、部分井不具备连续油管通井条件、储层易漏、压井液性能不稳定，造成后期沉淀	控压循环压井：节流循环建立漏点以上的静液柱压力，挤压井解除风险；压回法+循环压井：建立断点之上的静液柱压力，根据静液柱压力选择压井液密度
乌兹别克斯坦哈乌扎克油气田三高气井	油套同压、套管带压	对7in以上的套管采用正循环脱气压井，5in套管采用反循环压井；针对空井筒采用挤注替换法压井
萨曼杰佩气田	油套同压、表套带压	利用多层管柱电磁探伤成像仪（MID-K）能监测单层、双层油套管结构及技术状态；对两层管柱进行探伤及厚度测量，确定壁厚变化大小及其纵横向的损伤。能进行油、套管腐蚀评价；套管磨损分析；套管变形分析；精确定量评价；油管、套管穿孔、裂口、断裂位置确定；对不同情况老井分类制定压井措施
墨西哥湾 Atlantis 油田	上部管柱失效、套管带压产层堵塞	采用 RIBP 桥塞封堵产层，更换上部管柱采用连续油管 2⅛ in 涡轮和专用磨鞋清理堵塞的射孔段；通过这套系统注酸

表 2-2-6　封隔器上部管柱处理现状统计表

区域	上部管柱存在问题	上部油管或卡钻处理	新技术或处理工具
渤海油田	CO_2 含量高、腐蚀严重，由于生产油管、井下工具腐蚀穿孔，环空埋卡	震击解卡；分段切割+套铣+震击打捞	化学切割；MPC 切割工具；水力外割刀
四川元坝气田	早期投产井未全部使用抗腐蚀的油管，受CO_2和盐水腐蚀，发生断裂落井	活动解卡；特制母锥外捞打捞油管；套铣+打捞；磨铣处理	化学切割；特制威德福领眼磨鞋；特制威德福套铣鞋
塔河油田顺北区块	管柱 H_2S 腐蚀穿孔、断裂，部分井由于封隔器未解封，大力活动造成管柱断裂	采用切割、倒扣、打捞等方式处理上部油管；套铣+震击打捞	连续油管聚能切割

续表

区域	上部管柱存在问题	上部油管或卡钻处理	新技术或处理工具
塔里木油田库车山前	管柱断裂、破裂、挤扁，部分井不具备连续油管通井条件无法切割，油管水眼存在堵塞、环空埋卡等综合复杂情况；部分井下安全阀内径限制切割弹	迪那区块部分井具备条件倒扣后对接切割；小井眼油管变形严重采用倒扣打捞、套铣+倒扣打捞、磨铣	聚能切割弹切割
哈乌扎克油气田三高气井	管柱严重腐蚀落井，致使打捞难度更大；井下落鱼紧贴井壁下侧，鱼头引入困难；老井启封井，无资料可查，井下落物不明；硫化氢氢脆事故频发，长井段油管严重腐蚀，打捞条件差，用常规工具无法实现打捞	倒扣打捞、套铣+倒扣打捞	闭式变径套铣打捞筒；套铣母锥；多功能大通径卡瓦捞筒；套铣工具结构设计，实现对管外落物"引收为主，套铣为辅"的处理措施
墨西哥湾Atlantis油田	管柱穿孔	倒出TSL密封总成，起出井内管柱	连续油管穿孔

4. 永久封隔器处理

对于大井眼尺寸永久封隔器，国外发达区域墨西哥湾等区域，专业打捞公司如贝克休斯、威德福等公司提供专业服务，套捞一体工艺较为成熟应用较多，但国内大部分区域及国外较不发达区域，仍以套铣+打捞的处理方式处理。对于小井眼深井内永久封隔器处理，由于可靠性问题，套捞一体应用仅有介绍，但无可参考考证案例。国内在西南油气田双探、高石等区块应用较多的此类封隔器处理技术仍以磨鞋磨铣处理掉上卡瓦后，采用公锥或捞矛组合贝克反扣震击器内捞后先震击解卡，但震击打捞管柱受到下部尾管埋卡的影响，效果并不好，如果解卡不成功进行倒扣处理，对磨铣效率的提高及相关研究具有重要意义（表2-2-7）[42-46]。

表2-2-7 永久封隔器处理现状统计表

区域	井况	处理方法	存在问题
西南油气田	5in×10.36mm 尾管：内径106.28mm，5in MHR 封隔器	（1）正转倒掉棘齿锁定密封；（2）用磨鞋磨铣 5inMHR 封隔器密封筒、上卡瓦、上锥体、至胶筒，大排量循环，捞杯多次打捞后起钻；（3）公锥+87mm 贝克反扣震击器打捞倒扣	（1）5in×10.36mm 尾管井眼小，小井眼作业风险相对较高；（2）永久封隔器为上下双卡瓦结构，磨铣到上卡瓦后可能出现抽筒散架的复杂情况；（3）5in 尾管悬挂，套磨碎屑容易在喇叭口附近旋转，不易带出井口，主要靠捞杯携带；（4）89mm 枪已经射开地层，地层吐出物或者套管变形导致射孔枪埋卡；（5）磨铣效率低，整体工期长；（6）下部埋卡严重，震击器效果较差；（7）井深较深，钻具浮重大，打捞磨铣难度增加
	5in×10.36mm 尾管：内径106.28mm，三个5in THT 永久式封隔器	用镁粉切割技术把整个管柱一分为四、化整为零，单个封隔器磨铣后公锥倒扣打捞	
塔里木油田库车山前小井眼	177.8mm×12.65mm 套管内 7in THT 封隔器	7in 封隔器套铣掉上卡瓦卡瓦捞筒打捞	（1）套铣只能单根套铣，效率低；（2）环空间隙小，套铣固化严重；（3）埋卡段长，磨铣处理效率低工作量大；（4）部分井存在油管破裂、水眼堵塞、环空埋卡等综合复杂情况，处理难度大

区域	井况	处理方法	存在问题
塔里木油田库车山前小井眼	ϕ139.70mm×12.09mm 非标套管内 5½ inTHT 封隔器	5½ in 及 5in 以下尺寸封隔器引子磨鞋或金刚石磨鞋磨铣掉上卡瓦,通水眼+捞附件,采用公锥或捞矛打捞	(1)上部管柱处理工艺复杂,造成碎屑堆积、钻井液沉淀; (2)尾管井眼小,小井眼作业风险相对较高,易卡钻; (3)THT 封隔器为上下双卡瓦结构,磨铣到上卡瓦后可能出现抽筒散架的复杂情况; (4)尾管悬挂处,套管碎屑容易在喇叭口附近旋转,不易带出井口,主要靠捞杯携带; (5)磨铣效率低,整体工期长; (6)井深较深,钻具浮重较大,打捞磨铣难度增加; (7)可选磨鞋种类少、小井眼环空间隙小,无法实现套铣;井深钻磨进尺无法精确把握,封隔器易抽芯; (8)水眼易堵塞,入鱼困难
	ϕ127.00mm×9.50mm 非标套管内 5in THT 封隔器		

5. 小井眼井内尾管处理

小井眼内打捞尾管,井径小、工具配套困难、打捞入鱼困难、管柱容易砂卡,这些问题已经严重制约小井眼处理技术。套铣卡钻风险高、效率低,对于处理难度较高的落鱼,现有技术仍以磨铣+倒扣打捞处理方式为主。小井眼内尾管磨铣处理常态化,高速动力钻具磨铣和特殊解卡工具引进(水力振荡器)对事故的处理具有一定意义(表2-2-8)[47-50]。

表 2-2-8　小井眼尾管处理现状统计表

区域	井况	处理方法	存在问题
辽河油田小井眼	套管 ϕ114.3mm(内径 101.6mm)油管 ϕ73mm(内径 60.3mm)	小井眼解卡一般采用活动、震击、倒扣和磨铣等多种措施相结合	(1)丛式井难度系数高; (2)容易出现砂卡现象; (3)井径偏小,工具配套复杂
四川元坝气田小井眼	ϕ127mm 衬管或 ϕ114.3mm 衬管完井,井深 7000m	油管卡钻:采用反扣钻具大修,先采用套铣筒套铣封隔器上沉砂或落物,再使用母锥打捞; 射孔枪卡钻:采用震击解卡、套铣倒扣、倒划眼以及剥皮套铣系列射孔枪打捞技术; 上述手段无法处理进行侧钻	(1)工具强度变小,可靠性变差; (2)由于超深气井套管倒金字塔阶梯状结构,套磨铣产生的铁屑不易排出,增大了卡钻风险; (3)超深井打捞管柱自身悬重通常大,很难根据悬重变化判断小件落物捞获情况; (4)旋转造扣等操作受到长段钻具传递影响,判断难度加大
塔河油田顺北区块小井眼	5½ in 套管悬挂 4¾ in 裸眼内下入 ϕ73.02mm 油管,井深 6500~7700m	采用反扣钻具大修,采用倒扣、打捞等方式处理上部油管,套铣+震击打捞;上述手段无法处理进行侧钻或连续油管冲洗和钻磨解堵	(1)现有XJ750、XJ850 修井机无法适应顺北区块深井作业; (2)在修井机作业条件下,修井机作业无法保障作业管柱安全; (3)超深水平段解卡及小井眼作业在大斜度段动力传递效率低,解卡成功率低;小井眼可允许工具小,重入性差; (4)目前顺北区块均采取裸眼完井,井壁不稳定; (5)高温超深井修井作业标准不适用; (6)含 H_2S,连续油管耐腐蚀性受到考验

续表

区域	井况	处理方法	存在问题
塔里木油田库车山前小井眼	5in 非标套管内下入 ϕ73.02mm 油管 5½in 非标套管内下入 ϕ88.9mm 油管 + ϕ93.02mm 直连油管	单根套铣后，公锥/母锥打捞处理，不能套铣处理时采用进口合金磨鞋钻磨 + 倒扣的处理方式	（1）套铣只能单根套铣，效率低； （2）环空间隙小，管柱固化严重； （3）埋卡段长，磨铣处理效率低工作量大； （4）部分井存在油管破裂、水眼堵塞、环空埋卡等综合复杂情况，处理难度大； （5）突发工况多

第三节 国外修井工艺工具概况

一、国外修井工具概况

1. 国外主要修井工具制造商

全球主要的修井工具制造商是 NOV、Rubicon（Logan International）和 Wenzel Downhole Tools，控制着大约 75% 的制造市场，设施集中在北美。有较小的供应商生产更基础的打捞工具，分散在世界各地，主要集中在中国、北美和俄罗斯。在全球石油和天然气行业，提供修井工具或服务的主要公司见表 2-3-1。

表 2-3-1 国外修井工具制造商统计表

公司名	总部
National Oilwell Varco（NOV）	美国休斯敦
Rubicon Oilfield	美国休斯敦
Wenzel Downhole Tools	加拿大埃德蒙顿
Wellbore Integrity Solutions（2019 年收购了 Smith/斯伦贝谢的打捞业务）	美国休斯敦
Baker Hughes	美国
Weatherford	美国
Catch Fishing Services	荷兰
Halliburton	阿联酋迪拜
Welltec	丹麦
Map oil tools	美国
Tasman oil tools	澳大利亚
DrillMount Oil Tools	阿联酋迪拜
DrillTech	英国阿伯丁
Graco Fishing &Rental Tools（GravityOilfield Services）	美国
ITS / Parker Drilling	美国休斯敦
Mustang oil Services	法国
Woolley Tool Inc	美国

2. 打捞类工具及技术

国外油气服务公司开发了各种落物打捞工具，以下是一些有代表性的工具。

1）丹麦 Welltec 公司打捞工具及技术

丹麦 Welltec 公司研发了"创新机器人技术"用于打捞，用轻便但坚固的精密机器人打捞工具取代笨重的传统打捞方法。通过工程控制和智能井下钻具组合（BHA）适合各种不同类型的落鱼，这些落鱼可能会丢失或卡在井中：回收电线或电缆、工具管柱、BHA、锁心轴、可回收桥塞、回收或移除永久桥塞及其他障碍物[51]。

Welltec's Release Device（WRD）是一个简单的工具（图 2-3-1），增加了多功能性和降低操作风险，它在工具串中提供了一个或多个预定位置，如果工具串被卡住，可以在这些位置分开。

图 2-3-1　WRD 示意图

Well Stroker® 无论深度和偏差如何都可以在同一行程中多次提拉，它使用双向液压油缸向井下输送高达 100000lbf 的轴向力。甚至在油井仍处于压力下时，也可以进行干预，从而不必"杀死"油井。提供了灵活性，可用于各种完井设计，以实现成本效益高的修井和其他需要井下力的应用。

2）法国 Mustang Oil Services 打捞工具及技术

法国 Mustang Oil Services 研发了多种型号的打捞筒（表 2-3-2），用于打捞丢失的油管、钻杆、联轴器、钻具接头和套管等，其中有两种型号可用于 5in 或 5½in 套管井。

表 2-3-2　Mustang 打捞筒规格参数表

最大抓取尺寸（螺旋式）	$1\frac{13}{16}$ in	$3\frac{3}{8}$ in
最大抓取尺寸（篮式）	$1\frac{5}{8}$ in	$2\frac{7}{8}$ in
打捞筒外径	$2\frac{5}{16}$ in	$3\frac{7}{8}$ in

3）美国 Rubicon Oilfield 公司打捞工具及技术

Rubicon Oilfield 公司研发了多种型号的打捞筒。

（1）LOGAN 10 系列抽油杆打捞筒。

LOGAN 10 系列抽油杆打捞筒是一种小型坚固的工具，设计用于从油管柱内部接合和收回抽油杆、接箍和其他物品。10 系列抽油杆打捞筒由顶部接头、碗、抓斗和导向装置

组成，根据落鱼的直径，将使用螺旋式或篮式。打捞筒外径从 $1^{29}/_{32}$~$2^{27}/_{32}$ in 共 9 种型号。

（2）T-DOG 打捞筒。

用于捕获套管或油管，并且是可释放的。释放操作可以重复几次，而不会损害工具重新接合的能力。$3^{7}/_{8}$ in 的打捞筒外径适合小井眼。

4）贝克休斯打捞工具及技术

（1）Itco 型可退打捞矛。

Itco 型可退打捞矛为内部落鱼打捞提供了一个可靠的、便宜和简便的解决方案。这些打捞矛能够积极打捞且容易释放落鱼，并可以在退出落鱼后容易重新打捞。

Itco 型可退打捞矛由一个心轴、卡瓦、释放环和引锥组成。心轴根据落鱼类型或台肩类型确定。心轴顶端连接根据要求安装。引锥作为一个圆头引导器使用或者与销钉连接一起附着在打捞矛下端其他工具上。

（2）B 型油套管矛。

Type B™ 油套管打捞矛用于回收型号 $4^{1}/_{2}$~$13^{3}/_{8}$ in（114.3~339.7mm）套管。该打捞矛可以向右坐封或向左释放。

使用打捞矛时，将其下降到落鱼位置直至卡瓦伸入套管顶端。旋转 1/4 周将打捞矛放到抓钩处。由于是割缝心轴设计，退出打捞矛时只需向下移动，松开卡瓦和心轴之间啮合。松开啮合后再向释放方向旋转 1/4 周即可退出打捞矛。在落鱼内部下入时，打捞矛设计能够保护卡瓦，而且可以在任何深度处下入。这一特征使 B 型打捞矛非常适合坐封水下进行套管修补。

（3）D 型油套管矛。

Type D™ 油套管打捞矛用于回收型号 114.3~762mm 的套管。该打捞矛适用于丢手套管或旋转脱离泥线悬挂器和分割器塞孔。能够向右坐封或向左释放。J 形槽保持打捞矛在抓钩中或释放位置，使其成为回收小型、较轻落鱼的最可靠的打捞矛。

启动打捞矛时，将其下放到落鱼处直到止动环抓到重物为止。旋转 1/4 周将打捞矛放到捕捞位置。退出打捞矛时，向下撞击然后向相反方向旋转即可。由于心轴必须顺着 J 形槽体长度方向下移，所以止动环不能从机体上移除。

该打捞矛结构简单，卡瓦具有碳化牙和较大的表面区域，向旋工具坐封，向旋工具释放，容易进到其他套管型号，垂直齿可选卡瓦能够解卡特点。

（4）MASTODON™ 液压打捞工具。

来自 Baker Hughes 的 MASTODON™ 液压打捞工具（图 2-3-2），能够利用液压泵的压力将落物从套管井眼中打捞上来。该工具锚固在套管上，通过套管对下面的落物施加拉力。适用于最常规的修井机和小型的工作管柱，可用于打捞衬管、可回收式封隔器及任何需要施加较大拉应力的物体。该工具也可以与其他机械式落鱼打捞工具一起使用，如打捞筒、打捞矛或组合螺旋式打捞工具。

锚定部分拥有较大的卡瓦咬合区域。工具被锚定在套管壁上后，最大可能地保护套管，同时能够安全地传递大数值的拉应力。

动力部分采用了液压对落鱼施加拉应力。冲程为 24in，拉应力可达到惊人的 $180×10^{4}$lbf。

当管柱被拉出井眼时，井内流体可通过安全阀排放。对于尺寸较小的工具，安全阀安装在工具顶部，这样即使存在压差也可以释放卡瓦。对于尺寸较大的工具，安全阀则安装在工具底部，能够加压激活工具。当压力释放后，阀门又会被打开，因此不需要从地面进行投掷投球或梭镖[52]。

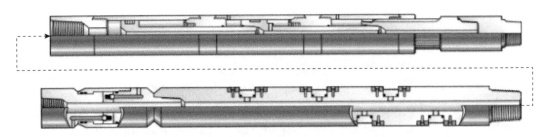

图 2-3-2　MASTODON 工具

5）NOV 打捞工具及技术

Bowen 是 NOV 井下公司打捞工具的生产商，它提供世界上最受好评、最可靠的打捞工具产品，应用于油气行业已超过 85 年。打捞工具可进行井下干预及打捞作业。

NOV 井下公司提供一个较大范围的打捞工具，它们已经成为行业的标准。这些产品包括抓爪工具、打捞震击工具，例如震击器、增强器、井下落物回收工具、磨铣及切割工具和修补工具。就打捞工具的尺寸及多样性而言，该公司处于领导地位，提供全球范围内的服务工具。每个打捞工具设计为一个特定的应用。使用一些打捞工具可组成打捞底部组合，其中每一个工具都通过提高性能来提供最有效的解决方案，用于井的干预和打捞作业。

NOV 井下公司可提供基于计算机的打捞震击器坐放程序，它可以在打捞管柱中决定最佳的震击位置，来使震击的能量达到最大。这个坐放程序已成功地在现场得到应用，补偿了井眼角度、井眼弯曲及摩擦阻力所引起的效应，可以应用在直井、定向井及水平井中[53]。

（1）150 系列打捞筒。

NOV 井下公司 Bowen150 系列释放和循环打捞筒是用于啮合、密封及提升落鱼最强大的工具。基体简化和坚固耐用的设计与制造特点，使它成为所有外部打捞工具的标准。Bowen150 系列释放和循环打捞筒由三部分组成：顶端短节，筒体及引鞋。基本的打捞筒由两套内部组件构成，这取决于落鱼是否达到它的最大的尺寸。

如果落鱼的尺寸接近打捞筒的抓爪时，就要使用旋转抓升装置、旋转抓升控制装置及 A 型封隔器。如果落鱼的尺寸比最大抓爪的尺寸小得多，就要使用打捞篮抓升装置及磨铣控制封隔器。

（2）70 系列打捞筒。

Bowen70 系列短抓爪释放打捞筒针对使用常规打捞工具不能进行啮合的出露面太短的落鱼，而在这样的区域条件下常规打捞工具不能下入到落鱼上。Bowen70 系列短抓爪释放打捞筒可以牢牢地啮合住非常短的落鱼。该工具结构简单、坚固耐用。它由四部分组成，组装时要正确安装。

Bowen70 系列短抓爪释放打捞筒的操作与 150 系列相同：在保持缓慢顺时针旋转的同

时，通过在落鱼上方逐渐降低总成来进行啮合。通过向下猛烈冲击来完成释放，然后在缓慢顺时针旋转的同时慢慢提升起打捞管柱（表 2-3-3）。

表 2-3-3　Bowen 70 系列短抓爪释放打捞筒类型及参数

最大抓爪 /in	$1\frac{5}{8}$	$2\frac{1}{2}$	$2\frac{5}{8}$	$3\frac{1}{16}$	$3\frac{1}{16}$
标准外径 /in	$2\frac{5}{16}$	$3\frac{5}{8}$	$3\frac{3}{4}$	$4\frac{5}{8}$	$4\frac{1}{8}$
类型	S.H.	S.H.	S.H.	F.S.	S.H.
全套设备零件号	38506	17615	13535	11290	10434
质量 /kg	8	30	36	57	59

注：（1）FS（全强度）设计为能够承受所有的拉力应变、扭转应变及震击应变。
　　（2）SH（小井眼井）设计为仅能够承受较重的拉力应变。

（3）整圈可退打捞矛。

NOV 井下公司的 Bowen 整圈可退打捞矛有许多优点，它用于需要内部啮合的落鱼。通过全环卡瓦来保证安全啮合，通过主释放装置来保证可靠的释放。

这种工具具有多种用途，有相应大小的尺寸用于油管、钻杆及套管。可使用所有类型的配件，包括磨铣类型、短节类型、侧钻类型的螺母、膨胀节、安全环封隔器、衬套和引鞋。可以在较大的井眼中使用这些工具，来提供足够的液流来清除岩屑，并提供打捞落鱼所需的拉力。

3. 切割及刮削类工具及技术

切割技术分为化学切割、喷射切割、机械切割、电动机驱动切割器，例如通用电气公司的 Sondex 刀具，丹麦 Welltec 公司的 Welltec 刀具、研磨液切割、连接分裂射击（分裂射击是一种射孔弹，它被拉长并聚焦以切断连接。与射孔弹一样，一个分裂的子弹射出，爆炸力使聚能射孔弹倒转。所有力都集中在连接上的垂直线上，并使连接分离）。以下对可用于小井眼的切割及刮削类工具和技术进行介绍[54-55]。

1）荷兰 Catch Fishing Services 公司切割器

荷兰的 Catch Fishing Services 公司为套管切割作业研发了一种特殊的打捞钻杆切割器。该工具具有极其坚固的结构和侵蚀性钨敷料，能够快速切割。三臂设计和坚固的结构使其能够在高扭矩条件下高效运行。切管器上还装有刮板装置，这个装置可以告诉操作员切割已经完成。

VIPER 切削技术 Viper 碳化钨刀片在工厂中已被证明非常成功，可以在封隔器铣削工具、套管铣刀、造斜器铣刀和剖面铣刀上使用这些嵌件。这种类型的性能可以节省钻机时间并提高作业性能。

2）丹麦 Welltec 公司切割器

丹麦 Welltec 公司研发的 Well Cutter 使用快速研磨技术（图 2-3-3），而不是刀片，井切割机产生一个光滑、抛光的表面。由于其产生的光滑、倾斜的表面，可以省去钻杆抛光行程，提高了作业效率。该切割器主要优点在于消除了爆炸物的使用，因为爆炸物可能会带来操作风险，尤其是在同时进行操作时。

图 2-3-3　Well Cutter 示意图

3）Wellbore Integrity Solutions 公司液压切管器

液压切管器可以对废弃井中单个或多个套管柱进行可靠的切割。它设计有三重载切割刀臂，可以切割各种规格和等级的套管，以及导管和海洋隔水管（图 2-3-4）。

液压切管器可以应用于较大的尺寸范围，可以切割 2½~7in 直径的钻杆，而不受套管居中，套管偏心，固井的或是裸眼的影响。当割刀打开预定的直径，井下机械定位指示装置 Flo-Tel 可以在地面上显示立管压力，探测井下工具的位置，可降低提升井下工具的风险。

图 2-3-4　液压切管器示意图

（1）应用范围。

用于单个或多个套管柱的内部切割，从生产油管到上部的导管柱；用于废弃井的应用；切割钻杆操作。

（2）技术特征。

使用硬质合金压碎研磨结构来提高性能，节约成本；特制的割刀满足不同范围的管径；液压启动切刀臂，保证切刀打开；井下机械定位指示装置 Flo-Tel*，用于指示切刀臂的位置。

（3）技术优势。

弃井中单个或多个套管柱的可靠切割的操作更有效；在整个管柱切割之前消除了提升工具所产生的非生产时间。

4）Baker Hughes 切割类工具及技术

（1）BG™ 外部切割器。

BG™ 外部切割器是一个自动的弹簧式铣刀，能够进行快捷可靠的外部切割以恢复油管和钻杆（图2-3-5）。切割器对刀具施加一个预先确定的适当压力，防止刀具破损和切割失误等问题。

切割器的自动功能可以弥补各种错误计算或对落鱼提拉张力的错误读数，防止刀具断裂。这个特点使其适用于大斜度井和水平井。管道闭锁装置可以插入离合器或台肩钻杆接箍的下方和整体连接管上部装置的下方。施加在刀具上的可调控外力能够使不同硬度级别的钻杆被快速、可靠地切断。

图2-3-5　BG™外部切割器示意图

（2）HERCULES™多级钻柱切割器。

HERCULES™多级钻柱切割器是利用水压操作的实心工具，用于切割套管的多级钻柱或大直径钻柱，快速安全（图2-3-6）。HERCULES多级钻柱切割器的三刀片强度比标准多级钻柱切割器强30%。该工具通常有SUPERLOY™涂层或METAL MUNCHER™镶齿。

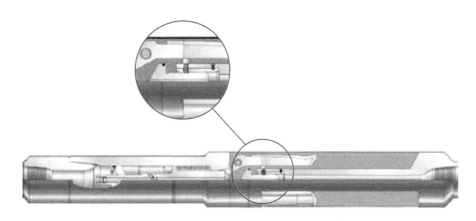

图2-3-6　HERCULES多级钻柱割刀示意图

HERCULES™多级钻柱切割器可以用于各种切割，可以向该工具施加旋转和压力。

HERCULES™多级钻柱切割器通过流体压力激活活塞进行水压操作。通过钻井液或修井液流过指示计喷嘴建立必要的压差。可以根据需要调整喷嘴型号，根据流体泵送时流动速度产生足够的压差。标准钻头喷嘴尺寸便于交差替换。在充足压差下，活塞朝压缩弹簧反向弹出与刀踵接触，使刀移动到切割位置。活塞的连续运动迫使刀片以刀具固定点为轴心旋转。当刀片几乎全部展开时，指示器接触指示限位器。在这个点上，钻井液开始自由流动通过指示器，导致突发压力降，提示操作人员刀具已达到了完全展开位置。在井下应用中需要使用钻井船旋转接头或通用刀头回收系统。当我们实施套管修复作业进行槽槽回收时，必须采取防护措施确保外套管无损伤。操作中，HERCULES™多级钻柱切割器可以通过刀片下方的正向调节螺母进行机械控制，限制最大刀具延展程度。

（3）内部切割器。

内部液力式切割器通过液压切割单一套管钻柱。该切割器靠液压激活刀具进行平稳、高效切削，当切割完成时可通过泵压显示出来；稳定器卡瓦确保切割器被锚定在套管上。在工具刀接触套管之前，活塞能够使卡瓦将其牢牢固定（表2-3-4，图2-3-7）。

表2-3-4　内部液力式切割器规格参数

切割器外径		刀具最大切割		顶端连接
in	mm	in	mm	
$4\frac{1}{8}$	104.8	7	177.8	NC-31

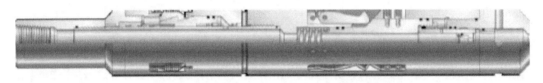

图2-3-7　内部液力切割器示意图

当切割器被下入到所需切割深度后启动旋转开始循环。当扭矩增加时表明套管已被切断。切割完成后，控制狗会进入底部螺母凹陷中，导致泵送压力下降，表明已完成切割。直接上提能够使卡瓦和刀具缩回。内部液力式切割器应该与浮动接头一起使用。

（4）内部机械套管切割器。

内部机械套管切割器用于切割油管和套管。切割器设置有卡瓦装置，用于将该工具锚定在套管中相应位置；另外还包括带工具钢或嵌入刀片的切割装置。该工具切割快速且能够实现反复解除和重新锚定（表2-3-5，图2-3-8）。

表2-3-5　内部机械套管切割器规格参数

设定切割		可切割尺寸		最大切割尺寸		切割器外径		顶端连接
in	mm	in	mm	in	mm	in	mm	
4	101.6	4.5	114.3	4.625	117.5	3.000	76.2	2.375in FJ

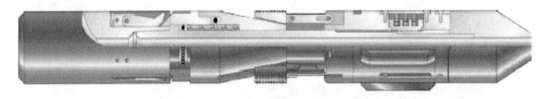

图2-3-8　内部机械套管切割器示意图

内部机械套管切割器下入井筒具体切割位置，顺时针旋转，使卡瓦装置伸出，将该工具锚定在套管中。一旦卡瓦坐封，楔块迫使刀片向外扩展直至将套管切断。当切割完毕后，上提管柱，卡瓦装置自动返回下入位置；该工具能够反复解除和重新锚定，无须起出井眼。

产品的技术优势主要体现在工具的自动螺母设计使该工具无需起出井眼即可实现反复解除和重新锚定，工具靠机械下入，无液压要求，卡瓦装置中央锚定铣刀，确保精确、平稳切割，整体构造为 AISI 4140 热处理合金钢，刀片由工具钢制成或配有嵌体。

5）Halliburton 新型井下切割技术

国际油服巨头 Halliburton 从英国 Westerton 公司收购一批井下机电一体化切割工具和油管冲孔工具。Westerton 电缆机械切割工具（WECT）（图 2-3-9）是一种依靠井下电缆传输动力的高精度切割工艺，可用于切割套管、钻杆、油管或井下封隔器等完井工具。该工具的切割方式类似于机械加工车间的锻铣模式，可大幅度简化后续操作。井下电缆机械切割工具串包括对油田套管进行精确切割的单叶片和旋转叶片。基于实时获取的井下数据，能够有效降低切割的不确定性，工程师可在 2min 内完成单刃切割。它可以准确、高效、快速进行单次或多次切割，业内公认成功率高达 85%。该工具能在管材回收及井筒干预等方面，为运营商提供安全可靠的作业服务。通常该工具可在 7min 内切断 1 根 5in 的钻杆。

图 2-3-9　Westerton 电缆机械切割工具

（1）井下切割数据可实时反馈至地面，消除了后续作业的不确定性。

（2）在新型工具的使用过程中，不需要保持无线电静默，也无须应用炸药或化学品，可最大限度地降低作业风险。

（3）新技术的推出，消除了现场对传统炸药与化学品的依赖，运输方便且提高了作业安全性。

（4）地面设备部署极其简便，可借助任意电缆设备实现快速输送作业。

（5）准确、快速、高效：根据使用条件要求，新型切割工具可以配合井下动力钻具开展单刃或多刃切割作业。

（6）独特的单点锚定和居中系统使刀具在整个切割过程中，始终保持居中、平稳状态。

（7）通过地面终端软件可以实时监控井下切割进度，当显示切割完成时即可停止作业。

在阿尔巴尼亚的一口油井中发生卡钻事故，开发商委托 Westerton 公司切割打捞被卡钻具。针对该项作业委托，作业工程师专门加工出一套 WECT 工具，工具本体外径为 2.75in，刀头外径为 3in；满足高温高压作业需求，耐温可达 200℃；刀头设计可满足广域切割，外径范围 2.99~6.10in；被卡钻具处于压缩状态下，该工具也能实现正常切割；在事故处理过程中，客户不需要使用炸药。

4. 震击类工具及技术

1）Wellbore Integrity Solutions 震击类工具及技术

（1）TMC 震击器。

TMC Bumper 打捞震击器有着较大的冲程长度及较大的扭矩传输，它可以向上或向下撞击，直到完成震击、完成工具回收为止。TMC Bumper 震击器坚固耐用的设计、优质材

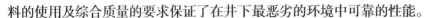

料的使用及综合质量的要求保证了在井下最恶劣的环境中可靠的性能。

①应用范围。

适用于所有的打捞作业，如卡钻、回收封隔器、移出油管、磨铣及回收岩屑。也可用于封堵弃井作业中，包括回收钻杆、除去井口；释放打捞矛、打捞筒及剪切销；移出被卡的钻柱，在倒扣操作中作为下放钢绳工具。

②技术特征。

最大的冲程长度及最大的扭矩传输；闭式传动系统，可以防止井眼中的液体进入传动部分中。

③技术优势。

可以向上或向下撞击，直到完成震击、完成工具回收为止。

（2）HEX 震击器。

HEX 震击器坚固耐用的全井眼设计，最大限度地减少了压力损失，并可与电缆送入工具相兼容。为了可靠、经济地完成向上或向下撞击，使用 HEX 震击器可以在任意撞击位置上始终保持全部扭矩的传输和旋转。扭矩的传输是通过一个六角形的心轴，它是 HEX 震击器五个主要组成部分之一，这意味着该工具有着可靠的性能和易于维修的特点。

HEX 震击器位于打捞工具或安全接头的上方，它可以传递较强的撞击力，其打捞作业既可应用于裸眼井中，也可用于套管井中。它也可以释放打捞矛及打捞筒，移开被卡的钻柱，还可以作为下放钢绳工具用于倒扣操作。HEX 震击器也可用于封堵弃井作业中，进行较低水平的震击来剪切套管柱。

2）NOV 公司震击类工具及技术

（1）震击助力器。

Bowen Z 形油压震击器是基于多年现场的应用而不断改进的结果。它是一种直拉式操作震击器。这种震击器组装简单、易于使用。可用于打捞作业、测试作业、取心作业、划眼作业、轻型钻机钻进、侧钻和套铣作业。

操作人员可以有效地控制每一次震击，来传递较轻的震击或较重的震击。可以在工具中保持全循环，这样可以实现有效地冲洗。可以利用任意方向的最大扭矩来进行震击，通常情况下是利用不断的重载碰撞来产生的。使用直拉的方式来操作 Bowen Z 形油压震击器，当操作人员不断地提升和下放管柱，就会产生连续的震击。

（2）Super 系列打捞震击器。

Super 系列打捞震击器是一种直拉式操作震击器，已获得专利。将水力学与力学结合在一起。它组装简单，独特的设计使它易于操作。

在下入井前或是与落鱼连接后无须进行设置或调整。Super 系列打捞震击器可以使操作人员简单、容易地控制震击器的强度，它震击的范围很大，可以从一个非常轻的震击到一个非常重的震击。Super 打捞震击器通过圆锥内圈组件的测量动作来实现独特的震击控制。当上提震击器时，液压油从一端通过测量槽压入另一端，由于液压油通过一个受限的通道，液体的流动就会受到延迟，在这期间操作人员有足够的时间来将管柱上的震击器软提升至所需高度，来实现所需强度的震击。它的另一个特点是关闭或重新设置的简单性。只有足够的重力来克服摩擦。进行关闭操作对工具没有损害，因为在重新设置过程中不会发生测量动作。在重新设置过程中，圆锥内圈组件上大的孔是打开的，这样可以使液流不受阻碍地从一个腔流入另一个腔中。

5. 磨铣类修井工具及技术

磨鞋作为一种应用较多的修井工具。它由本体硬段、本体软段和工作部位硬质合金柱构成。本体硬段的下端和本体软段的上端连接，硬质合金柱相间埋设在本体软段的底部，油田在钻井过程中，常常发生地面上的金属物或钻具的零部件损坏后落入井底；在钻进过程中断裂的钻具、在修井中腐蚀的套管或者油管、钻井需要的水泥塞、桥塞等落入井底。一旦发生上述问题，通常都是可以采用磨鞋进行磨铣作业。现有磨鞋一般采用的是将碳化钨焊条直接堆焊在本体上，容易整体脱落，采用的硬质合金为圆柱形，刀具断屑槽，无法断屑，磨铣阻力大，硬质合金容易磨损，堆焊后整个底部为一平面，在磨铣中，为整个平面与落物接触，纯粹为研磨，磨削效率低。总的来说，现有国产磨鞋相比进口磨鞋存在堆焊层易脱落、磨铣效率低、磨铣寿命短等问题[56-57]。

1）Wellbore Integrity Solutions 磨铣类工具及技术

一种是 FasTrack 单趟钻磨铣器，用它来磨铣套管，比标准磨铣总成需要更小的扭矩和钻压（WOB）。它们还可以与 Millmaster* 硬质合金镶齿及 PDC 镶齿配合使用。

另一种是 GeoTrack*PDC 切削齿定向磨铣器，它有一个力平衡的切削结构，可以有效地完成磨铣套管，同时也钻穿地层，抗压强度达到 40000psi。

2）Baker Hughes 磨铣类工具及技术

Baker Hughes 磨铣工具能够清除金属、水泥或卡在井眼中的其他碎屑。通常来说，当整个油管内径需要清洗时使用磨铣工具。其应用主要包括磨铣缩径段、水泥、油管、封隔器、桥塞和其他碎屑。

靴式打捞篮在磨铣工具上方下入，用于收集大片钻屑。铣鞋通常与冲管一起下入。冲管应用于冲洗油管间的物质及套管内径或地层中需要被清除的地方，包括加砂填砂管和地层中发生坍塌的裸眼井眼。冲铣鞋用于磨铣封隔器，清除最细小的材料以释放封隔器。无论磨铣工具还是铣鞋，需配合下入振击器和钻铤以防止卡钻发生。

（1）METAL MUNCHER™ 领眼铣鞋。

METAL MUNCHER™ 领眼铣鞋用于铣磨冲洗管柱、套管和尾管。叶片设计在铣磨过程中可变换切割面。镶齿设计能够使钻屑细小、均匀。

（2）Piranha™ 磨铣工具。

Piranha™ 磨铣工具用于铣磨大段套管或严重堵塞的管柱，具有寿命长，循环排量大的优点。

（3）Rotary Shoes 磨铣工具。

Rotary Shoes 磨铣工具由热处理合金钢和 SUPERLOY 涂层、METAL MUNCHER™ 或 Opti-Cut™ 刀具组成。

（4）Conebuster™ 磨铣工具。

Conebuster™ 磨铣工具用于磨铣钻头牙轮，该磨铣工具的外径含有 SUPERLOY 涂层，底部有一个轻微凹陷处，能够保证打捞物品居于磨铣工具正下方，使其在井筒中的操作更加高效。

（5）Harpoon™ 套管磨铣工具。

Baker Hughes 研发的 Harpoon™ 一趟钻套管磨铣和回收工具，用于封堵和弃井时套管回收及井眼侧钻。与现有工具不同，Harpoon™工具一趟钻可以多次坐封，并多次切割和回收套管，极大地提高了一次起下钻回收套管的成功率。特别是存在细水泥柱和结垢等情况下，Harpoon™工具切割并回收套管的成功率较高。

Harpoon™套管磨铣和回收工具与切割钻具组合一起入井，并且无须止动环。专门设计的FLEX-LOCK™卡瓦使得套管受力均匀，防止套管破坏。Harpoon™工具在切割套管的同时在套管上施加向上的拉力，从而提高切割效率。Harpoon™工具内置的过滤器可控制碎屑，提高可靠性。该工具双向施加作用力，因此可配套使用打捞震击器。为了增加安全性，该工具还设有控制循环路径的装置，可在切割套管作业过程中，遇到高压地层时进行井控。

在挪威海域，作业公司利用该工具克服了初次回收套管成功率低的问题，一次起下钻用16.5h回收了345.6m的套管柱，节省作业时间19.5h，节约费用约650000美元。

二、国外修井工艺概况

1. 乌兹别克斯坦哈乌扎克油气田三高气井复杂大修技术

1）区域介绍

哈乌扎克油气田H_2S含量为5.0%~6.0%，属于高含硫气藏。当地的老井大多为20世纪70年代钻的井，老井躺井多，井的资料不全，井内落物各式各样，种类繁多，造成施工复杂。一些井因工艺技术不成熟，无法捞出井内落物，其中一部分井由于当地作业公司技术力量薄弱，造成的各种各样事故井多，并在其后的处理过程中发现井况更为复杂，落物极其不规则，打捞条件差，难度大[58-59]。

气井均为20世纪70年代初建成井口。设备及井身腐蚀严重。天然气主要分布于上侏罗统碳酸盐岩层，为大块岩层、裂缝岩层。井身结构为大斜度斜井和水平井，平均井斜段长2800m，井斜为45°，产层深度为2340~2572m，油藏面积为$377\times10^3m^2$，储层厚度为40~150m，地层温度为98~105℃，地层压力为22~27MPa。地层气中H_2S含量为5.0%~6.0%，CO_2含量为4.3%，含水5%~15%。

2）存在的主要难点

高温、高压、高产井称为高难度井或三高井。Halliburton公司及国际高温高压井协会将压力大于70MPa或地层温度大于150℃的井列入高难度井。分析乌兹别克斯坦三高井复杂大修井打捞，在方案设计、施工技术等方面主要存在以下难点。

（1）三高气井压井施工困难，哈乌扎克高含H_2S/CO_2气井天然气产量最高达$133\times10^4m^3/d$，平均气产量为$50\times10^4m^3/d$，哈乌扎克区块H_2S含量为5.0%~6.0%，CO_2含量为4.3%。

（2）井斜段长，管柱摩阻大，循环携屑能力差，打捞少量落物时是否捞获不易判断。

（3）酸化施工工艺不完善造成的完井管柱严重腐蚀落井，致使打捞难度更大。

（4）井下落鱼紧贴井壁下侧，鱼头引入困难。磨、套铣作业风险大，以及钻具组合受轴向、径向力和井眼曲率的影响，在套磨铣作业中易造成斜井段套管开窗。

（5）老井启封井，由于时间较长，为苏联20世纪70年代所钻井，根本无资料可查，井下落物不明。

（6）硫化氢氢脆事故频发，长井段油管严重腐蚀，打捞条件差，用常规工具无法实现打捞。

3）压井施工技术对策

依据施工方案配制盐水压井液。对 7in 以上的套管采用正循环脱气压井，5in 套管采用反循环压井，针对空井筒采用挤注替换法压井。

（1）在压井液加入 1% 的 NaOH，以中和气井中的 H_2S。

（2）出口采用小油嘴控制气量，一般用 9~12mm 油嘴，避免井内气流速度过快造成压井液大量随气体喷出。

（3）压井时先用清水循环，至出口火焰熄灭，此时井内基本上充满清水压井液，然后再用盐水顶替循环，待出口见盐水后进入大罐进行循环脱气，待井内气体脱气干净后再进行下一步工序。压井平稳后进行观察，井口压力有无上升，液面有无下降，一旦出现这种情况，说明井内有漏失，需进一步采取措施。

4）打捞工具的设计与改进

通过地面及现场试验发现，现场应用常规打捞工具在斜井段、水平段打捞成功率极低，打捞遇卡后不能顺利实施解卡、退出，打捞成功后在起打捞管柱时落鱼易脱落。因此，须对打捞工具、打捞管柱进行设计和改进。

打捞工具的选择原则：防止工作部件磨损、防止堵塞水眼、注意工具接头及配合接头支点处与砖柱之间的中心线倾斜角。选择工具接头及配合接头的最大外径应与预捞管柱外径基本一致。这样有利于抓捞落物，中心线基本一致。否则应给予调节。内捞时工具端部有引锥，外捞时工具端部有拨钩，外表面无死台阶，防止挂卡现象发生。

套铣母锥的母锥底部焊接硬质合金，对于由于井下大块残皮紧贴在套管壁，套铣打捞出现卡钻现象严重的情况下，选择使用套铣母锥解决。

套铣工具结构设计，采用 API 标准 4in、5in 套管焊接防扭接头，由于具有大直径中空结构，可实现对管外落物"引收为主，套铣为辅"的处理措施，并保证钻具稳定和满足引收断口、套铣的需要。防扭接头在接箍部分留有防扭台阶，可在上满扣防止螺纹沿锥度进一步扭入接头而胀裂接箍。套铣筒两端采用双级螺纹连接，内径最大限度满足套铣作业要求，使落鱼容易进入筒内。

5）打捞管柱的优化研究

大斜度井打捞的原则是下得去、抓得住、起的出、有退路。

（1）下井工具及管柱必须保证能够顺利通过造斜段、稳斜段并保持原有的技术性能。这就需要降阻剂降阻及进入造斜段和水平段中的钻具必须按国际标准加工倒角。

（2）打捞遇卡后能对落鱼产生足够解卡力，如解卡不成功，保证能顺利退出，避免产生新的落物。

（3）尽可能采用与落鱼管柱尺寸接近的打捞管柱，偏心距和中心线与井下落鱼基本一致，这样就只需少量调整或不需要调整管柱偏心距和中心线。

（4）在打捞管柱上加扶正器，调整下段管柱的偏心距和中心线。使之与落井管柱基本一致，易利于打捞工具顺利进入鱼腔。通过球形扶正器的应用，在大斜度井的造斜段和水平段可正常起下钻具和转动钻具。

（5）选择优质管柱施工，造斜段管柱勤检查勤倒换，防止管柱疲劳折断。

6）应用的主要 3 种大修管柱组合

（1）打捞倒扣管柱：倒扣工具＋扶正器＋钻杆，扶正器是否增加可根据井下鱼头的外径大小进行选择。

（2）套磨铣管柱：套磨铣工具＋捞杯＋钻杆1根＋扶正器＋钻杆。

（3）打印管柱：防脱铅模＋扶正器＋钻杆1根＋扶正器＋钻杆。

7）H1017井深度腐蚀管柱打捞

（1）基本数据。

H1017井完钻井深3250m，人工井底3221.6m，油层套管168.3mm，最大井斜47°。

（2）井下落物。

ϕ88.9mm油管42根×401.94m+Weatherford气举阀1个×2.16m+ϕ88.9mm油管2根×19.1m+循环阀1个×1.09m+ϕ88.9mm油管1根×9.5lm+可倒扣的安全接头1个×0.67m+接头1个×0.24m+Weatherford封隔器1个×1.64m+坐封短节1个×1.765m+变扣接头2个×0.53m+ϕ88.9mm油管2根×19.01m+喇叭口1个×0.225m，落鱼总长457.875m。

（3）大修施工情况简况。

经过49天施工，捞出井内全部落物47.5根油管及气举阀、安全阀、封隔器，施工程序见表2-3-6。捞出的47.5根油管呈片状、条状，严重腐蚀油管占89.5%。

表2-3-6　施工程序表

工具名称	用途	打捞次数	施工参数	捞获情况	成功次数	存在问题
136mm×105mm 母锥	外部造扣	5	钻压 0.5~2t 转速 9~18r/min	无鱼进入	2	破坏鱼头
60.3mm 捞矛	内捞	2	钻压 2t	无鱼进入	1	破坏鱼头
136~140mm 套铣管	捞残皮、腐蚀油管	5	加压 0.5~1t	14 次捞获油管 41kg	4	打捞进度慢
136~140mm 开窗套铣管打捞筒	铣环空、捞残皮、腐蚀油管	45	钻压 0.5~2t 转速 9~18r/min	铣筒每次带出一些油管碎块	45	附加产生大量碎块造成更加复杂
89~98mm 加长螺旋卡瓦捞筒	不加压穿芯外捞	5	钻压 0.5~2t 转速 9~18r/min	5 次捞获较多油管碎块	5	落鱼保护完好
合计	—	65	—	—	57	—

2.墨西哥湾 Atlantis 油田修井案例

Atlantis油田位于新奥尔良以南约241km的墨西哥湾深水区（水深超过2133m），主要目标层为中新世储层，垂深范围4876~5486m。早期完井设计采用了单一尺寸井筒概念，消除了油管柱内的流动限制以提高生产能力。这种设计避免了使用各种工作筒，包括连接在生产封隔器下部用于油井修井的常规工作筒。

随着墨西哥湾（GoM）深水油田进入开发成熟期，气井环空带压及产层压裂充填支撑剂失效出砂导致井筒堵塞问题，对修井作业的需求变得愈加频繁。由于下入井内的完井工具的复杂性，修井作业也非常复杂。为了应对这些日益严峻的挑战，必须采用非常规的工具和方法（图2-3-10）。英国石油公司在Atlantis深水油田的修井作业中就遇到了这种情形，他们成功采用了非常规的深水技术来解决复杂的井筒挑战[60]。

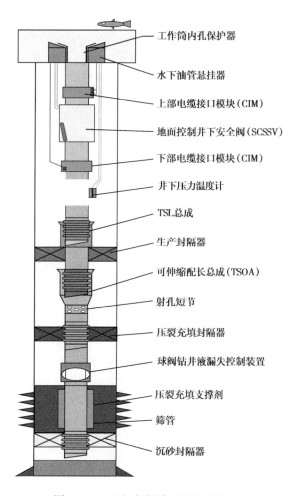

图 2-3-10　墨西哥湾气井管柱结构图

右侧标注（从上到下）：
- 工作筒内孔保护器
- 水下油管悬挂器
- 上部电缆接口模块（CIM）
- 地面控制井下安全阀（SCSSV）
- 下部电缆接口模块（CIM）
- 井下压力温度计
- TSL总成
- 生产封隔器
- 可伸缩配长总成（TSOA）
- 射孔短节
- 压裂充填封隔器
- 球阀钻井液漏失控制装置
- 压裂充填支撑剂
- 筛管
- 沉砂封隔器

1）A 环空带压更换上部管柱

在一次修井作业期间，有 2 口采用单一尺寸完井方式的井由于管柱存在泄漏需要更换上部完井管柱，在起出上部完井管柱之前，需要封堵储层。但是如果生产封隔器下方没有工作筒，则无法使用常规方法在生产封隔器下方坐封桥塞。

（1）存在问题。

在封堵储层之前，必须使用插入式开关工具将地面控制井下安全阀（SCSSV）打开并锁定，以便在井筒更深处进行修井作业。然而，下入的开关工具的通径有限。因此，需要一个物理隔离设备能通过开关工具的内径限制，然后坐封在生产封隔器下方的油管内。这种要求将技术选择局限在了具有高膨胀比的机械桥塞上（如外径小但可在大内径的油管中膨胀坐封的设备）。

（2）产层封堵。

采用 RIBP 桥塞封堵储水，该工具采用电缆传输，便用从地面过拔到海底油管悬挂器的水下坐封管柱进行操作。在操作期间，水下坐封管柱内填充有基油，完井管柱内填充有井筒流体。由于上述流体配置，RIBP 的安装操作相当于在坐封管柱压差外大于内的环境

43

中进行。

RIBP 校深并坐封到位后，对控压设备以高于地面压力 8000psi 的压力进行了试压。在正压试压后，泄压并保持井筒处于原始地面压力下。然后地面泄压，从而使 RIBP 经受负压测试载荷。正负压测试均成功，证实了 RIBP 的完整性。

（3）修井过程。

采用连续油管将油管内基油替出后，进行穿孔作业，循环压井确认井口稳定后进行下步作业。倒出 TSL 密封总成，起出井内管柱，对 TSL 密封总成进行检查，确定下部密封筒完整性后，更换完管柱后下钻至密封筒上部时，用环空保护液替出压井液，回插并完成相关设备安装调试。

（4）取出桥塞。

成功回收上部完井设备并安装新设备后，便可从井中回收 RIBP。最终，整个 RIBP 总成被成功回收，没有丢失任何组件。在一口井 RIBP 应用中，RIBP 总成的上部部件略有下移（图 2-3-11），这主要是由于 RIBP 需要通过内径为 3.688in 的工作筒，这是新上部完井管柱中的最小内径限制。

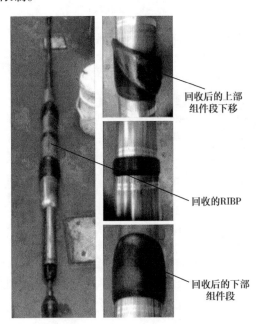

回收后的上部组件段下移

回收的RIBP

回收后的下部组件段

图 2-3-11　RIBP 桥塞照片

2）油管内堵塞处理

墨西哥湾 Atlantis 区块针对油管砂堵问题，应用连续油管采用 2⅛in 涡轮和专用磨鞋清理堵塞的射孔段；并通过这套系统注酸。

墨西哥湾 A 井，井深 6600m 的 3½in 油管内，温度为 204℃，采用 2⅛in 涡轮和专用磨鞋清理堵塞的射孔段；并通过这套系统注酸。共 59h 完成清理和注酸作业，涡轮起出后完好。

3）大修井常规打捞技术

墨西哥湾 Atlantis 区块早期完井设计采用了单一尺寸井筒概念，管柱的特殊结构及功能化设计，使得修井主要难点是对于封隔器及下部埋卡尾管处理。由于打捞处理均由专业化打捞公司处理，对于封隔器处理，通过对专业打捞公司 Baker Hughes、Schlumberger 公司相关了解。

（1）对封隔器可以采用套捞一体一趟式回收工具，如果内部堵塞和底部埋卡，只能使用领眼磨鞋磨铣封隔器上卡瓦以见卡瓦或者胶皮为止。

（2）磨铣或套铣管柱配置：反扣钻杆＋上击器＋下击器＋加速器＋强磁钻杆＋套捞一体工具／磨鞋。

（3）套磨铣过程中，定时清理井下铁屑。

（4）使用文丘里打捞篮清理井筒碎屑，为下步封隔器打捞创造干净的井筒条件。

（5）打捞管柱配置反扣钻杆＋上击器＋下击器＋加速器＋打捞工具（内捞）进行封隔器打捞。

（6）如果封隔器采用各种措施后无法提出，采用倒扣处理，对下步尾管进行套铣打捞处理。

4）xSight 应用

xSight 在作业风险极高的墨西哥湾已投入了应用，其中，在一次修井作业中，要回收高温高压隔离封隔器，工具所处位置量深 8002m，完成该作业之后才能修复失效的砾石充填段，重新进行完井作业。

最初，开发商使用地面接收工具获得井下信息，并用这些数据指导实时打捞作业。但因井超深、井筒剖面过于复杂，影响了地面获取数据的准确性。在第一次下钻作业中，作业团队回收了密封工具组和锚锁，xSight 的作用立竿见影。在上提密封工具组过程中，井下实时数据显示落鱼已经受到作用力 40000 lbf，而此时地面的传感器显示管串还没有接触密封组件。如果没有 xSight 提供的数据，作业人员会继续提高施加的作用力，极有可能将井下钻具组合工具中的 2⅜in 连接损坏。

在意识到两种工具的差别后，作业团队（包括 xSight 工程师）将 xSight 服务获得的实时数据作为首要的作业标准，其他传感器仅作为备用和参考。作业团队发现密封工具组被"D"型的锚锁固定，在旋转井下钻具组合约 12~13 圈后，锚锁被打开。而通过 xSight 井下传感器显示，当在地面旋转管串 24 整圈时，才在井下钻具组合与密封工具组之间检测到扭矩。管串旋转 36 圈后，井下钻具组合与密封工具之间扭矩降为零，同时作用在管串上的张力迅速下降至 300 lbf（136kgf）。额外的张力是由密封工具组本身的重力引起（预计为 275 lbf，125kgf），这也说明密封工具组已经与锚锁脱离，证明井下的分离回收工作顺利完成，下一步只需将工具提升至地面。

将密封工具组移除后，作业团队成功地将隔离封隔器回收，随后，井下传感器和 SC-1 封隔器回收工具被下入井中。而后，在无法从地面观察的情况下，xSight 确认封隔器已经于回收管串连接，等待提拉出井。在整个作业过程中，xSight 成功预测了所有的上行和下行剪切力变化，确认了封隔器的解封状态。在大钩拉力达到 65000 lbf（29484kgf）后，最后一个剪切力预测也确认无误。在所有工具都解封后，管串拉力迅速下降，开始将工具提拉出井筒。作业团队还用 xSight 预测了封隔器等井下工具悬挂于作业管串上引起的重力变化。随着大钩载荷缓慢增加，最终确定井下钻具组合上额外增加的拉力为 1800 lbf（816.5kgf）。xSight 井下传感器参数也确认封隔器与套管分离，已经与作业管串连接。如果没有 xSight 的提示，操作人员很可能会继续施加载荷，导致作业管串损坏，xSight 提高作业效率的效果明显。

3. 沙特阿拉伯 A 井卡钻处理技术

沙特阿拉伯 A 井，743ft 长的 RSS 系统及 PDC 钻头落井，井深 11433ft，井眼直径 6⅛ in，井眼狗腿度为 3.5°/100ft，已落入井筒裸眼段 12.7 天；尝试 7 套钻具组合打捞，尝试打捞时间 123.5h。

钻具组合加入水力振荡器后，水力振荡器工作后，其即时产生的持续轴向震动使落鱼向上挪动 10ft，震击器震击几次后成功解卡，解卡时间不到 1h。钻具组合为 5¾ in 捞筒 + 4¾ in 打捞缓冲节 +4¾ in BOWEN 打捞震击器 +3×4¾ in 钻铤 +4¾ in 加速器 +1×4¾ in 钻铤 +4¾ in 水力振荡器组合 +2×4¾ in 钻铤 +3×4¾ in 加重钻杆[61]。

4.Baker Hughes 修井打捞工艺

1）处理工况

墨西哥湾某井，5½ in 套管内 718-125ksi 材质封隔器（下深 4581m），由于难以磨铣，客户准备开窗侧钻。

处理掉上部管柱后，Baker Hughes 设计 AMT 封隔器磨鞋，只用一趟钻 6h 磨铣掉封隔器节省了 11 天钻机时间。

2）Baker Hughes 打捞工艺技术

套铣鞋的优势在于套铣后的封隔器可以选择用外捞筒进行打捞，允许上提量较大，用磨鞋磨铣后的封隔器，无法直接用外捞筒进行打捞，只能修整外径后进行打捞，套铣时对地面设备及磨铣液有一些基本要求。

（1）钻机负载能力能够提供足够的上提力。

（2）指重表、扭矩表要求准确。

（3）泵额定排量、泵压最低要满足环空返速达到 150ft/min（若井中液位不满无法建立循环，此条不适用）。

（4）磨铣液要求漏斗黏度达到 90s。

3）小井眼封隔器套铣与磨铣选择

套铣 Inconel 718 类型的封隔器可以用磨鞋（Packer Mill）或者套铣鞋（Rotary Shoe），虽然两者都可以用 Baker Hughes 专利的合金齿技术进行敷焊，但是相比较而言，更推荐用磨鞋（Packer Mill）磨铣 SB-3Inconel 718 封隔器，磨鞋的优势在于以下几点。

（1）磨鞋的壁要明显比套铣鞋的壁厚很多，因此能够承受更多的钻压，套铣鞋由于壁太薄，钻压控制不好容易出现断裂，影响后续的套铣作业。

（2）在磨铣 Inconel 718 材质的封隔器时，如果要取得较好的机械钻速，对钻压要求比较高，因此磨鞋更有优势。

（3）磨鞋的流道更大，因此，无法进入矢量环控清洁系统（VACS）工具的碎屑更容易返至磨鞋上方的空间，进入打捞篮，或者返出至地面。

（4）根据世界上其他地区的应用案例，磨鞋一般只需要下 1~2 趟就可以磨铣完 Inconel 718 封隔器，但是套铣鞋可能需要超过 3 支，由于此井较深，因此磨鞋会大大节省额外起下钻带来的时间。

（5）对于旋转部件，磨鞋比套铣鞋更容易将其撕碎，提高磨铣进尺，套铣鞋很容易受转动部件的影响。

5.Baker Hughes 洗井工具及技术

Baker Hughes 井眼清洗和位移技术通过降低风险和非生产时间提高下入效率。井眼清洗机械工具和化学品采用正常介入操作，在不破坏井眼结构的前提下移除钻屑。Baker Hughes 设计方案能够通过高效进行井眼清洁和钻屑管理来确保有效的完井操作，实现油藏收益最大化。

Baker Hughes 完整的井眼清洁机械工具包括驱替产品、套管清洁、防喷器和隔水管清洗及钻屑管理。Baker Hughes 设计方案包括驱替模拟、扭矩和拖拽分析、井底钻具组合荷载分析和矢量环空清洁系统（VACS）作业前规划。无论在陆地、海洋还是深水井中，客户都可以依靠其来节约时间和成本。

1）VACS 技术及配套工具

VACS 工具是用来在磨铣过程中收集井下铁屑及脏物的。VACS 工具由喷射套、驱动短节、2~3 节冲洗管、三个连接套、筛管接头和喷射套及一个分流调节管（图 2-3-12）。这就使得通过钻柱进行的传统循环，在井下变为反循环。该工具是防止铁屑堆积在海底防喷器组、深水立管内或铁屑在磨铣液里悬浮着的理想工具。

图 2-3-12　矢量环空清洁系统（VACS™）示意图

（1）操作方法。

将 VACS 接在磨铣钻具组合之上 60~120ft（18.3~36.6m），用常规的磨铣工艺进行这一特殊的作业。在磨铣过程中，铁屑将通过磨铣工具中心上行，然后经过分流调节管，在此当磨铣液流过筛管并流出喷射套时，铁屑将下沉。

（2）特点 / 优势。

保持海底防喷器组清洁无铁屑，金属铁屑不会悬浮在钻井液或磨铣液里，所有铁屑全部在井底收集，可用于所有非液压磨铣工具，可用于清除大量的井底碎屑，降低修井液成本，碎屑体积可增加。修井液的流动性和黏度将不是影响工具性能的因素，在磨铣过程中收集铁屑。

（3）特性参数。

VACS 工具性能参数见表 2-3-7。

表 2-3-7　性能参数

尺寸 /in	外径		接头	扭矩		总长度	
	in	mm		ft·lbf	N·m	ft	m
3¾	3.750	95.3	2.375in REG	3950	5355		
5	5.360	136.1	3.5in IF（NC-38）	9550	12950	组合工具的长度取决于铁屑收集腔的长度	
7⅝	8.010	203.5	4.5in IF（NC-50）	25000	33900		
9⅝	10.100	256.5	6.625in REG	48500	65760		

（4）应用效果。

现场证明 VACS Predictor™ 软件通过优化井下压力操作参数和流率图像，能够为环空清洁系统作业规划提供支持。一位运营商想要清除射孔毛边、清洁沉砂封隔器并验证封隔器的清洁程度。在 22098ft（6735m）射孔后，该运营商在将管柱插入封隔器时遇到了麻烦。常规喷嘴和清洁操作对于这类倾斜井眼不适用。

Baker Hughes 建议该下入商使用带有井下磁铁、柱形磨鞋和插入短节的 VACS 钻井组合。井下磁铁可以清除多余的金属碎片；钻柱铣磨工具用来除掉射孔毛边；插入短节能够显示出插管是否插入封隔器顶端。在射孔深度进行循环大约 1h 后，插入卡合成功地插入封隔器中。在单次下入中，VACS BHA 清除了射孔毛边，清洁了沉砂封隔器并证实了封隔器清洁。总共回收的钻屑达 22.7kg。

2）VACS G2 系统

Baker Hughes VACS G2 高效清理钻屑，尤其是深水井中的钻屑清理。能够获取到井底或钻井操作过程中产生的碎屑。全新的模块化设计可以节省时间降低风险。

当流体流经喷嘴时，VACS G2 喷嘴产生增大的吸入压力，将各种细末或大片碎屑或垃圾从井眼吸到工具篮中。VACS G2 经优化提升了可靠性和一系列操作程序的性能，包括后射孔和沉砂封隔器清洗、封隔器塞或桥塞取回，以及裸眼井或套管井眼中的垃圾取出。

G2 系统采用创新处理的模块化设计，每个模块都可以通过标准钻机电机进行操作，不需要现场组装或专业设备，消除许多健康、安全和环境的风险。模块化设计还可以通过现场钻屑处理减少非生产时间（图 2-3-13）。

图 2-3-13　VACS　G2 清洁工具及作业效果示意图

3）X-Treme XP 系列工具

（1）技术特征。

Baker Hughes X-Treme Clean™ XP 井眼清洁和位移系统能够保证优越的完井、降低非生产时间、实现最大化生产（图 2-3-14）。这种经济有效的井眼清洁方案能够适用于深井、大斜度井和水平井。

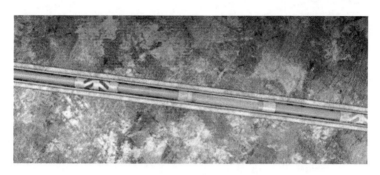

图 2-3-14　X-Treme Clean™ XP 清洁工具示意图

Baker Hughes 清洁系统的最高可旋转速度和非旋转技术可以在不损伤或磨损套管或立柱的情况下高效清洁井眼。改善的循环区域能够更好地进行井眼位移操作。较高的钻杆强度和额定扭矩还可以降低作业风险。

对 Baker Hughes $9\frac{5}{8}$ in 工具而言，该工具磁铁具有常规磁铁 5 倍的磁性，大幅提高钻屑收集能力。

（2）应用效果。

在墨西哥湾深水区域，由于井眼不稳定被封隔后，需要在 $9\frac{5}{8}$ in 套管中进行侧钻。在井深 6635m 安装了水泥承转器进行挤压作业，挤入水泥浆通过水泥承转器后在顶部残留有少量水泥。作业人员向 Baker Hughes 公司寻求帮助进行井眼清洁并清除水泥。Baker Hughes 选择将 MXL™ 牙轮钻头和 X-Treme Clean™ XP 套管刮刀相结合应用。

Baker Hughes 井眼清洁系统冲洗下入至预定深度后，循环和旋转 2h。接下来钻探 20m 软水泥和 184m 的硬质水泥，以 120~145r/min 的旋转速度旋转 16h。在 219m 处倒划眼，循环旋转 6.5h，进一步清洁套管内径。

这种将高性能刮刀和钻头进行整合的高效井眼清洁操作，使运营商节省了每天 500000 美元的钻机非生产时间成本。

4）X-Treme EP 系列工具

Baker Hughes X-Treme Clean™ EP 井眼清洁和位移系统能够降低陆地、大陆架、浅水和深水应用中完井和修井风险（图 2-3-15）。该系统已经被成功应用在全世界 2500 多次作业中，包括许多偏远区域。

该解决方案可以用于解决复杂项目，例如高温高压井和套管井。该清洁工具的非旋转技术能够有效地进行清洁，同时减少对套管或隔水管内衬的潜在损害。高度可旋转速度和惊人的总体流通面积能够使清洁和驱替作业更加高效，尤其在倾斜井眼中。

如果井下钻具组合发生卡钻，可以通过激活行业中独有的刮刀和刷形离合器设计来释放井下钻具组合，进一步降低操作风险。

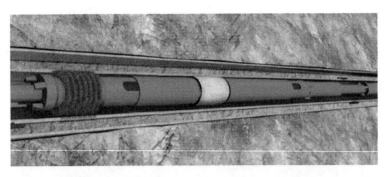

图 2-3-15　X-Treme Clean™ EP 清洁工具示意图

这个工具可以作为一体化系统或单独用于预完井阶段、完井阶段或修井阶段的驱替、套管内径清洁、隔水管和防喷器清洁、流体过滤、井下垃圾清除。

6.Halliburton DPU® 井下动力介入技术

在一系列井下工具如桥塞、封隔器、保护架和数种其他井下设备之中，Halliburton 井下动力装置（DPU）工具具有非常卓越的可靠性能和质量保证。井下动力装置工具是一个电池供电、配备安全的防爆机电工具，能够扩大油井介入能力。通过产生一个缓慢精确可控的线形力，井下动力装置工具可以优化坐封，即使在最高危情况下也能确保最佳完井性能。随着先进测量系统进行精准的深度控制，Slickline 传输井下动力装置工具提供了一个常规方法以外的可靠而灵活的油井介入方案（图 2-3-16）。

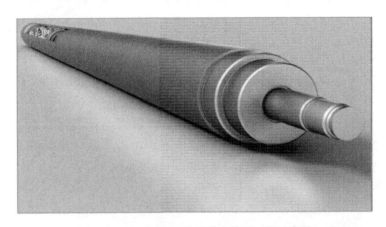

图 2-3-16　Slickline 井下动力装置工具示意图

井下装备（桥塞、封隔器等）附着在井下动力装置（DPU）上，DPU 可以安装在钢丝、连续油管或电缆牵引车上。行程长度、坐封力度以及坐封操作中与此力力度相匹配的速度都被记录在内存中用于后期回放和保证质量。缓慢可控的坐封顺序对井眼设备最大程度密封和锚定。当达到指定的坐封力度时，DPU 从井下设备上脱离并从井眼中退出。

井下动力装置工具的动态监控和高线形力度成为电线、连接钻杆和连续油管油井介入的替代方案。在井场中，这个工具很容易根据介入需要进行安装或退出。

1）技术特征

专利技术能够在地表于井下动力装置工具之间进行实时通信；建立存储器分析坐封力

度、行程长度和驱替速度，保证质量和工具性能；能够对多个油管或套管介入坐封，坐封力高达 60000 lbf；缓慢可控的坐封顺序使密封元件和锚定设备符合井眼；强韧的硬件和电子元件能够承受油井介入操作过程中的高负载；能够与牵引传输系统结合用于高角度井应用中。

2）技术优势

防爆操作提高了安全性和可靠性，取消了爆炸后续处理，通过缓慢可控的坐封井下设备提高可靠性能，无振动要求。压缩机与便携无钻机操作相兼容，介入多样性，具有双重坐封和退出能力，与其他配置方案相比经济有效。传输具有灵活性，可在钢丝绳、电线、连续油管和电缆牵引车上进行传输。

3）技术应用

井下动力装置工具为当今的作业要求，包括完井和修井活动、深水海下介入、堵井和弃井操作，提供了经济有效的解决方案（图 2-3-17）。

图 2-3-17　井下动力装置装置应用示意图

7. 丹麦 Welltec 公司碎屑返排技术

丹麦 Welltec 公司研发的 Welltec® Auger HDR（Heavy Debris Removal，重碎片清除），成熟的泵驱动抽吸系统与额外的提升力相结合，通过专门设计的机械螺旋钻实现最大效率（图 2-3-18）。可回收高黏度流体、重碎片和沉积物，如水泥浆和沙子，并在一次运行中将其回收到地面。该工具可以配置为回收各种类型的碎屑或沉积物。

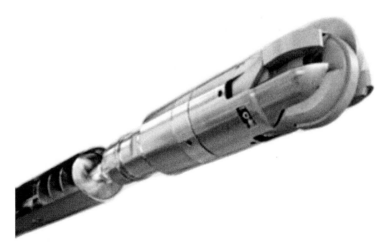

图 2-3-18　HDR 示意图

丹麦 Welltec 公司研发的 Well Cleaner® Power Suction Tool（动力吸引工具）是清除井内松动杂物的理想选择（图 2-3-19）。油井清洁器动力吸引工具使用高速流体循环，搅动碎屑并将其收集在工具内的提环中。

图 2-3-19　油井清洁器动力吸引工具示意图

8.Halliburton 连续油管修井工具及技术

1）CoilCommSM 监测工具

The Boots & Coots 和 Pinnacle CoilCommSM 监控服务提供实时光纤监测，包括 StimWatch® 注入分析和 FlowWatchSM 生产分析服务。CoilComm 监控服务的不用修井机功能为连续油管内部光纤电缆的一系列应用提供更加高效、经济和准确的部署监控方案，包括对存在技术挑战的油藏的部署。CoilComm 监控功能包括分布式光纤传感技术，如分布式温度传感（DTS）和分布式声学传感器（DAS），还可以与其他测量仪器如测井工具、压力传感器和转移工具相结合。

CoilComm 监控服务是 Halliburton FiberWatch® 服务和光纤产品的一部分，包含一个光纤传感测量系统文件包，为一系列井下状况和应用如高压井、大位移水平井、环蒸汽驱采油（CSS）和蒸汽辅助重力泄油（SAGD）井提供探测和可视化平台。

由于能够在连续油管中传输，CoilComm 服务代表了一个 Halliburton 长久以来一直寻求的解决方案，可以对常规生产测井工具有效领域以外的高压水平井和热力学提高采收率井进行实时分析，并可以对酸化作业和二次压裂井进行增产监控。

2）CoilSweep 洗井工具

CoilSweep 服务工具提供最佳井眼清洁。当前测试表明缓慢的划眼起下钻是除掉倾斜度在 55° 以上井眼中固体的唯一有效方法。该工具的功能包括以下几点。

（1）两套切向侧喷嘴可以将井眼内充满的沉淀物优化运出。该工具特殊设计的喷嘴和间距能够促进井底钻具组合的湍流，使填充物在划眼起下钻工具之前上移出井眼。

（2）下喷嘴有助于移除硬质钻屑。该工具能够在最终划眼起下钻之前使喷嘴以向下模式冲洗，这样可以更加高效地清除砂子和其他井眼钻屑。下喷嘴设计还可以抵消在起出井眼操作中产生的位移。

（3）在大直径井眼中效率高。结合适当的作业设计，CoilSweep 服务工具能够辅助砂子和钻屑借助井底钻具组合周围产生的涡流从大井眼中移除。

（4）当前工具有 1.69in 和 2.375in 两种型号。

3）DeepReachSM 工具

常规连续油管的垂直深入能力受限制，因为随着油管柱在井中长度的增加，钻柱的总重量也会增加。因此，常规连续油管钻柱在超深井中的下入能力主要取决于钻柱上总的悬挂重力和母材抗屈强度。如果悬吊重力超过了钻杆的抗屈强度，可能发生钻柱分离。

DeepReach™ 连续油管将多个外径连续油管段连接在一个钻柱上，外径较大的节段在钻柱顶端附件，外径较小的节段在底部附近。这种布置能够降低沿钻柱长度方向张力，同时保留足够的流动能力下入井的介入操作。DeepReachSM 连续油管服务与常规锥形连续油管钻柱相比延伸位移增加 30%。在深水中遇到难以摊入的深水油气藏时，该项服务能够帮助作业者降低与油井介入相关的风险和时间。

4）DepthProSM 无限连续油管接箍

DepthProSM 无限连续油管接箍定位服务使作业者无须在油管内部使用电缆设备即可精确地确定井眼中各种设备和位置点，能够有效降低作业成本（图 2-3-20）。这项技术扩展了连续油管的经济效益并被 Halliburton 所引进。

（1）现场射孔枪。

（2）定位短节剖面、油管末端和其他设备。

（3）现场生产封隔器、桥塞、挤压封隔器和膨胀封隔器。

（4）现场化学或喷射式切割器。

（5）现场防砂液和化学制剂。

（6）现场固井。

（7）为连续油管打捞作业提供更精确的深度位置。

图 2-3-20　DepthPro 连续油管接箍示意图

5）Pulsonix®TFA 系列工具

Pulsonix®TFA 服务集合了 Boot & Coots 连续油管和利用射流振荡技术进行的液压修井专业技术（图 2-3-21）。该程序的最新发明调谐镇频振幅（TFA）能够将流体速度和压力脉冲理想频率和振幅的匹配按照应用需求进行较好的控制。

图 2-3-21　Pulsonix®TFA 工具示意图

（1）技术优势。

The Pulsonix®TFA 工具以能够引起交变脉冲的射流振荡技术为基础。射流振荡在井眼和地层流体中产生的脉冲压力波，打破了许多类型的近井眼伤害；有助于移除射孔中钻屑；增强近井眼区域渗透率；微波能够深层穿透地层，更加有效地清除阻塞物和增产；能够结合其他工具一起使用，可以安装在钻柱的任何位置。

（2）应用范围与实例研究。

Pulsonix TFA 适合各类垂直井和水平井的应用，无论是裸眼井还是套管井，包括：石油、天然气、注水、地热、CO_2、水处理、溶浸采矿。

美国西部某油田由于注水井中的微粒迁移和沉积导致注水速度下降，水驱油田的产量正在逐渐降低。之前用旋转喷射工具进行酸化处理没能够成功的提高注水率，这表明问题不是由于射孔堵塞，而很可能是由近井眼区域造成的。

9. 高效树脂快速封堵技术

井筒隔离失效（如水泥微环）修复难度高，不易完成，且需要耗费巨大成本。通过与CSI 合作，Wild Well 推出的 ControlSEAL 树脂化合物能够建立长期有效的产层隔离，目前在 Permian 等地区得到了广泛应用，实际效果得到验证。

相比于传统水泥隔离方案，ControlSEAL 树脂化合物在压缩强度、拉伸强度和剪切黏合等方面性能更优，隔离效果更好。ControlSEAL 是一种由环氧树脂和化学固化剂组成的二元体系，该技术长时间使用不会收缩，同时耐腐蚀，防渗透。实验室测试表明，与传统水泥相比，ControlSEAL 树脂的剪切黏合力增加了 400%。

与以前的油田密封技术不同，ControlSEAL 不会对水源造成污染，不会被稀释。实际应用中，通过与水的作用完成目标区域的密封隔离。相比于水泥微环，传统的水泥粒径较大，无法完全渗透建立有效的密封隔离，这是常规技术的通病，而 ControlSEAL 在此方面进行了显著的改进。目前该技术可应用于以下作业：套管安装，封堵弃置作业，封隔器泄漏恢复，控制管线、阀门等设备的泄漏修复，挤压作业修复，砾石充填作业，渗透性油藏修复，临井隔离等。

在一口井的开采中，发生了生产封隔器泄漏问题，油管与环空之间建立了连通，开发商尝试了多种补救方法，但并没有成功。由于封隔器的泄漏问题，该井无法投入生产，泄漏点尺寸为 0.25in，位于量深 7506ft 处，封隔器上方 18ft。该井的设计开采方式为气举，环空中约有 1000ft 的深度不会充满海水。作业人员将 ControlSEAL 泵入环空，自由落体到生产封隔器的顶部，将泄漏点锁定并完成密封，油管与环形的隔离恢复，即可进行气举生产。

这项工作主要有三个问题需要处理。首先，从环空的连接点到井中的海水平面有大约1000ft 的自由落体深度。第二个是 ControlSEAL 树脂下入过程要经过大约 6500ft 深的海水，随后才能降落到封隔器顶部。第三个问题是 0.25in 的泄漏点在管串封隔器上方 18ft 处。因此，作业人员共使用了 20gal 的 ControlSEAL 树脂。在作业过程中，作业人员首先泵入环空 3bbl 海水，将自由落体的 1000ft 深度内油管外壁、套管内壁润湿。然后将 20gal 的ControlSEAL 混合树脂泵入环空，随后立即注入 5bbl 海水。ControlSEAL 在 5h 内落到封隔器的顶部，然后等待 24h 以使树脂密封，完成修复。24h 后，管串通过 500psi 压力测试，其中泄漏点上方的测试压力达到了 3480psi，说明 ControlSEAL 已经成功完成了封隔器上

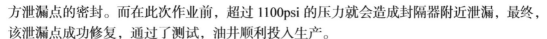

方泄漏点的密封。而在此次作业前，超过 1100psi 的压力就会造成封隔器附近泄漏，最终，该泄漏点成功修复，通过了测试，油井顺利投入生产。

10. Baker Hughes 可视化、智能化 xSight 井筒干预

在打捞作业施工过程中，打捞的扭矩和吨位一直通过地面仪表来对打捞操作和磨铣作业进行判断，但地面仪表显示的数据由于客观存在条件，如悬重表。温差变化会造成吨位误差等原因，均会对施工判断造成干扰，为了解决这些问题，Baker Hughes 旗下 Baker oil Tools（BOT）公司专业提供完井、修井和打捞设备的服务。专门研究提供封隔器系统井下打捞设备、衬管悬挂器、维修工具和地下安全系统。为了配合修井打捞作业 BHGE 推出了 xSight 智能修井平台，可在修井作业期间提供实时井下监测。该系统由井下钻具组合（BHA）与钻杆组成，钻具配备了传感器，用于测量扭矩、钻压、压力、振动、工具面角度及温度。数据通过修井液脉冲遥测，无线传输到地面。迄今为止，该平台主要用于打捞落鱼、磨铣、洗井、造斜器套管开窗及安装与回收封隔器作业。

1）实时井下数据测量

快速检测设备故障，提高作业效率；通过获得悬重、扭矩、弯曲力矩、压力、温度和振动水平等数据，降低作业不确定性，减少非生产时间（NPT）。

2）拉伸 / 压缩数据

确认工具就位，减少无效的下钻次数；提供精准的拉力参数，避免产生减少非生产时间（NPT）；确认井下震动状况；井筒清洗过程中，精准控制刮擦摩擦力问题。

3）扭矩、压力、当量循环密度、转速

提高磨铣效率；提前发现密封问题；降低磨铣作业风险；提高截面磨铣和套管造斜效率。

4）定向、优化与套管接箍定位功能

使得一次下钻完成套管造斜成为可能，提高作业稳定性，降低成本。

11. NOV 公司卧式磨铣评测装置（HMM）

NOV 公司卧式磨铣评测装置位于休斯敦，该机器可将井下钻具组合（比如：铣刀、井下涡轮钻具、减摩工具）推入并在模拟环境中旋转，同时可定量测量这些工具的性能。可调节的井下钻具组合导向器能够模拟出大斜度井眼、水平井眼及常规尺寸套管的井下环境。HMM 与垂直方向夹角为 90°，可在短距离内铣削进入模拟地层，模拟大多数油田常见的水平井筒。独立动力装置提供增压液压油，以驱动 HMM 上的旋转与推力功能，并可驱动虎钳与管子吊架，确保在组装与拆卸时轻松、安全。在测试中，将参与测试的特定工具或管串置于 HMM 中。为准确测量机械钻速（ROP）、磨程及其他测试参数，需安全布置高强度水泥目标、胶结与未胶结套管、实际地层的岩块，并防止其移动与振动。单个目标长度限制为 40ft，最大可用直径为 36in，该设备可实现模块化配置，总测试长度可达 80ft。未胶结套管用作内铣削测试的目标支撑时，测试长度可达 40ft。HMM 可在测试过程中生成精确的数据。井下钻具组合导向器可将井下钻具组合与钻头、铣刀定位至测试目标，因此无须锚入目标，即可使井下钻具组合吃入并保持稳定。泵、钻井液罐与固控设备可提供一系列作业流体，可用淡水与水基钻井液。位于 HMM 与测试目标附近的控制室可执行 HMM 的操控。还可以安装数据采集系统，以监视测试作业并收集性能数据。高架起重机，叉车，导轨或机械定位器有助于定位 BHA 与测试目标。测试设

备时，可以向 HMM 提供组装好的井下钻具组合。NOV 公司也可以为其设计、制造与组装定制的解决方案。然后，钻杆与井下钻具组合相连，以提供测试所需的推力与旋转。HMM 能够承受 30000 ft·lbf 的扭矩，可以测试的机械钻速高达 200ft/h，旋转转速高达 140r/min。

第四节　国内修井工具及技术现状

一、国内修井工具概况

1. 国内主要修井工具制造商

目前我国生产修井工具的厂家较多，修井工具的品种和规格比较齐全，并基本实现规格系列化。除常规的公锥、母锥、打捞筒、捞矛外，还可生产各种先进的磨铣工具、震击器、切割工具、防卡解卡工具和专用打捞器等。

国外在油水井打捞技术和打捞工具的研究与应用方面有许多成功的经验。随着国际交流的不断增加，国外的一些新工艺和新工具正在逐步地被引进或仿制，而且随着国内不断研究和探索，国内修井打捞工具也取得了一定成就，如何有效合理地引进和运用国外先进的打捞技术和打捞工具，提高性能和可靠度，是国内从事钻井、采油和修井作业的科研人员面临的一项重要任务。表 2-4-1 主要列举业内产品成熟度和业内反映度较好的几家修井工具制造商[55]。

表 2-4-1　修井工具制造商调研表

公司名称	主要产品
贵州高峰石油机械股份有限公司	井下动力钻具（LZ 型螺杆钻具\WLZ 型涡轮钻具）、打捞工具（安全接头、打捞筒、打捞矛、打捞篮、DLQ 型多功能打捞器、LB 型打捞杯、高强度公锥和母锥、CL 型强磁打捞器、FCL 型反循环强磁打捞器、YLQ 多轮打捞器）、震击器（上击器 4 类、下击器 3 类、YJQ 型加速器、随钻震击器七类、随钻加速器）、套铣割刀类（内割刀 3 类、外割刀 2 类、套铣工具 6 类、磨铣工具 3 类、SQJ 型水力切割接头）等八大类别 900 种修井工具产品
牡丹江远东石油耐磨工具有限责任公司	主要经营范围为生产石油工具及配件、TYD 硬质合金堆焊条、机械制造加工、技术服务等
牡丹江市林海石油打捞工具有限公司	管柱类打捞工具、倒扣打捞工具、小件落物打捞工具、绳类打捞工具、刮削工具、整形工具、切割工具磨铣工具、复杂事故辅助工具四大类上百种打捞工具
成都百施特金刚石钻头有限公司	PDC 钻头、巴拉斯钻头、天然金刚石钻头、孕镶钻头等各类金刚石钻头及特殊工具；规格从 3.5~26in 各种标准及非标准尺寸的钢体和胎体钻头。双心钻头、取心钻头、随钻扩眼、金刚石磨鞋、金刚石铣鞋等特殊工具
四川川克金刚石钻头有限公司	PDC 复合片钻头、钢体钻头、巴拉斯钻头、定向井钻头、孕镶钻头、取心钻头、天然金刚石钻头、特殊用途钻头、金刚石磨鞋、金刚石铣鞋

2. 国内打捞工具

近年来，侧钻井、套管内悬挂小套管在国内各个油田的应用规模不断扩大，已成为一种主要手段。在渤海、长庆、大港、四川元坝气田均有数量众多的小井眼井，小井眼井修井工具品种少，井下工具强度难以满足要求，可靠性差，特别是在塔里木油田库车山前，小井眼井给后期修井作业带来了很大难度，所以对小井眼井工具及技术调研具有积极意义。通过对国内修井工具生产厂商调研，目前常规打捞类工具针对小井眼井品种少，外捞筒类有部分小井眼井可用产品，但成熟产品较少，如贵州高峰三大捞筒产品系列，仅LT-T型可用于部分落物打捞，LT-T可退式捞筒系列，最大打捞外径88.9mm，有部分新型液压类捞筒捞矛类产品但针对小井眼井打捞类系列产品基本属于空白，内捞打捞工具公锥、母锥、捞矛类产品成熟度较高，由于种类过于繁多，仅挑选塔里木常用成熟度较高的捞筒、捞矛、公锥母锥类说明。

通过对工具厂家的相关调研，常规打捞工具有以下几种[62-64]。

1）捞筒类产品

LT-T型可退式捞筒、DLT-T型可退式捞筒、KLT型卡瓦捞筒等7种类型捞筒，近70余种规格捞筒，但可适用于小井眼工况的仅有LT-T型捞筒，且型号较少（表2-4-2）。

表2-4-2　LT-T型可退式捞筒数据

型号	外径/mm	螺旋卡瓦最大打捞尺寸/mm	蓝状卡瓦最大打捞尺寸/mm	API/接头螺纹
LT-T40	102	79.3	63.3	NC31
LT-T89	89	65	50.8	NC26
LT-T92	92	65	50.8	NC26
LT-T95	95	73	60.3	NC26
LT-T100	100	77.7	52.3	NC26
LT-T102	102	73	63.5	NC26
LT-T105	105	82.6	69.9	NC31
LT-T111	111	88.9	63.5	NC26

2）捞矛类产品

TLM型可退式捞矛、LM-T型滑块捞矛、SLM型双级卡瓦捞矛、ZDM型钻具倒扣捞矛等10种类型捞矛，近190余种规格型号，新型捞矛有YLM型液压捞矛、GLM型套管捞矛、DLM型多用套管矛，可适用于小井眼工况的有TLM型可退式捞矛、LM-T型滑块捞矛、SLM型双级卡瓦捞矛、ZDM型钻具倒扣捞矛，可用规格90余种。

TLM型可退式捞矛用于打捞油管、钻杆、套管，根据具体情况可以同内割刀等工具配用，使打捞、切割一次完成，其结构由芯轴、卡瓦、释放环、引锥等组成，每个型号的捞矛可配多个不同尺寸的卡瓦，供作业时选用（表2-4-3）。

3）公锥母锥类产品

其中公锥共40余种规格型号，母锥共46种型号，可用于小井眼工况的公锥10种、母锥12种，可以根据用户提供的规格和落鱼内径和外径进行定制（表2-4-4）。

表 2-4-3　TLM 型可退式捞矛参数表

型号	卡瓦代号	打捞落鱼尺寸 / mm	引锥直径 / mm	抗拉载荷 / tf	API/ 接头螺纹
TLM48	TLM48—2A	40.3	37	20	NC26
	TLM48—2B	44.5	37		
TLM60	TLM60—2C	46.1	44	27	NC26
	TLM60—2A	47.4	44		
TLM73	TLM73—2C	54.6	52	38	27/8REG
	TLM73—2D	55.5	（23/64）		
TLM73A	TLM73—2C	54.6	52	28	NC31
（TLM73B）	TLM73—2A	57.4	（23/64）		（NC26）
TLM73C	TLM73C—2A	60.3	55	43	NC26
	TLM73C—2B	69.9	（25/32）		
TLM89A	TLM89A—2A	66.1	61	80	NC38
TLM102A （TLM102）	TLM102—2A	84.8	75	100	NC38 （NC31）
	TLM102A-2B	90.1			
	TLM102A-2C	99.1			
TLM102B	TLM102B-2A	73	70	100	NC38

表 2-4-4　母锥参数表

序号	名称	型号规格
1	母锥	NC23-70×50
2	母锥	2A0-64×53
3	母锥	NC26 LH-54×35
4	母锥	NC26-54×35
5	母锥	NC31 LH-98×72
6	母锥	NC31-98×72
7	母锥	NC38-108×86
8	母锥	64×53, 2A0（正，反）
9	母锥	86×108, 310
10	母锥	95×80, NC31（正，反）
11	母锥	NC38 LH-110×85 （310 扣）

3. 国内切割类工具

1）贵州高峰切割类工具

（1）NG型内割刀。

NG型内割刀是从套管、油管、钻杆内部进行切割的一种机械式切割工具（表2-4-5）。为防止切割到套管、油管接箍，割刀下入井内时应避开接箍位置，有条件时可与接箍探寻器配套使用。如配接打捞矛时，可与内割刀一起提出井外，不需单独打捞，也可单独下打捞工具捞出被割下的落鱼工具。

表2-4-5　工具参数表

型号	内割刀外径/mm	接头螺纹API	水眼/mm	切割油管外径/mm
NG60	46	CYG22rod thread	12	60.3
NG73	57	1.900TBG	14	73
NG89	67	23/8TBG, 1.900TB	14	88.9

（2）ND-S型水力内割刀。

ND-S型水力内割刀是一种利用水马力来推动割刀进行管内切割的工具，它较机械式内割刀简单，修理更为方便，切割更为快速（表2-4-6）。

表2-4-6　水力内割刀参数表

型号	割刀外径/mm	接头类型	切割套管管径/mm
ND—S140	95	27/8REC	139.7
ND—S178	120	NC31	177.8
ND—S245	180	NC38	244.5
ND—S340	270	NC50	339.7

（3）WD-S型液力外割刀。

WD-S型液力外割刀是一种利用循环钻井液的液力来推动割刀从管子外面割断管子的工具。它常与套铣管连接，可在落鱼地任意段切割。它较机械式外割刀操作更简单，切割更快速（表2-4-7）。

表2-4-7　WD-S型液力外割刀参数表

型号	外径/mm	内径/mm	最小井径/mm	切割管径/mm	剪销剪断力/tf
WD—S95	95	73	111.13	33.34~52.39	0.9
WD—103	103	81	120.65	33.34~60.33	0.9

2）辽河油田电缆传输电动切割工具

辽河油田自主研发的电缆传输电动切割工具在兴浅气1井现场试验获得成功，填补了国内修井作业领域的空白，完成电缆传输电动切割技术样机的试制，并进行了地面切割试验，打破了外国公司对这项技术的垄断。

电缆传输电动切割工具采用电缆将切割工具下到油管内指定位置，通过地面指令将工具锚定到油管壁后，再通过地面发出电机旋转指令使刀具伸出并切割油管。改工具可应用于注水井卡井管柱分段切割打捞、复杂井定点切割打捞、防砂管柱切割打捞、钻井管柱应急切割打捞、深井卡井管柱切割等修井解卡作业。

3）连续油管切割工具

连续油管强度高、塑性好，已被广泛应用于钻井、冲砂、打捞、压裂、酸化等作业中。可以利用连续油管固有的强度和柔性，通过自身的下推力将机械式内割刀输送到切割位置，特别适合大斜度井和水平井，解决了传统机械式内割刀切割工艺的缺陷，利用连续油管具有密封通道的特点，再应用液压马达作为旋转动力工具，安装一个机械割刀，配合水力锚、可伸缩加压杆、旋转扶正器可以实现切割目的。

该技术利用连续油管携带油管割刀，下放到预定深度后打压锚定，通过地面泵注设备施加一定的水力压力带动油管割刀旋转，从而完成管柱分段切割。由于连续油管极具灵活性，现场应用过程中可根据井下情况进行单段和多段切割选择，特别适合大斜度井、高温井、复杂结构井筒卡钻管柱的处理，快捷、准确、安全、高效。

4）化学切割

化学切割是用电缆起下、电流引爆、使切割工具内的化学药剂相互接触反应，产生高温高压化学腐蚀剂从工具下部孔眼中高速径向喷出，腐蚀切割管柱、回收井下被卡管柱的工艺技术。

化学切割工具串由磁定位仪、点火头、推进火药筒、锚定、化学药剂筒、切割头等重要部件组成。化学切割的工作原理是利用磁定位仪器对设计的切割点进行准确校深。电缆控制点火头从而使火药桶工作产生瞬间高压气体（可达170MPa），高压气体使锚定坐于管柱内壁，同时化学药剂筒上下破裂盘破裂，使化学药剂发生化学反应，化学反应产生的高温高压导致切割头内活塞下行打开切割头孔眼，从而使化学反应中的液体高速喷出将油管腐蚀切断（大约150ms）。

5）爆炸切割

爆炸切割是将聚能切割弹下至卡点以上位置，引爆后将管柱切断的一种工艺方法。爆炸切割工作原理是聚能切割弹利用炸药面对称聚能效应，设计合理的装药结构，将线切割转变为环切割。爆炸切割装置主要由磁定位仪、加重杆、点火接头、爆炸接头和切割弹5部分组成。磁定位仪主要是测出管柱接箍位置，并以之为参考点记录仪器到达位置；加重杆是为了保证工具利用自重顺利下行；点火接头使上部电流通过绝缘垫1片，将接头体内部绝缘，即点火电路的一部分，又起到连通作用；爆炸接头内装弹簧雷管和一段导爆索，上连点火接头，下接切割弹起引爆切割弹作用；切割弹内装高性能炸药，被雷管引爆喷出高速流体切断管柱。

由于不同切割弹切割环高度有限，所以要求切割弹和管柱内径必须匹配，否则切割不断管柱。

常规爆炸切割解卡是根据井内遇卡管柱尺寸，通过选择匹配的切割弹进行切割解卡，但若在切割点上部出现变径（缩径），相应尺寸的切割弹将无法下入，只能采取其他解卡措施。不同型号切割弹切割圆周的范围差别较大，但对管体切割深度几乎相同（也就是55mm和68mm切割弹都能切穿ϕ89mm油管，68mm切割弹能完全切断管柱，而55mm

不能完全切断管柱，但可以切断管柱的一部分本体）。根据这一特点，针对遇卡管柱出现变径问题，可以采用小切割弹切割一部分本体，然后再采用强扭的方法，扭断剩余本体，达到解卡目的。

4. 国内震击类工具

通过对震击类工具调研发现，可用于小井眼的震击器仅有 BXJ 型闭式下击器、CSJ 型超级震击器、KXJ 型开式下击器、GS 型液压上击器、JZ 型机械式随钻震击器，最小外径为 121mm，无小井眼可用震击器。

1）BXJ 型闭式下击器

BXJ 型闭式下击器是一种震击解卡工具（表 2-4-8）。它适用于中深、深部位井的打捞作业，在井下能产生向下向上反复的震击。对可退式打捞工具，可在落鱼起不动时，用它撞击能迅速脱开落鱼起钻。恒压进给时利用它的自由冲程能精确地控制钻压，达到防斜、进尺快的效果。

表 2-4-8 BXJ 型闭式下击器小井眼可用参数表

型号	外径 / mm	尺寸 / in	最大抗拉负荷 / tf	行程 / mm	水眼直径 / mm	API 接头螺纹	打开时总长 / mm
BXJ95	95	3¾	91.7	300	32	2⅜ REG	2850
BXJ102	102	4	102	300	32	2⅜ REG	2850
BXJ108	108	4¼	102	400	32	2⅜ REG	2950

2）KXJ 型开式下击器

KXJ 型开式下击器是一种下击解卡工具（表 2-4-9）。根据作业需要，它还可以作为井内切割管子的恒压进给工具。KXJ 型开式下击器具有结构简单、使用和维护方便的特点，有较高的抗拉、抗扭强度，可以接在钻柱上的任何位置。安装在震击器上方的钻具被提拉时，震击器的锥体活塞压缩液体，由于锥体活塞与密封体之间的阻尼作用，为钻具贮能提供了时间。当锥体活塞运动到释放腔时，随着高压液压油瞬时卸荷，钻具突然收缩，产生向上的动载荷。为被卡的钻具提供巨大的打击力。

表 2-4-9 KXJ 型开式下击器小井眼参数表

型号	外径 /mm	内径 /mm	API 接头螺纹	最大抗拉负荷 /tf	闭合总长 /mm
KXJ40	102	32	2⅜ REG	100	1900
KXJ36	95	32	2⅜ REG	90	1800

3）GS 型液压上击器

GS 型液压上击器是运用液压原理，利用钻具弹性变形所产生的弹性势能一旦被释放，将产生向上的巨大的动载荷，以此解除卡钻事故，达到上提、取出鱼顶目的（表 2-4-10）。它具有结构简单新颖，震击力较大，回位容易，操作方便等优点，是行之有效的上击解卡工具。

表 2-4-10　GS 型液压上击器小井眼参数表

型号	总长 /mm	外径 /mm	水眼 /mm	API 接头螺纹
GS73	1724	73.5	20	2⅜ TBG
GS80	1724	80.5	25.4	2⅜ REG
GS89	1724	89.5	28	NC26
GS95	2041	95.5	28	NC26

4）JZ 型机械式随钻震击器

JZ 型机械式随钻震击器是一种集上、下震击作用于一体的全机械式随钻震击器（表 2-4-11）。其上、下震击负荷范围比较广，可以在维修站或现场根据需要进行调节。特殊的挠性接头可以有效地降低震击器本体的挠应力，因此它是打直井、深井、复杂井和定向井的首选随钻震击工具。

表 2-4-11　JZ 型机械式随钻震击器参数表

型号	外径 /mm	内径 /mm	API 接头螺纹	最大抗拉负荷 /tf	开泵面积 /cm²	上击行程 /mm	下击行程 /mm	总长 /mm
JZ95	95	28	2⅞ REG	80	32	200	200	5800

5. 国内套磨铣类工具

修井时，井下落物的处理有两种方法，一是打捞出来；二是井内消灭。在各种修井手段都无法打捞出井内落物的情况下，钻磨套铣法是最古老而又最有效的解卡方法。在修井技术发展中仍有钻磨套铣法的一席之地，钻磨套铣工具将向着快速、高效性能方向发展，从切削磨铣元件的材质到布局结构方面进行改进。随着高效套、磨铣工具的研制与推广，再配套新型井下动力钻具及辅助工具，将极大提高套磨铣作业效率。

平底磨鞋由接头、本体、镶焊材料、硬质合金块、过水槽、水眼及自锐槽等组成（有时自锐槽也是过水槽）。平底磨鞋以其底面上堆焊的硬质合金或耐磨材料在钻压的作用下吃入并磨碎落物，钻屑随循环洗井液带出地面。自锐槽也称出韧槽，在槽的边缘能够使硬质合金块的锐棱露出，更好地和被磨铣物接触产生切削效果。理论上来说，自锐槽越多，切削效果越明显，磨鞋磨损越严重。所以磨鞋的结构设计和硬质合金块本身决定了磨鞋的切削效果，国内油田工作者和厂家根据修井作业过程中磨铣中得到的经验及对国外工具的研究，设计出了高效磨鞋、引子磨鞋、套子磨鞋和空心磨鞋等，实现不同工况下的高效磨铣。

磨铣作业的主要任务是通过磨铣工具前端的复合材料层对井下落物进行铣削，从而将落物清除，解除落物对井筒通道的堵塞，因此复合材料中的合金块具有比磨铣材料更高的硬度和耐磨性，从而保证对被磨铣材料的磨削效果。同时，由于井下有可能对合金块造成冲击，还需要硬质合金有一定的韧性。从磨鞋性能上分类，常分为高效磨鞋和常规磨鞋。高效磨鞋的高性能是通过添加硬质合金获得的，由于起关键作用的物质是硬质合金，国内目前均采用烧结 WC-Co、WC-Ti-Co 或两者的混合，常见的硬质合金块有 YD 硬质合金块、YG 硬质合金块、FX 硬质合金块、A1203 陶瓷块、金刚石复合块、立方氮化硼（PCBN）块等，但由于硬质合金在堆焊时容易被烧损，因此影响了堆焊层的性能。国外目前已开发出一种韧性更好、使用寿命更长的新型强化材料，但仍属保密中。

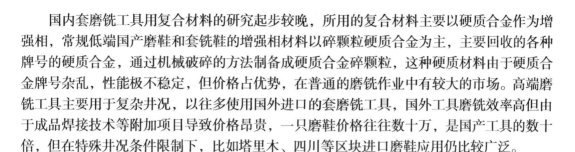

国内套磨铣工具用复合材料的研究起步较晚，所用的复合材料主要以硬质合金作为增强相，常规低端国产磨鞋和套铣鞋的增强相材料以碎颗粒硬质合金为主，主要回收的各种牌号的硬质合金，通过机械破碎的方法制备成硬质合金碎颗粒，这种硬质材料由于硬质合金牌号杂乱，性能极不稳定，但价格占优势，在普通的磨铣作业中有较大的市场。高端磨铣工具主要用于复杂井况，以往多使用国外进口的套磨铣工具，国外工具磨铣效率高但由于成品焊接技术等附加项目导致价格昂贵，一只磨鞋价格往往数十万，是国产工具的数十倍，但在特殊井况条件限制下，比如塔里木、四川等区块进口磨鞋应用仍比较广泛。

近年来，国内一些石油装备企业也开始大力发展高端磨铣工具，如江钻、贵州高峰等，但其所用增强材料往往也是进口材料，如山特维克的 MP40、贝克公司的 Superalloy、包文公司的 Rockwell A 等刀具。通过研究发现，高效磨铣工具复合材料层所用增强相材料为钨钴类硬质合金，但由于常规硬质合金颗粒材料内部缺陷和在复杂工况条件下，容易出现如齿损坏等多种情况。近几年出现了规则形状的合金结构如 YG8C、YT30 等，由于材料成分均匀、内部结构缺陷少、性能一致显现出整体性能优于常规不规则合金齿，也出现了一种孕镶结构磨鞋及不规则相＋规则相磨鞋，其经济性和使用效果较常规磨鞋性能有较大的提升。

6. 其他辅助类工具

1）连续油管作业技术及工具

随着连续油管技术的发展和应用，连续油管作业机用途日增，已能用于钻井、完井和修井。修井时多用于冲砂洗井、钻桥塞、气举、注液氮、清蜡和排酸，后来逐步用于打捞作业。在打捞作业时，还要配备相应的井下打捞工具，包括油管接头、单流阀（又称紧急断开接头）、带孔万向接头、加重阀及打捞矛和打捞筒、液力震击器、加速器、打捞马达、液力找中器等，可以将钢丝绳打捞不成功的落鱼打捞上来。这些落鱼多种多样，包括钻杆、油套管、桥塞、井下动力钻具、钢丝绳段、电缆段乃至连续油管本身。还可以用连续油管进行切割油管、油管内钻磨等作业。近几年来，国内外关于运用此机打捞井下落鱼的报道越来越多。

（1）解除井筒堵塞。

随着天然气开采的不断深入，库车山前"三高"气井出砂造成部分井筒堵塞，有些气井因出砂频繁被迫关井。塔里木油田加大科研力度，专门购置连续油管作业模拟分析软件，并应用于每口井的模拟计算，为克深出砂井把脉，在井口尝试使用连续油管解除井筒堵塞。这一技术的应用，为库车山前井筒解堵提供了技术储备，使出砂井甩掉了低产出高消耗的"帽子"。

（2）连续油管打捞落物。

连续油管打捞可用于打捞油管、套管、钻杆、桥塞、井底马达、钢丝绳段、电缆段及连续油管本身。连续油管的连续起下特点，提高了打捞速度，降低了劳动强度。在直径或大斜度井，特别是水平井中产生较大的轴向拉力或震击力，方便对井下落物进行解卡，提高了打捞的成功率。在打捞过程中可以循环各种冲洗流体，包括氮气和酸液，进行边洗井边打捞，避免落鱼二次被卡。对落鱼顶部可以进行高压冲洗、喷射或溶解砂、泥、垢和其他碎屑后进行打捞，简化了打捞工艺，经济性好。

（3）连续油管切割。

通过连续油管自身的下推力将机械式内割刀输送到切割位置，特别适合大斜度井和水平井，解决了传统机械式内割刀切割工艺的缺陷。利用连续油管具有密封通道的特点，再应用液压马达作为旋转动力工具，安装一个机械割刀，配合水力锚、可伸缩加压杆、旋转扶正器也可以实现切割目的。

2）液力增压器

辽河油田针对特殊结构井打捞作业技术难点，在对SRT-HPW型液压井下拉拔打捞解卡工具结构参数优化设计的基础上，研制出配合小修作业机用于特殊结构井打捞解卡的HFT型液压增力打捞解卡工具，其水力活塞式卡瓦悬挂器悬挂载荷160tf，液压坐封，提放管柱解封。液压增力器采用分体式结构，产生120tf解卡力。可退式打捞器可根据需要释放落鱼，安全退出工具。14井次现场应用表明，可不动管柱解卡，克服作业设备提升能力、摩擦、管柱自重、强度等对特殊结构井打捞解卡作业的制约，完全满足深井和特殊结构井对解卡打捞的特殊要求。

（1）保证打捞管柱内通道畅通。可根据现场需要，随时进行正循环或反循环冲洗鱼顶，捞获落鱼后再加压打捞，这样先清理鱼顶，防止井筒内砂、蜡等对落鱼作业的影响，保证了打捞成功率。

（2）采用多级活塞机构。克服了井间直径对工具结构设计的约束，开发出适合于各种尺寸套管内的打捞工具，使之系列化，轴向拉力可达120tf。

（3）坐封悬挂机构设计独特，3~5MPa压力就能剪断限位销钉，使卡瓦在锚定前可以沿套管壁滑动一段距离，避免了卡瓦因受力不均而破坏，同时可液压坐封、液压自锁、泄压解封，保证了坐封悬挂机构的安全性和可靠性。

（4）悬挂单元可以根据现场实际需要增加，要求增加活塞级数时，悬挂力大于理论值120tf，在超深井或落鱼自重较大的井设计有微台阶悬挂接头，可与坐封悬挂机构相结合，保证坐封悬挂的成功率达到100%。

（5）该工具液压解卡力直接作用在鱼顶上，克服了无功作业和载荷无效消耗等弊端，保护了套管，防止打捞管柱的应力破坏，可有效预防井下复杂情况出现。

（6）采用液体作业，提高传力的可靠性和施工操作的平稳性，且打捞管柱被固定在套管内，可避免解卡作业因大力拉拔所造成的危险。

（7）在密封结构设计中，采用的间隙节流密封属于无接触密封结构，在保证设计漏失量的前提下，设计密封压力可达45MPa。

3）液压连续震击器

疏松砂岩油藏的主要特点是地层易出砂，一般都要采用防砂管柱进行生产，但随着时间的推移，地层出砂仍会导致防砂管柱的堵塞、埋卡，必须打捞出失效的防砂管柱。现有解卡手段主要采用大力提拉活动解卡、震击器解卡、倒扣套铣解卡等措施。其中，大力提拉活动解卡，需根据井架及设备允许负荷条件，对管柱进行大力提拉或快速下放冲击，使卡点脱开，主要适用于轻度砂卡、垢卡、蜡卡等。普通液压震击器容易意外激发而导致落鱼事故，且频繁的激发会使液体过热，从而降低液体的黏度，缩短其冲程时间，降低了震击力。

中国石化江汉石油工程有限公司井下测试公司针对现有解卡手段的技术缺陷，设计了一种依靠液体压力和弹簧弹力形成往复振动，结构简单、振动力可靠、打捞效果好的液压连续震击器。该工具利用液体的微可压缩性和溢流延时作用，经活塞装置储存变形能，并瞬时释放，将其转变成往复冲击动能，对被卡管柱施加一定频率的振动和冲击载荷，有

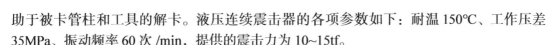

助于被卡管柱和工具的解卡。液压连续震击器的各项参数如下：耐温150℃、工作压差35MPa、振动频率60次/min，提供的震击力为10~15tf。

7. 软件

由于大修井的复杂性和多样性，目前国内没有对各种大修作业过程的分析，考虑到下入杆管柱及作业工具的安全性，力学分析是关键。各大油田及其子公司都在努力研制开发指导修井的软件，如大港油田、华北油田、中海油能源发展工程技术公司等。

1）中海油套铣工艺参数优化设计软件

中海油能源发展工程技术公司增产作业分公司就区域内修磨套铣作业存在诸多问题，出现事故的频率逐年增加的现状，建立了磨套铣过程中管柱力学、水力学计算模型，完成对大修磨套铣作业施工工艺参数的优化设计计算，开发了大修磨套铣工艺参数优化设计软件。

（1）基于经典的力学、水力学分析方法，建立了磨套铣过程中管柱力学、水力学计算模型，完成对大修磨套铣作业施工工艺参数的优化设计计算。

（2）以理论模型为基础，应用C#语言开发了大修磨套铣工艺参数优化设计软件。通过现场施工基本参数，计算上提、下放、钻进3种不同工况下管柱的弯矩、旋转扭矩、轴向摩阻力、轴向载荷。

（3）在完成排量初步估算的基础上，选用套铣排量优化模块优化排量。输入参数基本设置，可以计算得到套铣过程中优化排量，在此排量下可以增加铣屑返排速度，缩短大修周期，提高效率。

现场实例应用表明，软件计算结果与现场实际参数吻合程度高，提高了磨套铣作业的现场施工效率。

2）大港油田综合力学计算软件

（1）管柱可下入性分析功能。依据管柱可下入的三个条件来判定管柱是否可以下入。

（2）循环管柱力学分析功能。能够计算定点（给定下入深度）处，压力分布、摩阻分布、管柱本身载荷、应力参数和管柱的强度安全性。

（3）钻磨铣作业中井下力学分析功能。用户输入钻磨深度、循环参数、井口扭矩、钻压，可分析压力分布、摩阻分布、管柱本身载荷、应力参数和管柱的强度安全性。

（4）打捞管柱力学分析功能。依据井口施加载荷，计算井底有效载荷，输出管柱末端等效轴力和扭矩。

（5）起升管柱力学分析功能。能够依据变管柱长度计算悬持载荷和摩擦阻力，输出钩载。

（6）卡点计算功能。通过录入初始拉力、终止拉力、伸长量等参数，可准确计算出卡点位置，为解卡提供依据。

（7）动态模拟显示功能。分析计算能够实现对整个管柱下入过程、起出过程、钻铣磨过程等的动态模拟，观察管柱受力变化，以红色标识管柱危险点。

（8）建立井下作业管柱图形库。可以生成清晰的井下作业管柱组合效果图，可以绘制《油气水井井下工艺管柱工具图例》中的150余个工具图。

二、国内修井技术现状调研

1. 国内超深高温高压井修井简况

随着修井工具的发展与进步，国内修井技术也取得了较大的发展。国内修井工具已经形成打捞类、切割类、倒扣类、刮削类、震击类、磨铣类、整形类、补贴、补接类、检测类和辅助类等十几大类数百种规格，根据相关技术及工艺的调研，结合理论分析，未来工具发展方向。不再是单纯的机械设计，现代科技的广泛应用使修井工具向更智能化方向发展，使工具使用更加经济合理。

按照我国对深井、超深井的界定，深井指井深大于 4500m 的井，超深井指井深6000m 以上的井。

随着井深的不断增加，井下的温度和压力也随之不断增加，措施作业中的施工压力也增加，当井深达到 5000m 以上时，一般情况是：地层温度在 130℃ 以上，压力在 50MPa以上，施工压力在 80MPa 以上。

由于我国长时间进行陆地浅层石油的勘探开采，浅层石油勘探钻井及相应的浅井大修井技术都已经比较成熟。但随着浅层石油的慢慢枯竭，目前超深井钻探工作已经开始逐渐占据主导并取得了很大进展。我国未探明石油储量约 85×10^8t，其中 73% 埋藏在深层。未来深井、超深井钻探采油将是一个主要工作方向，而相应的深井、超深井修井施工作业也将成为一个重要的研究方向。

目前，我国西北部塔里木油田、西北石油局、川西等油田区块均已开始进行大量深井钻探作业，渤海油田、南海西部油田，胜利油田等地区都有深井钻探作业[65-70]。深井复杂事故类型统计表见表 2-4-12。

表 2-4-12　深井复杂事故类型统计表

序号	修井项目	所属油田区	事故简介
1	典型小井眼卡钻事故	塔里木油田	YTK5-1 井用 149.2mm 钻头钻 77.8mm 套管内水泥塞及附件至井深 5253m 发生卡钻；历经 185d 处理，三次套管开窗失败，最终导致报废
2	典型小井眼卡钻事故		HD18-1H 井水平井起钻至 5608m 遇卡。从 5608m 一直采取倒划眼措施，扭矩一直偏大，倒划眼无效，卡点上移至 5607m。在倒划眼过程中，钻具只能在 5607~5616m 上下活动，上提遇卡和下放遇阻
3	镁粉切割工具在深井超深井小井眼应用		1447.12m 电缆落井，井内剩余 1313.61m 管柱被卡死
4	超深井套损修井作业	西北局（塔河油田）	深井的特殊层位的钻探施工，没有采取技术套管的处理措施，直接下入油层套管，导致油层套管的损坏
5	超深井多级套管绳类打捞		TK602 井前期产液剖面测试过程中上提测试工具遇卡，在井口剪断电缆，测试用 ϕ6mm 电缆 5708m 及测试工具全部落井
6	过泵打塞技术打捞深井遇卡电泵		TK262 井检泵作业时电缆下滑，上提油管 10 根后，电缆在油套环空卡死，最大上提至 45tf 上下活动解卡无效。上提悬重 20tf 悬吊解卡，不成功，期间井底出天然气，有间喷现象
7	过泵打塞技术打捞深井遇卡电泵		T813（k）井停喷后转电泵生产，检泵时发现大扁电缆从密封接头处断，电缆缩回油套环空，试提第一根 ϕ73mm 油管负荷 22tf 上升到 28tf，提第二根油管 4m 处遇卡，负荷上升到 32tf，无法解卡
8	深井小井眼定向随钻扩孔		THA 井采用 177.8mm 套管段铣开窗后侧钻工艺，段铣井段 5682.00~5712.00m，侧钻点选择在奥陶系柔塔木组 5695m 井深处。侧钻成功后，自 5725m 开始进行定向随钻扩孔作业

续表

序号	修井项目	所属油田区	事故简介
9	超深井衬管打捞		CX565 井对 4748.9~5200m 衬管段进行最大限度地切割打捞
10	小井眼套管开窗井螺杆断落打捞		元坝 10-3 井钻进至 6195.1m 发现钻时、钻压无改善，现场判断螺杆钻具工作异常。起钻完发现螺杆传动轴断裂落井，落鱼为 PDC 钻头 + 传动轴 + 下径向轴承内圈，落鱼长度 0.65m
11	超深井管柱打捞解卡	川西油田	元坝 27 井超深井在飞仙关组二段测试过程中发生管柱断脱，造成 99mm 酸压测试工具串在内径 119.4mm 套管内
12	超深井射孔枪断落打捞		YB29 井对长兴组二段 6636~6699m 采用 APR 工具测试发生射孔枪断落事故
13	深井小井眼埋钻事故		川孝 565 井下钻通井准备下 2⅞in 衬管，被盐水浸泡的复杂须二地层垮塌埋钻，埋钻井深 4914.22m
14	深井切割打捞联作射孔管柱	渤中油田	A1 井用 Halliburton TWM 桥塞悬挂射孔管柱，后插入自喷生产管柱，打压点火时射孔枪未发射。为了查明射孔失败原因，必须打捞出井内的射孔管柱
15	深层大井斜小井眼套管开窗	南海西部油田	从老井 177.8mm 尾管 2447m 处套管开窗侧钻 152.4mm 小井眼，由于开窗点较深且井斜角大（79.5°），小井眼套管开窗侧钻难度较大
16	超深井套管落井事故处理	其他地区	某超深井实钻井深 7280m，为该探区首口超 7000m 的超深井。本井在四开完井下套管过程中出现悬挂器应急丢手，尾管提前坐挂，导致套管落井。事故处理 86 趟钻，共磨铣打捞落鱼 996.48m

2. 大港油田小井眼常规修井技术

1）大港油田小井眼常规修井技术特点

（1）技术难度系数高。

大港油田存在着相当数量的丛式井组，并且斜井也占据小井眼的多数比例，这些斜井及丛式井组的存在，从根本上增加了小井眼修井技术的难度系数。实践过程表明，主要困难在于很难将作用力送到卡点上，使打捞操作变得十分困难，很难施加一个合适的作用到卡点的上提力。

（2）砂卡现象频繁。

井眼本身的容积就十分小，另外井眼内还有一定容积的管柱，从而导致了井眼内空间变得更小。这样一来，即使是少量的砂，也会在井眼内产生较大较长的柱状砂体，易导致砂卡现象发生，另外，井口常用的通径规、削刮器等落物也会造成卡井。

（3）配套工具可靠性差。

大港油田的小井眼比较特殊，其配套工具的尺寸一般是很难满足要求的，所需的套管内径和外径分别为仅为 ϕ97.2mm 和 ϕ99.6mm，这就从最大程度上对配套工具做出限制，市场上通用的大部分常规配套工具不都适用于大港油田的小井眼，因此配套工具的可靠性差这一矛盾在大港油田小井眼修井技术应用过程中显得特别突出。

2）小井眼修井技术在大港油田开发中的应用

（1）解卡技术。

在大港油田开发过程中，必然离不开解卡技术，小井眼的解卡技术主要是动态的，是一种将震击及磨铣等方法相结合的解卡活动技术。解卡过程中通常会用到的工具主要是

MDQ-L5-ND12 型号的击打器和 HGXM-187 型号的铣磨鞋。

（2）打捞技术。

当前大港油田在 ϕ97.2mm 的套管内可以利用鱼刺钩及平钩等配套工具实施打捞的物体主要有 ϕ58.5mm 和 ϕ61.9mm 的油管、管式泵等，及其他一些体积比较小的落物。

（3）套管修复技术。

在原来的 ϕ99.6mm 套管中放入 ϕ77.5mm 外径的配套管，然后利用水泥浆将井封固，并且在封固后再次套上两层套管，然后重新打开油层，实现投产，从而恢复油井的产量。套管修复技术与其他技术相比，具有能够彻底防止油层遭受倒灌的潜在伤害，能够保证即使是无坐封段状态的油井也可以在应用该项技术后较快地恢复产能。同时，套管修复技术也存在一定的缺陷，包括投入比较高、风险过大及工具的配套难度比较大等，这些都将会影响油田开发工作的正常进行。

（4）冲砂技术。

当小井眼进行冲砂时，理论上砂粒与流体的速度应该大于 2，但是事实上并非如此，工作人员通过分析砂粒沉降、管柱结构及砂粒运动特征等因素，选择参数、建立物理模型，通过模拟计算来实现对冲砂的控制，从而大大减少了以往施工过程中的盲目性，提高了油田开发的效率。

（5）堵漏技术。

堵漏技术指在油田开发过程中，技术人员借助双封找漏和工程测井等方法快速准确地确定漏失部位，然后应用堵漏剂实施封堵的技术，采用是挤封或平推的方法，将堵漏剂充分注入漏失处，从而完成有效封堵。当前在大港油田，已经有许多口小井眼油井采用了这项技术，实践证明该项技术可以有效地实施化学堵漏，另外对试漏现象的治理效果也比较好。

3）对提升小井眼修井技术实用性的新认识

小井眼修井技术通常所面临情况十分复杂多变的事故，而且通常这些事故的处理办法尚无规律可循，也没有固定模式，需要建立长效机制、创新技术，及时应对实际情况下的工作。

套管修复技术具备比较大的技术优势，它的治理效果十分彻底，并且在井下的生产原理也十分简单，基本上能够有效防止油层遭受外界的伤害。除此之外，小套管技术还具备费用较低、周期较短、工艺十分简单并且生产效益显著的特点。

创新小井眼修井技术是降低油田开发企业建井成本的最为简单又最有意义的措施，这项技术革新对油田经济有效开发起到极大地推动作用，但是目前大港油田受制于钻井技术相关配套技术及维护技术，因而对该项技术的研究和应用并不是很重视，亟需对该项技术进行研究攻关。

逐步深入研究小井眼修井技术在大港油田开发过程中的应用，将有助于修井工艺的形成，同时也有助于相关配套工具的开发，这些都将为小井眼的开发利用提供强大的技术支持，从而在不断地生产实践中壮大油田业务。

3. 四川元坝气田修井技术

四川盆地元坝气田长兴组储层埋藏深（7000m），温度高（160℃），高含腐蚀介质（H_2S 平均含量为 5.14%，CO_2 平均含量为 7.5%），且储层较薄，非均质性强。井型主要为大斜度井、水平井，完井方式为衬管完井。相对于国内的主要酸性气藏如普光、龙岗等开发难度大，风险更高。井筒斜深一般在 7500m 以上，生产套管管柱组合为 ϕ193.7mm 油套 + ϕ127mm 衬管或 ϕ177.8mm 油套 + ϕ114.3mm 衬管。

元坝气田超深产层具有高温、高产、高含硫等特征，勘探开发是世界级难题。在勘探阶段，作业管柱易出现卡埋、脱落、炸枪等复杂情况，严重制约着勘探的进程；而开发阶段，探井转生产井面临长段水泥塞钻扫效率低、合金油层套管易磨损等问题，严重影响着开发投产进度。据统计，2007—2015 年元坝区块总施工井数约 50 井次，出现复杂情况井数达 17 井次，其中出现管柱断脱、卡埋造成落鱼井数达 11 井次，而探转采需要长段水泥塞钻扫井数达 12 井次。如何使勘探井全通径测试工具顺利出井，确保测试资料取全取准，如何解决投产井钻扫水泥塞效率低、易磨损合金油层套管等问题，是元坝气田投产建设亟待解决的工程难题。因此，针对元坝超深海相气井，研发高效、高成功率的特色修井工艺成了元坝气田开发建设的迫切需求。近年来，在元坝气田多口海相超深复杂气井修井施工基础上，针对 RTTS 封隔器卡埋、射孔枪断脱、长段水泥塞钻扫提出了适配超深海相气井修井特色工艺技术，为超深含硫气井内复杂情况的处理提供了强力技术支撑。

1）超深小井眼井修井面临的技术挑战

元坝气田长兴组主力气藏埋深接近 7000m，由于海相气藏高含 H_2S，S135 等常用高强度材质钻具禁止使用，而复合钻具的使用增大了作业管柱断裂风险。海相投产井选配使用的常规打捞工具由于尺寸限制，强度变小，可靠性变差。超深气井套管空间为倒金字塔阶梯状结构，套磨铣产生的铁屑随着套管内径变大返速大幅度降低，携带不充分易造成重复研磨，增大了卡钻风险。超深井打捞管柱自身悬重通常大于 120tf，很难根据悬重变化判断小件落物捞获情况，旋转造扣等操作受到长段钻具传递影响，判断难度加大。

2）修井方案要点

超深含硫气井修井难度高，修井过程中引发的新的复杂情况很可能直接导致井报废。为降低修井作业带来的风险，在元坝海相超深气井修井施工中需要遵循以下原则。

（1）修井管柱。

作业管柱选择在满足作业强度校核的条件下尽量降低钢级，减小作业管柱材质硬度，降低与油层套管的硬磨损，同时有助于提升作业管柱防"氢脆"能力。根据元坝海相超深气井井身结构，推荐使用倒塔式结构的 G105 钢级复合钻具。

（2）入井工具。

采用强度高、操作简单、高温下可靠性好的修井工具，避免修井中出现二次事故或使修井工作复杂化。

（3）修井液。

严格监测修井液高温性能，加入适配压井液体系的抗高温抗盐降滤失剂、护胶剂，维持压井液高温稳定性，调节压井液 pH 值为强碱性。

（4）操作参数。

优化修井操作参数，包括打捞、套铣、磨铣及循环排量、泵压等各项施工参数，准确判断，精心操作，适时修正。

3）RTTS 封隔器卡埋处理技术

针对元坝气田勘探开发中常见的 RTTS 封隔器卡埋、射孔枪断脱和扫塞作业磨损油层

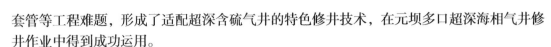

套管等工程难题，形成了适配超深含硫气井的特色修井技术，在元坝多口超深海相气井修井作业中得到成功运用。

（1）修井难点。

由于套管腐蚀及变形、地层出砂、井下落物等原因，RTTS 封隔器常出现卡埋现象。超深井封隔器下入深度较深，管柱重量重，解封负荷大。RTTS 封隔器由 J 形槽换位机构、机械卡瓦、胶筒和水力锚等组成，结构复杂，磨套铣作业中极易造成工具部件散落复杂井下情况。

（2）处理方案。

针对套管腐蚀变形导致水力锚不能收回情况，宜上提管柱减轻封隔器坐封力，再结合环空加压，促使水力锚回位和封隔器胶筒收缩。如仍不能解封，则从封隔器上安全接头倒开，采用反扣钻具大修：先采用母锥打捞安全接头，再通过套铣筒套铣封隔器上水力锚卡牙，最后使用母锥打捞水力锚及封隔器。针对砂卡、落物卡，宜多次上下活动管串解卡。

若解卡失败，则从封隔器上安全接头倒开，采用反扣钻具大修：先采用套铣筒套铣封隔器上沉砂或落物，再使用母锥打捞安全接头，最后使用母锥打捞水力锚及封隔器。

针对井下复杂情况造成封隔器不能解封时，采用上提管串环空加压的方式多次活动，使水力锚卡瓦和封隔器胶筒收缩。随后在管串抗拉强度内反复活动管串，如仍不能解封，则从封隔器上安全接头倒开，采用反扣钻具大修：先使用母锥打捞安全接头；其次使用母锥打捞封隔器上水力锚；再使用公锥打捞封隔器本体，此时由于管串下部被卡死，需要尽量上提倒扣使封隔器 J 形槽内凸耳换轨，让卡瓦收回从封隔器下部倒脱；最后使用套铣和倒扣打捞的方法处理封隔器下部管串。

4）射孔枪打捞技术

射孔枪卡埋、炸枪造成井内落鱼，由于超深气井下部套管内径小，修井工具选择受限，井内情况诊断困难，修井操作难度高，修井过程中二次事故风险激增。

（1）解决方案。

根据井下复杂情况形成原因和射孔枪形态，针对性采用震击解卡、套铣倒扣、倒划眼及剥皮套铣系列射孔枪打捞技术。

（2）震击解卡。

由于环空钻井液沉淀、堵漏材料、落物等原因造成卡钻，通过操作震击器在卡点瞬间释放上拉力或下压力，从而达到解卡的目的。打捞工序组下打捞管柱、冲洗鱼顶、打捞、震击直至解卡，起出打捞管柱检查捞获情况。震击解卡打捞中选择可退式打捞工具，震击器入井前需调校好震击吨位。

（3）套铣倒扣。

当井内射孔枪卡埋，在抗拉强度范围内打捞不能成功时，采用套铣一段再倒扣打捞一段方式将落鱼全部打捞出井。常用套铣管柱组合为套铣鞋 + 套铣筒 + 随钻捞杯 + 回压阀 + 钻铤 + 钻杆 + 方钻杆。套铣参数：钻压 0.5~3tf，转速 30~50r/min，环空上返速度不小于 0.8m/s。

（4）倒划眼打捞技术。

井内落鱼被钻井液沉淀物、压井堵漏材料卡埋，使用打捞工具捞获落鱼后，能够转动落鱼，但强提不能解卡。采用过提井内管柱悬重 1~2tf 旋转井内管柱，待悬重下降后再过提 1~2tf，逐渐将落鱼上提，反复操作直至将落鱼提出卡埋井段。

（5）剥皮套铣。

由于井内射孔枪起爆器接头外径大且无内孔，无法直接进行打捞作业。通过采用特制套铣工具，剥掉一部分起爆器外壁，再采用母锥进行外捞作业。套铣管柱组合为：特制套铣工具＋随钻捞杯＋回压阀＋钻铤＋钻杆＋方钻杆。

4. 渤海油田修井工艺

自 1966 年渤海油田发现第一口井海 1 井距今已有 50 余年，部分老井即将达到或超过设计周期。渤海油田部分井储层疏松易出砂、井下情况较复杂，CO_2 含量高、腐蚀严重，由于生产油管、井下工具腐蚀穿孔、封隔器封隔失效、固井水泥环气窜等原因易造成油套同压现象，套管带压问题日益凸显。若不能进行有效的压井作业使油套压下降并维持为零值，贸然起管柱可能造成井涌甚至井喷失控风险。

1）压井方法选择

漏点位置影响压井方法选择，如油管较浅部位发生腐蚀，循环压井可采用连续油管压井，将连续油管插入油管打开滑套位置或打孔位置；封隔器以上较深部位发生腐蚀，可考虑不采用油管打孔，直接循环压井。目前较为实用的找漏方法有测流体电阻法找漏、木塞法找漏、封隔器找漏、超声波成像测井仪、井下视像找漏、同位素测井、流量测井、井温噪声测井、中子氧活化测井、多臂井径成像测井仪和电磁探伤测井 11 种。通过对这 11 种找漏方法进行研究，有些对油井类别、井下流体类型、井下环境和泵排量等都有较高要求，确定出多臂井径成像测井和电磁探伤测井较适用于渤海油田，具有适用性强、检测准确性高、抗噪声、耐腐蚀、耐高温、操作简单安全等特点。

结合产生油套同压的原因，在井筒完整性受到一定程度损伤破坏后，需要根据不同的腐蚀位置，确定压井方式。

2）打捞工艺

随着油气藏的不断开采，地层能量逐渐减弱，由最初靠地层自身的能量开采，到溶解气驱阶段，再到后来的靠注水驱动进行开采，注入井内中心管柱在修井作业期间经常出现管柱遇卡情况，导致无法及时更换井下管柱和注入工具，无法开展井筒内工艺措施作业等故障，直接影响油田开采效率。通过分析近年渤海油田注水井打捞中心管柱作业案例发现，中心管柱在长时间注水过程中，由于地层状况、注水质量、注水管材质等原因导致中心管内外结垢。注水井结垢（主要为 $CaCO_3$、$MgCO_3$、$CaSO_4$、$MgSO_4$）及铁管线因结垢严重产生的垢下腐蚀产物，这些腐蚀产物与上述垢堆积又成为垢的混合组。化学切割工艺在面对此类井况时，切割成功率较低。

3）切割工具引进

为解决此类问题，提高修井时效，引进了电缆机械切割（MPC）工艺，并在海上油田成功进行了 3 井次现场应用，效果良好。

（1）电缆机械切割工具的组成和工作原理。

电缆机械切割工具分别由电缆连接装置、定位装置、电动机装置、扶正装置和切割装置等五部分组成。电缆将工具串送入井内指定位置后，通过电缆传输信号使工具串扶正装置工作，扶正装置向外伸出扶正片使切割工具串居中，然后根据井况设计切割参数，输送指令使电动机装置内部马达转动，带动切割装置内刀片旋转切割（表 2-4-13）。

表 2-4-13　常用电缆机械切割工具参数表

型号	工具长度 / m	工具直径 / mm	展开外径 / mm	耐温 / ℃	耐压 / MPa	切割范围 / mm
53.98mm 系列	5.54	53.98	63.50	200	137.896	73.03~114.3
82.55mm 系列	5.54	82.55	101.60	200	137.896	101.60~177.80

（2）应用实例。

A 井注水管柱采用 88.90mmNU 油管，磅级 9.2 lb/ft、钢级 J55 的注水管柱，内径为 76.00mm，壁厚为 6.45mm，材质为碳钢，根据井况选择 53.98mm 系列切割工具串，保证入井工具能顺利进入切割位置。

首先选取大于切割工具串最大外径 ϕ53.98mm 的通径规进行通井作业，确保后续的电缆机械切割工具可以顺利到达指定切割位置，本次作业选取 ϕ57.15mm 通径规通井到 1978m 位置（1$^{\#}$ 空心集成工作筒以上）。

其次组装电缆机械切割工具，按照设计组装工具，组装完毕后通过绞车向工具串输送指令，检查扶正装置、切割装置工作状态，判断是否满足本次作业的需求。

使用电缆将电缆机械切割工具总成送入井内 1975m 位置，保持工具串上提状态下进行磁定位（CCL）曲线校深，然后上提电缆至 1968m 后再次校深，确认切割位置后输入指令使电缆机械切割工具扶正装置开始工作，确认扶正片完全张开后，继续输入指令并通电加压使切割刀片工作，切割期间初始电流为 0.8A，切割 12min 后降至 0.2A，钻台振动明显。起出电缆机械切割工具串，检查电缆机械切割工具串外观良好。尝试起原井遇卡注水管柱，上提管柱至 19tf 提活管柱，判断切割成功，随后起出全部管柱后检查切割口平整。

（3）电缆机械切割工艺后续应用情况。

结合 A 井的切割情况，渤海油田继续选取同类型的 2 口井进行试验，每次电缆机械切割作业切割时间均为 10~12min，切割成功率 100%。

表 2-4-14　切割油管数据表

序号	井号	井别	修井原因	切割管柱型号	井斜 / (°)	切割深度 /m
1	B	注水井	管柱更换遇卡	2⅞ in NU 6.4 lb/ft N80	39.5	1622
2	C	注聚井	管柱更换遇卡	3½ in NU 9.2 lb/ft N80	46.4	1683

（4）电缆机械切割工艺施工总结。

根据现场应用电缆机械切割工艺，总结出几个需要在作业期间注意的要点。①现场电缆机械切割作业前选用的通径规外径要大于电缆机械切割工具的最大外径，通井工具串质量和长度要接近电缆机械切割工具串质量和长度，模拟出电缆机械切割工具串在井下状态。在现场切割作业前，最大的切割外径需要根据井况进行设定，只要超过设定切割外径的 3.2mm，切割工具会自动停止。②现场切割过程中需要严密监测相关数据，保证随时可以暂停，防止出现误动作的情况。③切割过程中应尽量保持管柱处于拉伸状态，绝不能在压缩状态下切割，因为在压缩状态下管材被切开的瞬间，刀片会被卡在管材割口中间，很容易造成电缆工具串遇卡、刀片断裂等情况，造成复杂情况。④下放时注意控制下放速度，防止速度过快发生磕碰，造成刀片损坏。根据电缆机械切割定位准确、切割尺寸范围大、切割成功率高、割刀可重复使用、环境限制较少等优势，未来电缆机械切割工艺可以应用到防砂管柱筛盲管切割、井下封隔器心轴切割等方面，从而节省常规大修过程中钻具起下、切割套铣步骤的作业工期，提高作业时效，从而达到降本增效的目的。

5. 塔河油田顺北区块修井技术

截至2017年，塔河油田顺北1区建立了1号主干断裂、5号主干断裂、1号分支断裂和3号次级断裂4个试采单元，已完井18井，建产16井，日产油1203t，日产气43×10⁴m³，其中1号断裂带目前已实施17口井，完钻投产11口，预计2019年完成68口井，达到百万吨产能。

顺北油气田为断控碳酸盐岩岩溶缝洞型弱挥发性轻质油藏，油藏压力为85.76MPa（7545m处），地层温度为156.04℃，H_2S含量为11053mg/m³，属于超深、高温、高压、高H_2S油藏。

完井方式为裸眼完井，顺北油田套管结构主要为两套套管结构。

套管结构（1）：10¾in+7⅝in+5½in悬挂+4¾in裸眼，共计8口井，井筒容积约为170m³，套管结构（2）：13⅜in+9⅝in+7in悬挂+5⅞in裸眼，共计6口井，井筒容积约250m³。

1）事故处理难点及主要问题

截至2017年底，统计历史故障井448井次（21%），治理后剩余故障井297口（14%），影响产量故障井88口（426t/d），其中井筒落物占所有故障井总数的70%。在井筒落物中，封隔器不解封占据井筒落物的36%。针对裸眼坍塌水平井尝试处理10井次，其中成功处理1井次，失败处理9井次，平均裸眼长度417m，平均砂埋长度361.2m，平均处理进尺92m，失败的主要原因为小件落物及井眼轨迹不规则（图2-4-1）。

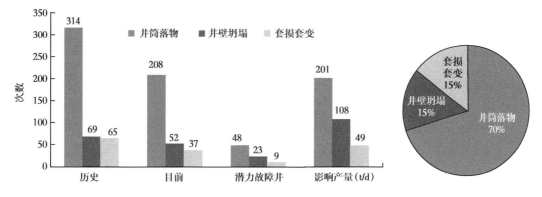

图 2-4-1 2017年底统计数据

2）复杂井况处理技术

（1）落鱼类修井处理。

封隔器及附件、油管类落鱼占据井筒落物的一半以上，主要受工具结构、井筒腐蚀环境等因素影响，造成封隔器解封失败井、油管腐蚀断脱数量增多，主要采用常规打捞技术进行处理。

（2）井壁坍塌处理技术。

随着油田含水上升、侧钻井增加、油井能量下降等影响，裸眼井壁失稳、井壁坍塌严重程度呈现加重的趋势。直井坍塌处理及防治目前技术成熟，但水平井裸眼垮塌的处理技术仍是难题（表2-4-15）。

表 2-4-15　井壁坍塌措施表

坍塌类型	应对措施
轻度坍塌	提黏、大排量、正冲反洗
重度坍塌	钻井液造壁，大水眼、控进尺
严重漏失坍塌	反复堵漏、调整堵漏剂
斜井水平井坍塌	同重度坍塌、成功率低

（3）套损套变处理。

伴随注水和注气规模扩大，氧腐蚀问题对套管损坏影响较为突出；弱能量区块动液面下降，深抽造成套管变形。塔河油田主体区套损井故障类型主要集中在悬挂器漏失、套管本体腐蚀变形穿孔，采用常规的钻具组合、工具、堵漏水泥等工艺手段，基本能够满足现场要求（表2-4-16）。

表 2-4-16　套损套变措施表

套损类型	应对措施
井口破损	切割、换套、短套管回接
缩径变形	梨形磨鞋、铣锥、胀管器等修复
本体漏失	挤水泥（其他堵漏材料如纳米堵剂）、封隔器卡堵、套管补贴
套管错断	打通道—补接或取换套（固井基本为空条件下）
悬挂器漏失	挤水泥（其他堵漏材料如纳米堵剂）、封隔器卡堵、短套管回接

6. 塔里木油田小井眼修井技术

1）井身结构

塔里木超深高压井小井眼常用井身结构为塔标Ⅰ、塔标ⅡB，对应的油层套管程序为7in+7⅛in（封盐）+5in、7¾in+8⅛in（封盐）+5½in。

2）主要大修作业类型

（1）完整性问题：修井出现油套连通，环空起高压不得不修井。

（2）井下复杂：修井生产测试过程或完井过程中出现复杂情况。

（3）完整性及井筒堵塞：修井生产过程中井筒堵塞，同时油套连通。

3）小井眼打捞方式

（1）压井。

减少储层流体进入浅层形成圈闭压力，尽可能使用一种体系压井液以减少压井液配伍性不好带来的沉淀，造成埋卡管柱。控压循环压井：节流循环建立漏点以上的静液柱压

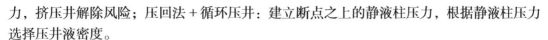

力，挤压井解除风险；压回法＋循环压井：建立断点之上的静液柱压力，根据静液柱压力选择压井液密度。

（2）对封隔器上部油管处理。

7in 大套管采用能切不倒的原则，在小井眼中因为切割困难，一般对于小井眼井上部大套管内油管打捞处理思路仍是以套磨铣、倒扣处理为主。

（3）对封隔器处理。

目前处理方式主要有两种：第一种封隔器处理思路以进口合金引杆磨鞋和进口合金凹底磨鞋及金刚石磨鞋磨铣—捞附件—通水眼—捞矛或公锥内捞尝试解卡－捞出落鱼或者倒扣处理的思路。但由于小井眼内携屑能力弱，上部油管在钻磨过程中产生的铁屑会有一部分沉积在封隔器残体上部和水眼内造成堵塞，所以就会出现磨鞋磨铣一趟钻，打捞 1 趟水眼不通无法入鱼，再下引杆通水眼，再次打捞数次，造成封隔器整体处理比较低效，如 KeS 2-2-3 井、KeS 2-2-4 井、博孜 102 井；第二种封隔器处理思路以整体式进口合金铣鞋或整体式金刚石铣鞋直接对 5½in 封隔器进行套铣作业、长引杆磨鞋通水眼、公锥打捞，如 KeS 8-2 井、KeS 2-2-12 井处理相对高效。

（4）封隔器下部小井眼尾管处理。

打捞工具外形尺寸受到套管内径的限制，封隔器下部小井眼尾管打捞中的主要问题是工具必须要规范，保证下得去、捞得上。比如 ϕ88.9mm 油管外螺纹断落，大套管可直接采取外捞的方法处理，而 ϕ115.52mm 套管井由于受到油套空间较小的限制就不能同样处理，所以封隔器下部小井眼尾管处理有两种方式，套铣与公锥／母锥一体化复合打捞处理，或采用合金磨鞋钻磨的处理方式。

4）小井眼打捞工具配套

（1）打捞类、磨铣、套铣类工具配套。

常规套管井由于其历史较长，经过长期的研究、开发，修井打捞技术已经成为一整套成系列的成熟技术，针对各种井下落物都有相对配套的打捞处理方法和打捞处理工具。而小井眼修井打捞技术还很不完善，没有形成系列化。而且由于小井眼井的特殊性，其配套打捞工具在加工制造上也比大井眼井要求严格，在工具设计、材质选择、加工精度、加工过程和加工质量等方面都有更高的要求，加工制造的数量也没有常规井眼井配套打捞工具加工制造的数量大。因此，打捞工具市场对此类工具的研发规模很小，有关供应也很缺乏，还没有形成此类工具的系列化，特别是磨铣类工具和套铣类工具，主要以进口工具和金刚石类工具为主，目前工具仍以特殊定制为主要来源，加工周期长、价格昂贵。

（2）打捞管柱组合。

打捞管柱一般要采用可进可退原则进行施工，在打捞过程中根据井下情况调整打捞方案，在制定打捞管柱组合时充分考虑管柱可退性、安全性、可实现性、高效性、简单化、合理化，以防止造成二次复杂情况。

第五节　国内外修井工艺调研总结

通过文献调研和信息咨询，国内外小井眼修井技术及工具均有一定的研究和处理方案，对库车山前小井眼修井有一定的指导和借鉴意义。美国著名打捞专家 Joe P.DeGeare

在 2015 版《油井打捞作业指南》提到，打捞更多的是经验支持的应用技能，而不是一门精确的科学，因此对于给定的问题有不止一种可能的解决方案。他提倡对井内复杂问题首先要有一个清晰的认识，用设备来解决问题，并以最佳的拟合方案配合经验丰富的人员和打捞工具技术的持续进步的结合使操作成功。

通过对国内外相关资料调研，结合塔里木油田小井眼修井现状，我国修井工具工艺与国外相比有以下差距。

（1）打捞管柱和磨铣管柱基本工具配置。

塔里木油田区域和国内目前还没有形成将打捞震击器作为标准配置，主要小井眼作业使用反扣钻杆，而缺少性能较好的反扣震击器，国外专业打捞公司一般将震击器作为标准配置，在打捞管柱中震击器可以增加落鱼提活的可能性，在套磨铣管柱中大大降低卡钻的风险。

（2）打捞工具可靠性。

国产打捞工具可靠性与国外打捞工具相比，仍存在可靠性较差的问题。国产套磨铣工具无系统研究，整体磨铣效率低于进口工具。

（3）磨铣中碎屑处理工具。

塔里木油田和国内目前碎屑收集多为捞杯，而国外专业打捞公司如 Baker Hughes、Schlumberger 磨铣管柱配置基本以井下碎屑收集工具及强磁钻杆为主，较少使用捞杯。

（4）磨铣时碎屑处理辅助技术。

塔里木油田和国内目前主要以提高修井液循环携带能力和排量为主，磨铣完成后下趟直接进入打捞作业，而国外专业打捞公司除提高修井液循环携带能力和排量外，在磨铣过程中定时泵入高黏进行辅助收集，下文丘里打捞篮进行碎屑收集后才进行打捞作业。

（5）辅助工具。

为了加速事故处理，除了继续改进和开发打捞工具外，国外各公司十分重视辅助打捞工具的开发，如荷兰 Catch Fishing Services 切割、丹麦 Welltec 切割器、Wellbore 液压切管机、Agitator 水力振荡工具、MASTODON™ 液压打捞工具和 Baker Hughes INTEQ 的高速螺杆钻具、周向强磁钻杆，都是近年来开发的产品，使事故处理时间大大缩短，而塔里木油田和国内油田虽然也有研究，但相对可靠性及先进性欠缺。

（6）套磨铣技术研究。

塔里木油田对进口套磨铣工具的使用较多，但对于其研究较少。通过调研发现，国外仅针对不同工况的套铣工具铣齿种类就达 13 种，用于不同工况的不同布齿工艺，而且有专业的设计软件，可以实现动态模拟来达到不同工况最佳设计，辅助以地面磨铣设备磨铣试验检验，从而达到更高效的目的。国内针对不同磨铣对象的磨鞋研究相对不成熟，一些油田虽然进行了一些研究，但实际应用效果不理想，而套磨铣工具的关键合金，仍过度依赖进口合金，相关结构设计研究薄弱。

（7）计算机辅助技术。

国内部分油田公司如大港油田公司、中国海油等对于打捞管柱力学、专业套磨铣等相关修井软件已进行了基本配置，可以较好地用于指导修井打捞施工作业，国外除模拟软件外，已经发展到实时监测技术，如 Baker Hughes xSight 平台，可以实时测量扭矩、钻压、压力、振动、工具面角度及温度。塔里木油田目前无此类专业软件。

（8）技术发展现状。

①连续油管技术已广泛应用于切割、钻磨、打捞、酸化等多种井下作业，目前在塔里木油田及国内外各个区域应用较为广泛。

②对于埋卡管柱无论大套管还是小套管，国内外普遍处理技术仍以套铣打捞处理为主。

③对于腐蚀严重破碎油管，目前无较好处理技术，仅通过针对性工具结构设计，实现对油管"引收为主，套铣为辅"的处理措施。

④永久封隔器处理技术。大井眼尺寸永久封隔器，国外发达区域和墨西哥湾等区域，专业打捞公司如 Baker Hughes、Weatherford 等公司提供专业服务套捞一体工艺较为成熟，应用较多，国内和国外一般地区仍以套铣＋打捞的处理方式为主；小井眼深井内永久封隔器处理技术由于可靠性问题，套捞一体应用仅有介绍，Baker Hughes 一些国外打捞公司认为磨铣比套铣更具优势，而塔里木油田小井眼磨铣处理效率低，对小井眼永久封隔器处理仍需加强技术研究，摸索出适合塔里木的技术解决方案。

⑤通过工具调研和技术调研，封隔器上部管柱处理技术以切割技术为主，如聚能切割、化学切割、连续油管切割、电机切割等不同技术在各个区域应用较多。

第三章　塔里木油田超深高温高压气井修井技术

本章根据塔里木库车山前超深高温高压气井井下作业条件、面临的主要难点、主要故障、修井工艺技术等方面的特点，介绍了塔里木油田超深高温高压气井修井总体概况。从压井技术、封隔器上部管柱处理技术、封隔器处理技术、封隔器下部管柱处理技术、井筒内异物处理技术等方面，并结合塔里木油田超深高温高压气井修井典型案例，对超深高温高压气井修井技术进行了较为详细介绍，为超深高温高压气井修井作业提供了借鉴和参考。

第一节　修井技术总体概况

一、修井总体概况

塔里木库车山前气井属于典型的超深超高压超高温（简称"三超"）气井，地区地质情况复杂，具有储层埋藏深，盖层储层物性复杂等特点，给钻完井和后期修井带来了巨大挑战。自 2009 年兰德公司、新疆华油公司组建专业打捞公司开始，塔里木库车山前修井开始逐渐进入专业化打捞公司服务历程，格瑞迪斯、新疆派尼尔、新疆盛源通等专业打捞公司先后成立，技术引进和竞争使库车山前修井技术水平得到了一定发展。

随着油气需求的日益加大，为了开采油气资源，勘探开发新储层，深井和超深井的数量逐渐增多，井眼尺寸越来越小。伴随着小井眼井数的增多，因受作业管柱水眼尺寸、钻杆、工具强度和作业空间等因素限制，后期修井作业会更加艰难，其耗时长，成本高，给油气井正常生产带来极大影响。

针对深井超深井小井眼打捞技术研究起步较晚，事故处理手段单一及现场打捞经验不足的现状，从塔里木油田实际情况出发，调研了塔里木油田库车山前修井工艺资料，并结合所施工井的实际情况，分析了深井超深井小井眼打捞的技术难点及打捞前期准备的重要性；归纳总结了适合塔里木地区深井超深井小井眼事故处理的打捞及磨铣技术。

截至 2022 年底，库车山前已完成 22 井次修井作业，其中 20 口治理成功、2 口井封井，修井成功率 90.9%。7in 套管完井主要集中在迪那区块，修井周期为 44~118d，平均为 71.2d，修井技术基本成熟；5½in 或 5in 套管完井主要集中在克深、大北、博孜区块，修井周期为 122~286d，平均为 194.8d，修井工期长，技术难度大。

此 22 井次修井作业原因主要分为因油管穿孔或断裂引起 A、B、C 环空带压的井筒完整性问题，井下或管柱内有落鱼影响正常生产的问题，以及井筒完整性和井筒堵塞综合问题等，具体见表 3-1-1。

表 3-1-1　修井原因统计表

井号	井眼尺寸	修井原因	原因描述
DN 2-20	7in	完整性问题修井	油套连通，A、B、C 带压，C 环空有可燃气体，压井失败
克拉 203	7in+5in	完整性问题修井	油套连通；3½″ 油管至 76 根内螺纹接箍下 1.2m（井深 738.23m）处发现一条 150mm×10mm 的纵向裂缝
大北 202	7in	完整性问题修井	油套连通 A 环空套压为 69.19MPa，基本上与油压（67.17MPa）相当
DN 2-8	7in+5in	完整性问题修井	油套连通，油压 87.96MPa，套压为 65.87MPa
迪西 1	7in+5in	完整性问题修井	双封管柱酸化时泵压油压 94.1MPa 降至 67.6MPa，套压由 30MPa 升至 42.8MPa 油套串通
克深 201	5½in	完整性问题修井	油压 95.3MPa，A 环空套压 67.5MPa，B 环空套压 51.9 MPa 油套连通，B 环空带压
KeS 2-2-3	5½in	完整性问题修井	油套连通，油压 91.92MPa，套压 49 MPa，4146.14m 处油管断裂
KeS 8-2	5½in	完整性问题修井	（1）油管柱渗漏，A 环空压力突然上涨并放出可燃气体，继续生产可能会导致渗漏加剧； （2）196.85mm，套管存在渗漏，导致 A 环空压力不能维持，C 套压还是处于变化中，但判断产层气体进入低压地层的过程还在进行中。 （3）一级屏障失效，二级屏障退化，但 C 环空超压，持续上涨泄放物为可燃气体，一旦进入 D 环空，后果不可接受
DN 2-22	7in	完整性问题修井	油套连通，第 441 根油管本体在距离上接箍 0.53m 处断裂，井深 4272.30m
博孜 102	5½in	完整性问题修井	借鉴博孜 104 井加砂压裂的成功经验，针对博孜 102 井存在油套连通且产能低的问题，对博孜 102 井的损坏油管进行更换，更换油管后，对该井进行加砂压裂，从而提升油气产量，实现正常生产
克深 501	7in	完整性问题修井	该井油套连通，一级井屏障失效；生产套管存在漏点，二级井屏障失效，修井恢复井完整性问题修井
DN 2-1	7in	井下复杂	完井—射孔—酸压一体管柱 THT 封隔器坐封后射孔枪未响
迪那 201	7in+5in	井下复杂	试井压力计带钢丝落井，井筒出砂堵塞通道，连续油管疏通作业钻磨管柱至 3883.25m 遇卡，转子 2.215m+ 下轴承 0.085m+ 传动头 0.105m+ 凹面磨鞋 0.24m 落井
迪那 202	7in+5in	井下复杂	井筒内有落鱼，2005 年测试产生落鱼：压力计（φ38mm×0.5m）2 只，加重杆（φ42mm×13.65m）1 支，绳帽头（φ38mm×0.35m）1 个，扶正器（φ42mm×0.75m）1 个，电缆（φ5.6mm×1774.75m），落物堵塞油管通道，生产管柱内预计有 330.0m 水泥塞，未探塞面
克深 2	7in+5in	井下复杂	处理测试遗留落井压力计托筒 + 减振器 + 油管 + 射孔枪组
DN 2-6	7in	井筒堵塞井内复杂	初次完井的 THT 永久式封隔器及以下射孔枪串残留井内；后又重新下入封隔器完井，分析认为上下两套筛管严重堵塞；井下存在钢丝落鱼 2372.76m
DN 2-B2	7in	完整性问题修井井筒堵塞	井内异物堵塞、油套连通，ABC 环空带压

续表

井号	井眼尺寸	修井原因	原因描述
KeS 2-2-12	5½in	完整性问题修井井筒堵塞	油套连通，连续油管冲砂至6181.5m遇阻，累计冲砂进尺46.2m，放喷管内不通。进行连续油管冲砂，冲砂井段（6184~6199.58m），累计返出堵塞物127L，打铅印确认油管在6186~6200m处错断
KeS 2-2-4	5½in	完整性问题修井井内复杂	油套连通，A、B、C窜通，下连续油管压井施工在5288.68m遇卡解卡无效，剪切后5284m连续油管落井
大北304	7in	完整性问题修井井筒堵塞	油套连通，环空保护液流入油管；油管内存在堵塞，影响气井生产
克深10	7in+5in	井筒堵塞	井段严重砂埋，物性较好的巴什基奇克组巴二段没有产量贡献
中秋102	5½in	产能低	产能低需打捞出原井封隔器重新完井

二、井下作业条件及主要难点

根据气藏工程地质特征的研究，库车前陆盆地高温高压气藏具有以下特征。

（1）开发层系位于深层—超深层之间，其中克深、大北和博孜气田为超深井，迪那气田为深井；

（2）地层温度在常温—高温之间，其中克深气田为高温，对各种油气井作业流体要求高；

（3）地层压力均为超高压，压力均高于100MPa；

（4）气层砂岩基质孔隙属低孔低渗透—低孔超低渗透，但裂缝较发育，是高产气流的主要渗流通道，同时也是导致易喷、易漏的客观因素；

（5）气层上覆厚段盐膏层、膏质泥岩层和高压卤水层，它们既是优质的盖层，也是高蠕变应力层和强腐蚀介质层；

（6）地层水矿化度和氯离子含量极高，具有极强的腐蚀性、结垢趋势。

以上特征导致了气藏开发具有高难度、高风险、高投入特点。这对钻井工程、完井和采气工程带来极大的挑战。由于种种工程地质的复杂条件，使得库车山前高温高压气井在采油气过程中，不可避免出现多样化的井内故障，影响气井正常生产。井下作业和修井工程成为维护和恢复气井生产的必要和主要手段，而复杂的工程地质条件给修井工程带来一系列的技术难题，且随着气藏的开发、气井的开采，原有的某些储层工程地质参数会发生较大的改变。了解它们的变化规律，对修井工程设计具有重要意义。

1. 采气井地层压力变化

采气井地层压力变化是动态变化过程。气藏原始地层压力往往较高，随着开发气藏的压力会不断衰减，气藏开发时间越长，开发程度越高，压力衰减越多，气井采气量越大，压力降低越多。一般情况下，地层原始压力不低于修井作业地层压力。表3-1-2是进行了井下作业或修井的采气井地层压力变化情况统计表。表中钻井地层压力来自钻井设计、完井测试数据，完钻钻井液密度采自钻井史记录；修井地层压力来自修井设计或生产实测数据，修井液密度采自井下作业史等资料。表3-1-2显示，钻井过程中除DN2-B2井外，其余井地层压力均超过 100MPa，完井时钻井液密度为 1.75~2.33g/cm³，平均密度为 1.96g/cm³。气井完井投产后，随着天然气采出，气层压力不同程度的有所降低，压力降低的幅度与井下作业时气藏采出程度有关，修井所使用的修井液密度也随之降低。

表 3-1-2 钻井—井下作业地层压力对比表

井号	井深/m	施工时间		地层压力/MPa		地层压力系数		密度/（g/cm³）	
		完钻	修井	钻井	修井	钻井	修井	钻井液	修井液
KeS 2-1-8	6767	2013/12	2017/09	119	90.78	1.78	1.36	1.85	连续油管冲砂
KeS 2-1-12	6855	2014/02	2017/09	121	91.05	1.77	1.36	1.85	连续油管冲砂
KeS 2-1-14	6948	2013/08	2017/06	116.5	91	1.8	1.35	1.85	连续油管冲砂
KeS 2-2-12	6807	2013/02	2017/08	115.7	93.2	1.77	1.39	1.84	1.60
KeS 8-2	7045	2014/05	2016/11	122.4	113.5	1.82	1.7	1.90	1.85
KeS 8-3	7100	2015/01	2018/05	124	105.5	1.82	1.56	1.83	连续油管冲砂
克深 10	6468	2015/12	2017/05	115.2	105.5	1.80	1.56	1.95	连续油管冲砂
克深 501	6605	2013/06	2017/12	110	111.43	1.67	1.67	1.80	1.80
克深 805	7116	2014/04	2018/05	122.8	105.5	1.83	1.51	1.85	酸化解堵
博孜 102	6950	2014/07	2017/10	118.15	111.43	1.77	1.67	1.88	1.85
大北 101	5919	2006/07	2007/12	100.85	91.71	1.75	1.63	1.75	1.81
大北 301	7065	2009/11	2018/09	123.14	114.58	1.82	1.66	1.90	小钻杆疏通
平均值				117.4	102.1	1.78	1.54	1.85	1.78
DN 2-5	5087	2007/04	2016/09	106	85.88	2.14	1.73	2.30	连续油管冲砂
DN 2-6	5087	2007/11	2018/06	106	80.58	2.14	1.68	2.33	1.80
DN 2-22	5242	2009/06	2015/08	105.38	88.19	2.12	1.83	2.24	1.92
DN 2-B2	5185	2013/06	2016/10	91	86.39	1.9	1.79	2.11	1.90
迪那 201	5452	2002/06	2016/11	105	85.88	2.10	1.76	2.13	1.91
迪那 204	5380	2006/09	设计	105.47	80.67	2.10	1.64	2.19	连续油管冲砂
平均值				103.1	84.6	2.08	1.74	2.22	1.88

2. 采气井地层温度

库车山前各气田的地温梯度大都属于正常地温梯度，地温梯度为 1.85~2.48℃/100m，平均为 2.30℃/100m。克深、大北和博孜气田是以白垩系巴什基奇克组砂岩为产层，埋藏深度超过 6000m，因而地层温度更高，大都超过 150℃，属于高温气层。迪那气田是以古近系苏维依组和库姆格列木群砂岩为产层，埋藏深度为 4500~5300m，埋藏深度较浅，井温为 120~140℃，属常温气层（表 3-1-3）。

表 3-1-3　地层温度统计表

井号	测试井段 /m	产气层	地层温度	
			梯度（℃/100m）	℃
KeS 2-1-8	6580~6723	K_1bs	2.28	171
KeS 2-1-12	6571~6784	K_1bs	2.28	168.7
KeS 2-1-14	6787~6893	K_1bs	2.2	169.6
KeS 2-2-12	6588~6752	K_1bs	2.28	163
KeS 8-2	6725~6985	K_1bs	2.48	170
KeS 8-3	6953~7062	K_1bs	2.48	170
克深 10	6315~6365	K_1bs	2.44	150.9
克深 501	6370~6562	K_1bs	2.41	156
克深 805	6959~7087	K_1bs	2.42	170
克深区块平均值			2.36	165.47
博孜 102		K_1bs	1.85	126.2
大北 101	5725~5783	K_1bs	2.25	129.4
大北 301	6930~7012	K_1bs	2.4	165.4
大北和博孜区块平均值			2.17	140.33
DN2-5	4756~5054	$E_{2-3}s$	2.3	136
DN2-6	4717~5062	$E_{2-3}s$	2.3	136
DN2-22	4895~5209	$E_{2-3}s$	2.26	129
DN2-B2	4810~5046	$E_{2-3}s$	2.26	123
迪那 201	4780~4992	$E_{2-3}s$	2.18	124.7
迪那 204	5001~5072	$E_{2-3}s$	2.31	126.6
迪那气田平均值			2.27	129.22

三、高温高压生产气井主要故障

克拉苏构造带历经 20 多年艰难的勘探历程实现全线突破，相继发现了克拉 2、克深 2、克深 8 等 22 个油气藏，探明了超过 $1×10^{12}m^3$ 大气田资源规模，奠定了库车坳陷西气东输气源地的资源基础。截至 2021 年，对使用连续油管作业车、钻机的大、小修井作业进行了统计，共计 23 口井 33 井次。其中克深区块 10 口井，16 井次；博孜区块 1 口井，1 井次；大北区块 2 口井，2 井次；迪那区块 9 口井，11 井次。从统计资料分析，采气井主要故障有出砂、结垢、油管破损、套损、落物和结蜡等。

1. 地层出砂

统计井中，出现或存在地层出砂的有 16 口井，占比 70%，冲砂作业 11 井次，占 30%。地层出砂成为影响正常采气的主要故障之首。在一些发生油管破损、套损的故障井中进行大修时，打捞出的原管柱发现有部分甚至严重的砂堵现象；有的井在提高产量后，在地面也发现砂堵现象（图 3-1-1、图 3-1-2）。出砂产生的砂堵，初期表现为生产油压波动，进而出现油压持续或快速波动下降，最终致使产量不断降低，甚至停产。

图 3-1-1 气井出砂砂样

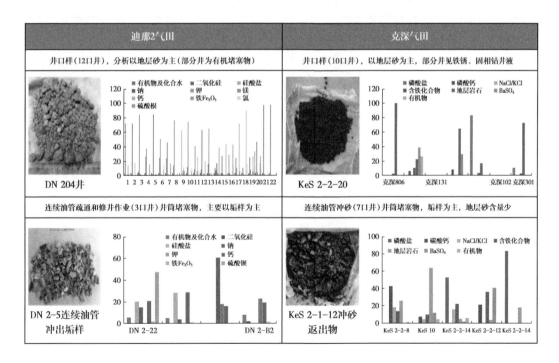

图 3-1-2 克深和迪那 2 气田出砂成分分析

针对地层出砂影响正常生产的采气井，迪那采用连续油管冲砂作业，对管内砂桥堵塞严重的，采取钻磨疏通作业。冲砂、钻磨所用的冲砂流体多为无固相有机盐盐水，为了提高冲砂液的携砂能力，提高冲砂效果，对冲砂液进行增黏处理，达到一定的黏度要求。

根据岩石的强度测试，库车山前储层砂岩的抗压强度为30~140MPa，最小岩石组合模量为21000MPa左右，岩石致密、强度高，最小临界生产压差约20MPa，不易出砂。但大量生产井出现出砂、砂堵、砂卡等问题，分析认为造成出砂的影响因素有如下几点。

1）增产措施的影响

克深区带天然气储层为白垩系巴什基奇克组，储层岩性主要为褐色、棕褐色、红色、浅棕色砂岩，局部发育泥砾或泥砾夹层；岩性以长石砂岩为主，石英为主要骨架矿物，基本不含水敏性的黏土矿物。胶结物类型以方解石为主，白云石次之，少见硅质。

迪那区块天然气储层为古近系苏维依组和库姆格列木群。储层岩性主要为褐色粉砂岩、细砂岩，次为杂色 - 褐色含砾砂岩、砾岩等。古近系储层胶结物以碳酸盐居多，偶见少量膏质、硅质胶结物。碳酸盐胶结物发育，含量一般为3%~15%；碳酸盐胶结物胶结作用强，胶结物含量与物性呈明显负相关。

迪那区块生产井大都采用酸化投产，克深区块采用酸化或加砂压裂改造储层（表3-1-4）。由于胶结物以碳酸盐为主，酸化改造使胶结物大量溶蚀，在提高产层渗透率的同时，碎屑之间胶结程度大幅度降低，岩石胶结稳定性、强度会降低，井筒失稳、出砂的概率就大大增加。在天然裂缝发育位置，压裂所形成的网状裂缝处，其岩石强度会降低，井筒失稳概率增加。

表 3-1-4　克深地区产能情况

序号	井号	层位	试油序号	射孔井段 /m	试油或措施	工作制度 /mm	压力 MPa 油压	日产量 /m³ 油	日产量 /m³ 气	日产量 /m³ 水	试油结论	备注
1	克深 1	K_1bs	C1-1	6870.00~7036.00	中途测试	4.00	56.940		123924		气层	
			S1-1		完井测试	3.00	7.259		微量		气层	
			S1 酸 1		完井酸化	3.00	41.215		57360		气层	酸前定产酸后未正常求产
2	克深 101	K_1bs	S1-1	6945.00~7160.00	完井测试	5.00	52.971		200040		气层	
3	克深 2	K_1bs	S1 酸 1	6573.00~6697.00	完井酸化	8.00	45.403		459528	液：15.00	气层	
4	克深 201	K_1bs	S1-1	6735.00~6755.00	完井测试	6.00	75.310		394200		气层	
			S2-1	6505.00~6700.00	完井测试	5.00	91.182		307464		气层	
			S2 酸 1		完井酸化	10.00	81.050		1001874		气层	
5	克深 202	K_1bs	S1 酸 1+ S1 压 1	6705.00~6969.00	完井酸压	11.00	44.800		746592		气层	
6	克深 203	K_1bs	S2-1	6600.00~6685.00	完井测试	5.00	71.401		240843	液：4.20	气层	
			S2 酸 1		完井酸化	9.00	76.737		711231	0	气层	

续表

序号	井号	层位	试油序号	射孔井段/m	试油或措施	工作制度/mm	压力MPa油压	日产量/m³ 油	日产量/m³ 气	日产量/m³ 水	试油结论	备注
7	克深204	K_1bs	S1-1	6810.00~6830.00	完井测试	4.00	1.790		4486		气层	
			S1压1		完井压裂	6.00	17.870		91883		气层	压力计测流梯
8	克深205	K_1bs	S1酸1	7135.00~7176.00	完井酸化	畅放	0.108		1200		低产气层	
			S2酸1	6890.00~6976.00	完井酸化	6	82.085		102156		气层	
9	克深206	K_1bs	S1-1	6525.00~6800.00	完井测试	6.00	73.862				气层	现场求产数据，未定性
			S1酸1		完井酸化	8.00			635111		气层	
10	克深207	K_1bs	S1-1	6990.00~7018.00	完井测试	3.00	0.380		见气		含气水层	
			S2酸1	6867.00~6882.00	完井酸化	6.00	7.217		11472	48.30	含气水层	
			S3压1	6788.00~6828.00	完井压裂	5.00	29.081		31062	75.00	气水同层	
11	克深3	K_1bs	S1-1	6948.00~7033.00	完井测试（侦查性测试）							出口见气焰高10m
			S1-2		完井测试	5.00	91.740		79078		气层	
12	克深208	K_1bs	S1-1	6585.00~6830.00	完井测试	5.00	18.012		66246		气层	
			S1酸1		完井酸压	5.00	23.656		91594	液:4.2	气层	

2）生产制度的调整

合理的生产制度是保证气井正常生产的重要措施，不合理的生产制度会引起产量下降，严重的会伤害气层。不合理的生产制度主要体现在两个方面，一是配产过高，二是频繁而大幅度改变配产。

配产过高，引起近井地带地层孔隙中流体流速过大，冲刷孔喉。长时间的冲刷，造成胶结物、碎屑骨架的冲蚀，降低岩石的稳定性，引起颗粒的脱落出砂；频繁而大幅度调整生产制度，不仅会带来上述的冲蚀作用，更重要的是会引起井眼周围的应力变化。如果这种应力变化幅度超过了岩石骨架的强度，岩石稳定性降低。频繁地调整生产制度或者改变井口压力，会对井底产生交变应力，使岩石处于不稳定的应力应变状态，岩石产生裂纹，强度降低，这情况类似于钻井过程中的井壁垮塌，钻井液密度忽高忽低，引起井眼掉块，井漏或井涌造成钻井液液面大幅度降低，引起井壁坍塌等。经常遇到有些井在生产过程中，因为轻微出砂或者结垢等原因造成井口压力和产量下降，于是采取井口快速泄压以疏通产道，随即加速了地层出砂，产量和压力下降更快，最终停产。

因此，合理、相对稳定的生产制度，对稳产和控制地层出砂是有益的。

2. 结垢

1）迪那气田

迪那气田古近系气藏类型为完整的受背斜构造控制的异常高压层状边水凝析气藏，迪那2井区水体倍数大约在2~3，迪那1井区水体倍数约在3~5。因此，迪那2气田水体小，驱动能量相对较弱，气藏驱动能量主要为弹性驱动。

虽然在迪那2气田古近系储层段单井测井解释没有解释出水层，完井试油资料均为气层和干层，未见水层，但是在地层沉积和气藏形成过程中始终伴随着地层水共存。虽然没有取得气藏砂体的含水饱和度资料，但气藏的气态流体中也总是含有蒸汽水，在气井生产过程中也总能分离出凝析水。因此，迪那2气田所取水样主要为古近系苏维依组和库姆格列木群、少量的白垩系气层测试过程中返出的凝析水和钻井液滤液，没有取得地层水的水样。

所取的水样大都呈黄色、棕色，甚至褐色，不透明至半透明，具芳香或刺激气味，带大量颗粒状或絮状沉淀物。返出凝析水组分分析统计：Cl^-含量为4000~59000mg/L，平均为18949mg/L；Ca^{2+}平均含量为1678mg/L；平均矿化度为32344mg/L，绝大部分为$CaCl_2$型，平均产出水密度为1.023g/cm³。

蒸汽水含量高低主要与储层温度、压力、气体组成、液态水的含盐量等有关。显然，温度越高蒸汽水含量也越高；而压力高，气中重烃、N_2含量和水中含盐量多，则蒸汽水含量下降。按照经验法求出储层气态流体中蒸汽水含量为1.42g/m³。而按图版法得到的含蒸汽水量为2.57g/m³。

2）克深区带

对测试和生产期间采集的气层水分析成果统计，克深区带白垩系气层水水型主要为$CaCl_2$型，pH平均值为5.01~6.00，呈弱酸性，密度平均为1.07~1.13g/cm³，平均氯离子含量为53047~63583mg/L，总矿化度平均为111023~151480mg/L，为封闭条件好的气田水。其中，大北气田白垩系气层各砂层组之间无稳定隔层，存在少量边、底水，属高压、超深、微含凝析油的层状边水及块状底水的凝析气田。

表3-1-5显示出克深区带地层水几大特点：白垩系储层的地层水总体矿化高，均超过了11×10⁴mg/L，属于弱酸性、高矿化度盐水；阴离子中含大量的氯离子、碳酸氢根和硫酸根，表明溶解有大量的碳酸盐、碳酸氢盐、硫酸盐、氯化物；阳离子中，钙、镁、钡、锶等二价金属离子含量很高。

表3-1-5 克深区带气层水离子含量　　　　　　单位：mg/L

区块	CO_3^{2-}	HCO_3^{2-}	Cl^-	SO_4^{2-}	Ca^{2+}	Mg^{2+}	K^+	Na^+	Ba^{2+}	Sr^{2+}	矿化度
克深	247	1851	55297	1140	8246	1305	8003	55159	248	—	112247
大北	—	526	53047	492	7550	207	3540	25875	10	531	111023
博孜	1193	3667	67003	1935	3516	1577	12265	31512	4.27	43	151480
迪那	—	1371	18949	625	1678	181	404	8308	5.07	44	32344

3）结垢物浅析

库车山前气藏地层水中溶解有各种盐类，如碳酸盐、碳酸氢盐、硫酸盐、氯化物等。它们的一价金属盐的溶解度很大，一般难以从地层水中结晶析出。但它们的两价金属盐（氯化物除外）的溶解度大都很小，尤其是碳酸盐和硫酸盐。并且这些难溶盐是负的温度系数，随浓度和温度的升高很容易形成难溶性结晶，而从水中析出形成垢类。碳酸盐垢是油田生产中最常见的一种沉积物。碳酸盐垢（碳酸钙、碳酸镁钙）是由于钙镁离子与碳酸根、碳酸氢根结合而生成的。油田硫酸盐垢主要有硫酸钡、硫酸钙、硫酸锶。主要以硫酸钙最为常见。由于地层水中含有一定量的锶离子和钡离子，尤其是克深区块钡离子含量高，有生成硫酸钡垢的趋势，会生成少量的硫酸锶和硫酸钡垢。

另外，在高矿化度盐水存在的高腐蚀环境下，FeS，$Fe(OH)_2$等腐蚀产物还会与水中成垢离子共同沉积成污垢，从而造成油管的堵塞。

结垢的形成过程是一个复杂的过程，一般包含四个步骤：（1）水中离子结合生成溶解度很小的盐类；（2）通过结晶作用，分析结合或排列生成微晶体，然后产生晶粒化过程；（3）大量晶体堆积长大，沉积成垢；（4）由于条件不同，产生垢的形状也有所差异。

3. 油管、套管损坏

油管、套管损坏是库车山前高温高压气井造成安全隐患严重、大修工艺复杂的主要故障之一。油管破损包括油管破裂、断裂等情形，在统计的22口已修井中，有8口井存在油损或套损，占比36.4%。

油管破裂最初表现是油压、套压异常，随即造成第一道屏障失效，A环空套压急剧升高，带来安全隐患，井控风险很大。一旦环空套压超过抗内压强度，会引起生产套管泄漏，天然气进入B环空，造成第二级屏障失效。若处理不及时，高压气体窜至上层套管环空，将带来各级套管风险，引起逐级屏障失效的连锁反应。环空套压超过套管头稳定工作压力，会引起井口泄漏，甚至井喷。

造成油管破裂的原因往往是由于井内压力超过油管的抗压强度引起的。但通常生产管柱的设计，都考虑油管的抗内压、抗外挤和抗拉的强度，并按照设计标准留有一定的安全系数。生产制度的安排也会充分考虑油管的各种强度，以避免生产压力超过油管的强度的70%。在生产过程中还出现油管损坏的问题，一定有其他的原因。至少有两种引起油管强度降低的原因，一是腐蚀引起油管强度降低，二是应力应变环境变化使油管产生破坏。

以克深5××井为例剖析油管损坏机理。该井生产时间不长油管即有4处破损，如图3-1-3所示。图3-1-3（a）为第一破裂处，其外形为一条纵向裂缝为主裂缝，主裂缝的两端有向外分叉的裂纹，整个破裂处外径向外膨出，直径增大；主裂缝有被冲蚀的痕迹，缝宽增大至15mm。图3-1-3（b）为第二破裂处，在井深6093.86m。主缝为一纵向弯月缝，破裂处管体严重内陷。图3-1-3（c）和图3-1-3（d）为封隔器以下的破裂管柱，均为纵向裂纹。

克深5××井于2012年6月17日完钻，完钻井深6605m。2013年8月13日对6500~6562m井段进行酸化，2013年9月11日对6370~6560m井段进行压裂作业。2013年5月28日开井投产，油压87.30MPa，A环空40.11MPa，B环空40.03MPa，C、D环空不带压。

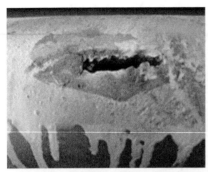 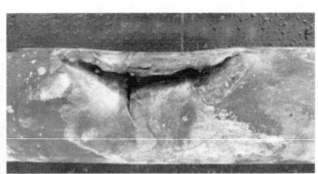

(a) 克深5××井油管第一破裂处，井深1680m　　　　(b) 克深5××井油管第二破裂处，井深6093.86m

 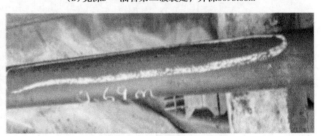

(c) 克深5××井油管接箍裂纹，6371.60m　　　　　　(d) 克深5××井油管破裂6384.27m

图 3-1-3　KS5×× 井多处油管破裂

2016 年 8 月 19 日 A 环空压力开始上涨，泄压放出可燃气体；12 月 10 日再次泄压放出大量可燃气体。2017 年 10 月 28 日 19：41 油压迅速下降，由 74.5MPa 降至最低 57.7MPa（20：35）后，开始缓慢上升。从 10 月 28 日 22 点开始液量增加，增加量为 1m³/h，取样化验密度为 1.1788g/cm³（异常前密度为：1.0022g/cm³）分析认为油套连通，一级屏障失效。

2016 年 8 月 19 日 B 环空开始上涨，最高涨至 70.28MPa，8 月 17 日 ~11 月 17 日多次泄压均放出液体，不见气，压力释放较快，放压后压力迅速回升；12 月 7 日泄压放出液体及少量气体，12 月 14 日后泄压均放出大量气体及少量液体。12 月 8 日至 12 月 12 日，对 B 环空泄放液体 5 次取样化验分析，密度有上升趋势，分别为 1.17g/cm³、1.18g/cm³、1.24g/cm³、1.25g/cm³、1.28g/cm³，分析认为生产套管存在漏点。

从上述生产和作业史分析，该井在投产不久，于 2016 年 8 月 19 日即出现 1680m 处油管破裂。破裂的形式为抗内压破裂，破损处管体外凸。由此导致油管内高压气体进入 A 环空，压力异常升高，1680m 以上环空的保护液泄放出井内。高于 70MPa 的油管压力通过"U"管效应施加到 A 环空，此时下部油管承受了极大的外挤压力。这个外挤压力由井口油套压和 1680m 以下密度为 1.40g/cm³ 的有机盐环空保护液的液柱压力共同产生，油管外挤压力超过 159MPa。由此，2017 年 10 月 28 日产生了油管的二次破裂，即井深 6093.86m 处油管因外挤压力破裂，破裂处管体内陷，环空保护液全部窜入油管内，导致油压迅速下降，降低 23.2MPa；同时，环空保护液泄漏致使地面产液量增加，产出液密度增加。

一级屏障失效，A 环空高压带来的第二个后果是生产套管密封失效，导致 B 环空高压，部分环空有机盐和天然气进入 B 环空，二级屏障失效。

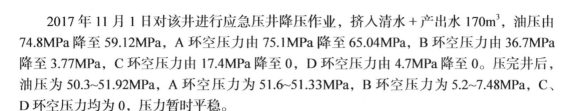

2017 年 11 月 1 日对该井进行应急压井降压作业，挤入清水 + 产出水 170m³，油压由 74.8MPa 降至 59.12MPa，A 环空压力由 75.1MPa 降至 65.04MPa，B 环空压力由 36.7MPa 降至 3.77MPa，C 环空压力由 17.4MPa 降至 0，D 环空压力由 4.7MPa 降至 0。压完井后，油压为 50.3~51.92MPa，A 环空压力为 51.6~51.33MPa，B 环空压力为 5.2~7.48MPa，C、D 环空压力均为 0，压力暂时平稳。

油管、套管的破损直接影响着油气井的完整性，给井控安全带来极大的隐患。

另外，管材腐蚀也是引起油管破损、套管破损的重要原因。对腐蚀速度影响最大的是水中的溶解氧含量、水的 pH 值及溶解盐类，其中最主要的是氯化物。地层水氯离子含量高，使气井处于高腐蚀环境，特别容易产生套管的电化学腐蚀。此外，气井中存在硫酸盐还原菌（SRB），SRB 的繁殖可使系统 H_2S 含量增加，腐蚀产物中有黑色的 FeS 等存在，以及水质明显恶化、变黑、发臭，不仅使设备、管道遭受严重腐蚀，同时 FeS，Fe（OH）$_2$ 等腐蚀产物还会与水中成垢离子共同沉积成污垢而造成管道的堵塞。因此在环空保护液的选择方面要加强管材腐蚀性防护，保证整个井筒满足寿命设计要求。

4. 井内落物

井内落物种类很多，有完井管柱落鱼，仪器、工具落鱼，卡掉电缆等。有的落物是在完井期间掉下去的，有的是井下作业时掉下去的，情况复杂。在 22 口故障井统计中，有 4 口井出现落物，占比 18%。

例如哈 601-15 井掉落井下压力计工具串、通井工具串和打捞工具串等。该井天然能量有限，油压下降快，2012 年 4 月 16 日进行流温流压梯度测试，过程中 5.2m 工具串及约 230m 钢丝落井，造成油管堵塞，打捞作业中打捞钩落井。造成失去油管内打捞仪器与钢丝条件，直接以倒扣打捞油管的方式打捞油管内落物。落鱼结构：原井下压力计工具串［打捞头（ϕ38mm×20cm）+ 压力计（ϕ45mm×120cm）+ 悬挂器（ϕ76mm×60cm）+ 加重杆（ϕ38mm×50cm）（总长 250cm），深度 6402m］；通井工具串［（钢丝绳帽（ϕ38mm×30cm）+ 钨钢加重杆（ϕ38mm×250cm）+ 机械震击器（ϕ38mm×220cm）+ 通井规（ϕ45mm×20cm）（总长约 5.2m，总质量 50kg，最大外径 ϕ45mm）］；打捞工具串（连续油管内挤压接头 ϕ50mm×30cm+ 变扣 ϕ50mm×10cm+ 钢丝内捞钩 ϕ76mm×50cm）。

该井前期投捞测试时在生产管柱内留下了不同程度的落物，导致后期无法实施切割；伸缩管打滑倒扣无效，最后只能临时完井，为以后埋下很多不确定因素。

四、修井工程主要工艺技术特点

上一节分析了库车山前高温高压天然气井主要故障类型，而这些故障大都需要对采气井进行大修作业加以消除，恢复气井生产。由于具体到每一口井，其故障各不相同，有的是单一故障，有的是多种故障的叠加，因而修井工程所使用的工艺方法也各不相同，有的需要多种工艺技术交替使用。从这一点上看，修井工程比起钻井工程更加复杂，施工更具高风险性。库车山前主要大修井工艺技术有压井、冲洗疏通、倒扣打捞、切割打捞、套铣、钻磨或磨铣、找漏和验审堵漏等。

1. 压井

压井是修井作业的前期工作。压井通过泵入压井液，重新建立井内液柱和压井液循环，恢复井内压力平衡，创造修井的平衡压力条件。

库车山前高压气井采用的是永久性封隔器完井。压井的方式根据井内条件不同，选择循环压井和挤压井两种方式。对于原井油管有破损，油管内外能建立循环的井，或者通过射孔、切割油管建立了循环通道的井，常采用（正／反）循环方法压井。对环空与油管内没有循环通道，或管内／环空有出砂、结蜡、落物等堵塞通道的井，可采用挤压井方法压井，即将井内的原油、天然气用压井液推回地层内，建立压井液液柱。

压井液密度是根据油气井近期的测试油气层压力资料，计算当前的当量压力梯度，附加安全密度来设计。但往往压井的循环通道并不在井底，压井液只能在循环通道以上建立循环压井，而循环通道以下仍然保留了原井内流体。因此，在采用循环压井方法压井工艺中，如果循环通道（油管内外连通处）在井眼的中上部，距离油气层较远，这类循环压井往往被称为"半压井"，意思是中途（半途）循环压井。半压井的压井液密度应按照压井液液柱压力与油气层压力相平衡，附加井控安全密度来计算，由此计算的压井液密度远高于正常循环压井的密度值。因此，压井液密度除了与当前油气藏压力有关外，还要根据循环深度调整，其原则是压稳，不溢不漏。这是大修井复杂压井工艺的一大特点。

迪那 2×× 井由于油管内多次落物造成堵塞，需要大修。该井产层中深为 4946.25m，实测当前地层压力为 76.67MPa，压力系数为 1.59，计算正常压井密度为 1.66~1.74g/cm³。但由于管内堵塞，油管切割深度在井深 2833.80m，折算处理切割点循环半压井液密度达 2.83~2.91g/cm³。为此在第一阶段切割油管前先正挤入不同密度有机盐压井液，确保切割点以下并不是纯气柱状态，而为有机盐压井液的混气流体。因此，根据压井前的井口静压重新调整压井液密度为 2.65g/cm³，压井一次成功。在此后倒扣起出井下安全阀和换装修井井口共 5 天的时间，井口不溢不漏[71-73]。

采油气期间，封隔器以上环空为有机盐环空保护液。在压井过程中，压井液会与环空保护液混浆，造成流体污染。

2. 冲洗疏通工艺

冲洗疏通工艺主要用于生产管柱堵塞的疏通作业。包括循环冲砂、热洗溶蜡等。

简单的地层出砂造成的砂堵，为了减低作业费用、简化作业程序，通常使用连续油管设备冲砂洗井，疏通油管；而砂堵严重的，以及合并有管柱破损、管内落物等故障的则需要使用修井钻机，起出油管，下钻具进行钻磨冲砂洗井。

冲砂作业需要用到冲砂液，它也属于修井液的一种。冲砂液大多使用无固相、加重的流体，这是冲砂液的两个基本要求。无固相是为了保持工作液清洁，避免人为造成固相污染，固相沉降引起堵塞。加重是为了调节无固相冲砂液的密度，以满足平衡井内压力要求。无固相加重冲砂液主要使用一些可溶性盐类溶液，这些盐类在水中的溶解度足够大，且溶解后能大幅度提高流体的密度。根据不同的密度要求，常用的有氯化钠、氯化钙、甲酸钠、甲酸钾等（表 3-1-6）。加重能力更强的盐类还有溴盐和铯盐，但因价格昂贵，且毒性和腐蚀性强，不适应规模化应用。

表 3-1-6　常用盐类的饱和密度（20℃）

盐类	NaCl	CaCl₂	甲酸钠	甲酸钾
溶解度 /（g/100mL）	35.9	74.5	81.2	310
饱和密度 /（g/cm³）	1.33		1.31	1.58

冲砂液性能的另一个重要指标是黏度。普通的无固相加重流体，随盐水浓度和密度的升高，其表观黏度也随之升高，但其屈服值和静切力极低，几乎为零。这对于中深井和浅井来说，流动阻力不大，排量可以提高，以高的环空返速来举升沉砂，对流体的携岩能力要求不高，这样的流变性结构也是足够了。但对于深井、超深井，情况大不一样。深井、超深井循环深度大，流动阻力高，排量难以大幅度提高，环空返速相应降低很多；尤其是使用连续油管在生产油管中作业，管内水眼小，环空间隙小，流动阻力更大，排量更小，举砂效果不佳，作业效率低，成功率不高。因此，对无固相冲砂液进行配伍性的增黏处理显得十分必要，这样可以将环空返速和流体黏度两个因素结合起来，更好地实现携砂带砂的作用。

常规的钻井液、完井液增黏剂品种很多，如膨润土、各类聚合物等等。普通的钻井液用膨润土在高含盐溶液里，很难水化分散，难以造浆增黏；一些抗盐土可用于增黏，但它的加入使本来无固相流体变为有固相或低固相了。因而，无固相流体中最常用的是聚合物增黏剂。在高含盐的无固相流体中使用的聚合物增黏剂要求其抗盐能力和抗高温能力很强，否则聚合物难以水化伸展长链，形成网架结构黏度的黏度效应；井内高温、超高温去水化，分子链卷缩，聚合物同样会高温减稠。

表 3-1-7 为目前库车山前深井、超深井用无固相加重冲砂液统计数据。由于修井作业对流体性能测试和记录、报告的要求不高，不规范，能查到的性能信息不全。表中部分数据因为没有实测值，而填入设计值，有的仅有密度。

3. 倒扣打捞

倒扣打捞是修井作业中最常用的工艺之一，用于将井内的原管柱的自由段直接倒扣起出来，具有工艺简单，操作简便的特点。倒扣的程序一般有以下几个步骤：下打捞管柱 / 钻具——对扣或造扣连接原管柱——提拉或测井测卡点——原管柱紧扣——计算提拉吨位——提拉倒扣——倒出管柱称重——复探鱼顶——起打捞管柱和捞获的原管柱。

倒扣管柱通常使用反扣钻具，以避免打捞管柱扣倒开，出现新的落鱼，增加落鱼长度。如果鱼头是完整的螺纹，也可以使用与鱼头匹配的管柱，这样的操作需要仔细紧扣。打捞管柱连接原管柱的操作形象俗称"摸鱼""抓鱼"，抓鱼分为对扣、内捞（公锥造扣、卡瓦打捞矛）和外捞（母锥造扣、卡瓦打捞筒）等方式（图 3-1-4）。

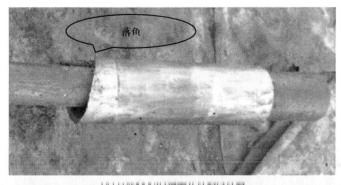
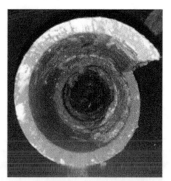

（a）克深5××第3趟下卡瓦打捞筒打捞 　　　（b）克深5××第3趟出井打捞筒

图 3-1-4　克深 5×× 井可退式打捞筒打捞

表 3-1-7　冲砂、清蜡液统计分析

井号	作业时间	故障	作业工艺	作业设备	修井液类型	无固相修井液性能（设计和实测）												备注
						密度/g/cm³	漏斗黏度/s	表观黏度/mPa·s	塑性黏度/mPa·s	动切力/Pa	初切/Pa	终切/Pa	pH值	抗温/°C	固含/%	粒径/mm	其他	
KeS 2-1-8	2017/09—2017/09	砂/垢堵	冲砂、钻扫	连续油管	无固相	1.15		84		3.5	0.5	1.5	—	—				记录
KeS 2-1-12	201709—2017/09	出砂/结垢	冲砂、钻扫	连续油管	无固相	1.20		35		7	2.5	5.5	7					记录
KeS 2-1-14	201706—2017/06	垢堵/油管断	冲砂、钻扫	连续油管	有机盐	1.16		81		7.5	0.7	1.5						记录
KeS 2-2-12	201408—2014/09	砂堵	冲砂、钻扫	连续油管	有机盐	1.50	59	49.5	41									设计
	2017/06—2017/06	垢/砂堵	冲砂、钻扫	连续油管	降黏有机盐	1.16		35		6-8			7					记录
KeS 8-3	2018/05—2018/06	砂垢堵	冲砂、酸化	连续油管	增黏有机盐	1.27		20~40		≥6	—	—	—	≥140	0.2	0.25	低摩阻	设计
克深10	2017/05—2017/06	砂堵	冲砂	连续油管	有机盐	1.20		32~36		7			7					记录
	2018/03—2018/05	砂堵	冲砂/油管射孔	连续油管	无固相	1.20		31~32		9-8			7					记录
大北 301	201809—2018/09	出砂/水合物	冲砂/热洗	小钻杆	57°C有机盐	1.40												记录
DN 2-5	201609—201610	出砂/结蜡	冲砂	连续油管	无固相	1.09												不详
DN 2-11	—	出砂	冲砂、钻磨	连续油管	增黏有机盐	1.30		20~40		≥6				≥140	0.2	0.25	低摩阻	设计
迪那 204	—	出砂	冲砂	连续油管	增黏氯化钙	1.20		20~40		≥6				≥140	0.2	0.25	低摩阻	设计

4. 切割打捞

尽管倒扣打捞简便易行，但常会意外的出现倒开，倒开的位置难以准确固定，带来一些不确定性。如果第一次倒扣后还留有自由落鱼段，就需要进行反复多次的倒扣打捞作业。切割打捞虽然工艺复杂一些，但能避免这种情况，可以一次性定位，打捞出可能打捞的管柱。其操作流程大致为：下通径规探测原管柱水眼内遇阻的底深—下电缆测井仪测管外卡点—下切割弹切割卡点以上管柱—起管柱。

类似的打捞方法还有爆炸松扣打捞。它是在测到卡点后，下炸药至卡点以上部位，然后给管柱施加反扭矩，炸药点火爆炸，利用反扭矩振动倒扣，起出落鱼。

库车山前气井都是采用永久式封隔器完井。如果管内畅通，切割打捞可以一次性切割到封隔器以上的提升短节，打捞效率大大提高。

5. 套铣

套铣工艺主要用于管外被卡、被埋，或者管柱、套管变形引起的卡管柱，不能采取倒扣、切割、爆炸松扣等工艺直接打捞的情况；以及倒扣、切割打捞后，剩余被卡管柱打捞，也用于套铣打捞封隔器。它的主要作用是通过管外套铣，消灭环空卡物和封隔器胶皮和卡瓦，使管柱解卡，便于倒扣等工艺继续打捞。

套铣工具（图3-1-5）可以和打捞工具连接在一起，形成套铣打捞一体化工具，进行套—捞一体化作业，这样进一步提高了打捞效率。

(a)合金铣鞋　　　　(b)KS 5××贝壳合金铣鞋　　　　(c)KS 5××铣齿铣鞋

图 3-1-5　套铣工具

6. 钻磨或磨铣

钻磨是钻具带钻头、磨鞋等工具，消灭井下落物，或者修理鱼头，使其便于打捞。对井下零散的、碎片化的、不便于打捞的落物，通常都使用钻磨或磨铣工艺将其粉碎，用修井液带出地面，加以清除；对于鱼头不规则或已损坏的管柱，也可采用磨铣的方法加以修理，使其规整，便于打捞（图3-1-6和图3-1-7）。

磨铣工艺还用于套管变形、破损的修理，恢复井眼尺寸，便于管柱起下作业，防止卡管柱事故发生。

7. 找漏、验窜堵漏

油气井 级屏障失效，可以通过更换油管管柱，恢复其密封。二级屏障失效，可能涉及生产尾管、生产套管、套管头，甚至采油树等整个井筒的完整性。这之中任何一个部位都可能出现损坏、泄漏，引起B环空压力异常，B环空带压，环空窜气；如果套管头出现泄漏，会引起地面井口的安全风险。

(a)KS 5××用平底磨鞋　　　　　　　(b)KS 5××用引子磨鞋

图 3-1-6　修井用磨鞋

(a)KS 5××平底磨鞋铁屑　　　　　　(b)KS 5××引子磨鞋铁屑

图 3-1-7　磨铣出的铁屑

　　生产尾管和套管密封失效可能由多种原因造成，一是井内的腐蚀介质引起套管腐蚀穿孔；二是起下管柱和修井、完井工具引起的严重磨损，强度减低而破裂；三是井内压力状态的剧烈、骤然变化，短时间或瞬间压力超过套管的抗压强度引起破裂；四是措施井、注水井、热采井等，引起井内交变应力，套管疲劳破坏。

　　检查套管磨损、腐蚀、破损、变形状态可以采用测井方法。常用的套管破损测井方法有 MUIL 多功能超声波成像测井和多臂井径测井等。

　　图 3-1-8 是 MUIL 多功能超声波成像测井解释图。测井生成了壁厚曲线（THAV，THMX，THMN），壁厚 360° 成像图（THICK），内壁 360° 成像图（ECHOAMP）。从图中看到三条壁厚曲线没有偏离很大，说明管壁没有严重破损导致穿孔的现象。从壁厚成像图中（黑色代表薄，黄色代表厚）看出颜色整体偏黄色，显示无破损现象。从内壁成像图（黑色代表薄，黄色代表厚）中看出颜色整体偏棕色，没有黑色出现，表明没有穿孔。测井检测法除测井检测套管磨损、破损方法外，现场常用封隔器分段试压法，查找漏点。

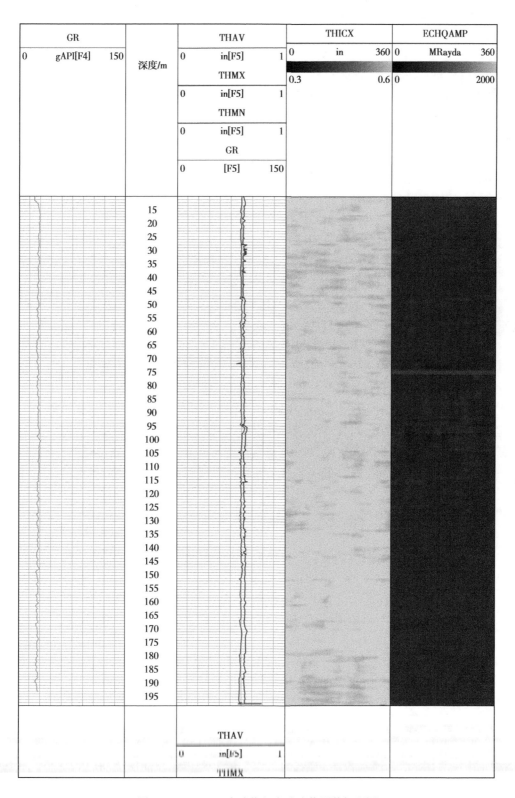

图 3-1-8　MUIL 多功能超声波成像测井解释图

第二节 压井技术

随着塔里木油田天然气上产的跨越式发展，高压高产气井井完整性问题日益突出。井完整性的核心是在全生命周期内建立两道有效的井屏障，降低地层流体不可控的泄漏风险。因此，高压气井安全压井问题已成为塔里木油田高效开发过程中的一个比较突出且亟待解决的技术难题。

高压气井修井作业的首要工作是压井。压井就是将具有一定性能和数量的液体泵入井内，使其液柱压力相对平衡地层压力的过程；或者说压井是利用专门的井控设备和技术向井内注入一定密度和性能的压井液，重新建立井下压力平衡的过程，为修井创造平衡压力条件。而井控安全中核心的问题就是选取合适、有效的压井方法。对于一般的油气井，可能地层压力不是太高，可以采用压回法、置换法等常规压井方法压井，但对于存在井完整性缺陷的高压气井，井控风险高，现场可用于决策的时间有限，熟悉井下状况和地面装备等，才能在最短的时间内设计出较为合理的压井施工方案。要解决高压气井非常规压井的问题，必须弄清非常规井控的基本原理，根据不同的地面设备条件和井下情况，选择不同的压井方法和施工参数，减少盲目性，提高成功率。

塔里木油田库车山前是超深、高温、高压、高产气藏的典型代表，截至 2022 年，约占总井数 25% 的井存在井完整性问题，表现为采气井口渗漏、油套窜通、油管柱渗漏、井下安全阀问题、生产套管渗漏和技术套管渗漏等，其中油套窜通问题最为突出。大量的气井在生产过程中出现油管柱渗漏或外层技术套管持续带压，而外层技术套管压力一旦超过其管柱承受的极限压力，可能导致整口井报废，甚至引发天然气窜漏至地层、泄漏至井口等无法控制的灾难性事故。需要及时调整气井产量并进行压井，控制风险，建立井下压力平衡以便修井恢复井筒，重建井完整性，才能够及时控制风险，彻底解决高压气井环空带压问题，保证气井长期安全生产。

一、环空连通井压井技术

环空连通井环空压力易超出套管头承压能力，无法实施长期安全关井。可采用压井控制技术，利用泵车分别从油管、套管内泵入液体半压井，将井筒内的天然气推入地层中，最终实现安全关井，为组织修井作业争取时间。关井后受到气侵影响，井口压力会逐渐升高，当危险屏障压力涨至警戒值时，再次组织挤压井作业，此方式可以有效地保证环空异常井的井口安全。

对于油套连通通道较深或已进行深部油管穿孔的气井，可优先选用节流循环法进行压井。节流循环法压井的关键是根据现场地面控制装备确定合适的压井液密度、压井方法及控制适当的回压。节流循环压井法分为反循环节流压井法和正循环节流压井法。

1. 案例背景资料

塔里木油田克深 ×× 井完钻井深 6753.88m，完钻层位为白垩系巴什基奇克组，井身结构如图 3-2-1 所示。该井投产初期，日产气 $40.29 \times 10^4 m^3$，油压为 90.9MPa，A 环空压力为 48.4MPa，B 环空压力为 20.2MPa，C、D 环空不带压。投产后 5 年左右，由于井筒结垢或出砂，油压、产量下降，且该井油套连通，油压为 39.6MPa，A 环空压力为 39.6

MPa，B 环空压力为 38.9MPa，C 环空压力为 23.83MPa，D 环空压力为 0.36MPa。C 环空压力超限（C 环空最大允许带压值为 17MPa）。为了控制并解除井控风险，需要紧急压井。

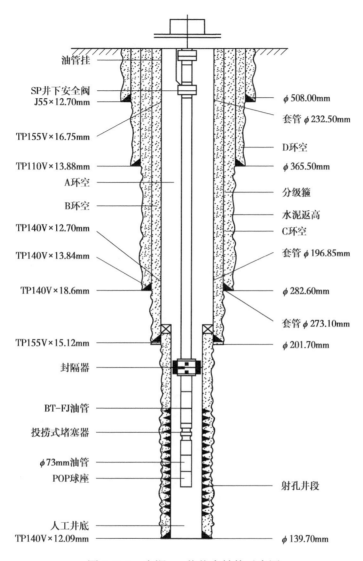

图 3-2-1　克深 ×× 井井身结构示意图

2. 现场作业情况

该井压井液选择有机盐液体和油基修井液。压井液密度参考地层压力系数 1.34，先用密度 1.4g/cm³ 的有机盐液体，后用密度 1.49g/cm³ 的油基修井液。压井方法为先用有机盐液体节流循环排除环空侵入油气，而后正反挤半压井，控制井控风险，最后用压井液等节流循环达到压井目的。辅助的压井设备配置连续油管和配套的井口带压作业装置，在井筒压井通道缺陷的情况下，可将连续油管下入井内，快速建立压井通道。施工前连接井口正反挤压井管线并试压，且仙压及各环空均连接节流放压管线。

（1）有机盐液体半压井，循环排 B 环空天然气。打开 B 环空泄压管线持续泄压；反挤

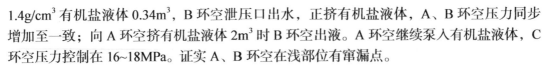

1.4g/cm³有机盐液体0.34m³，B环空泄压口出水，正挤有机盐液体，A、B环空压力同步增加至一致；向A环空挤有机盐液体2m³时B环空出液。A环空继续泵入有机盐液体，C环空压力控制在16~18MPa。证实A、B环空在浅部位有窜漏点。

（2）连续油管挤压井。由于A、B环空在浅部位有窜漏点，压井液存在短路循环，泵注压井液不能有效建立井筒内液柱压力；且B、C环空压力超压，无法进行高压挤注压井，则下入连续油管建立压井通道。首先建立油管柱内液柱压力。下放连续油管至5300.5m，从连续油管内泵入1.4g/cm³有机盐液体，A环空节流循环压井，采油树放喷翼出口见液，关闭采油树放喷翼，继续泵入有机盐液体，泵压开始下降后波动。停泵观察，油压为12.39MPa，A、B环空压力为12.38MPa，C环空压力为0MPa，D环空压力为0.43MPa。完成半压井，降低了井控风险。

（3）上钻机修井，准备钻井液挤压井。泄放油压在见液时关闭采油树泄压通道；正挤入隔离液10m³，同时打开A环空节流放压，出口见液时关闭A环空；正挤入1.49g/cm³的油基钻井液，同时A环空节流正循环，排除混浆；B环空节流循环，见钻井液停泵；C环空放压由8.6MPa降至0MPa；再次进行A环空节流循环，A环空压力为0MPa，B环空压力为0MPa，C环空压力为0MPa，D环空压力为0MPa。压井完成。

二、管柱堵塞压井技术

在油管堵塞、无循环通道时，油管穿孔位置以下的保护液不能直接参与循环，需要使用连续油管钻磨水泥塞，打通压井通道。压井作业的施工要求有以下六点。（1）开采油四通阀门用循环保护液，循环至进出口保护液性能基本一致；（2）用隔离液＋压井液循环替出保护液，循环压井至进出口压井液性能基本一致；（3）开井观察，若井内平稳满足后续工序安全作业，则再循环压井液1.5周以上；（4）循环压井时注意观察、计量进出口压井液量，钻井液工加强坐岗，发现溢流立即关井，怀疑溢流关井检查并调整压井液，直至将井压平稳；（5）由于油管可能存在堵塞，穿孔位置较高，循环压井时重压井液与不能循环的环空保护液容易发生混浆，为减轻后续打捞、套铣等修井作业的复杂程度，要求作业前做好压井液与环空保护液的相容性试验；（6）井筒内替出钻井液及混浆应入罐回收保存，不得出现跑、冒、滴、漏、渗等环境污染事故，做到不落地、零污染，并制定应急预案。

1.案例背景资料

克深2×井于2021年5月21日带压作业起出井下安全阀后，4½in油管下探至预计断点深度661.8m，遇阻10~20kN，继续下探至约825m，期间有连续摩阻。判断封隔器已下移，根据理论计算落鱼管脚POP球座已接近人工井底。5月24日起出原井4½in 12.7BEAR HP2-13Cr110油管65根＋变扣短节1.0m。鱼尾腐蚀严重。井内鱼顶为4½in油管残体0.04m。5月26日下进口合金引子磨鞋磨铣管柱至837.64m，遇阻加压20kN，复探位置不变，磨铣修鱼顶，进尺0.5m，磨铣后鱼顶深度为838.14m，管柱前期已下落至人工井底，经过后期生产，封隔器上、下部管柱埋卡的可能性很大，管柱内堵死。井筒堵塞原因分析：5in套管环空被3½in油管接箍堵死，POP球座在人工井底堵死，导致井筒无压力显示。对接管柱坐挂前测得卡点位置为5424.48m，距离喇叭口220m，由此分析：喇叭口处为卡点。图3-2-2为克深2X井井身结构示意图。

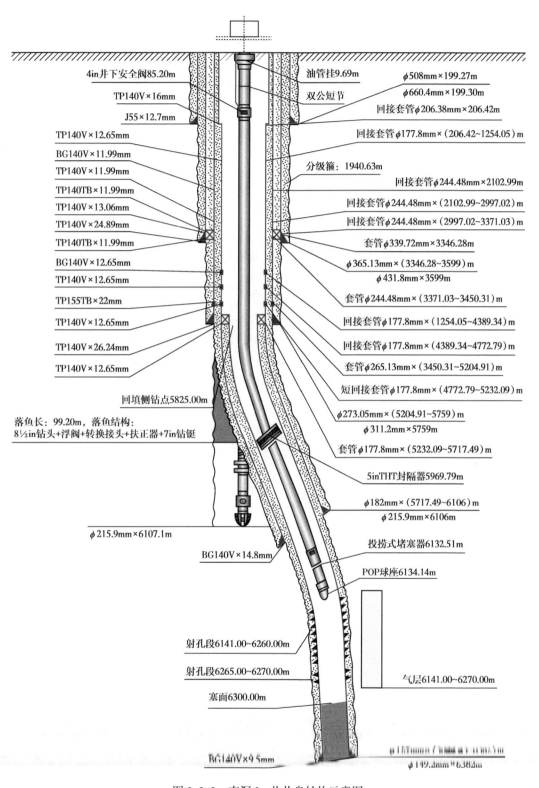

图 3-2-2　克深 2× 井井身结构示意图

2. 现场作业情况

克深 2× 井由于管柱内堵死，无法循环通道，需采用油管穿孔建立循环压井通道。该井使用 8mm 电缆搭配 FP76-105 井口电缆防喷装置在喇叭口以上油管穿孔（5600m 处油管中部），穿孔数量为 10 孔 /m，同步测试能否循环；若不能循环，则每隔 50m 向上在油管中部进行带压穿孔作业，继续测试。根据穿孔循环深度确定工作液密度。穿孔完测试能循环后，在半压井状态下后，用 8mm 电缆将 $2\frac{7}{8}$in 油管切割弹下至封隔器以上第一根油管下部切割（避开油管接箍）后，起甩原井管柱，如果不能提出管柱，则在喇叭口附近进行切割。

起高聚能镁粉火炬切割工具（RCT）完，切割工具点火正常，拆电缆井口防喷装置，反循环替液，泵入密度 1.0g/cm³ 的 BK720 凝胶隔离液 10m³+ 密度 1.67g/cm³ 油基钻井液 101m³，深度 5618.6m，泵压 31.5~4.5MPa，排量 200~500L/min，节流控压 41~0MPa，回收密度 1.20g/cm³ 有机盐液体 62m³，排混浆 19.1m³，其中油基工作液 10.8m³，出口点火焰高 3~5m 至自熄，反循环调整工作液至进出口液体性能一致，深度 5618.6m，密度 1.67g/cm³，泵压 17MPa，排量 8.9L/s，敞井观察，不溢不漏。

在油管堵塞、无循环通道时，油管穿孔位置以下的保护液不能直接参与循环，因此，在压井作业前应做好压井液与环空保护液的相容性试验，减轻后续打捞、套铣等修井作业的复杂程度。带压穿孔时，井筒无压力，但要考虑在通径、穿孔过程中产生管柱震动可能导致压力上窜引起井口压力增高。井口带压设备连接好后，应严格按照正常生产时压力的 1.5 倍试压。环空可能有砂堵搭桥、掩埋等导致出现圈闭压力情况。带压穿孔作业时减小每次穿孔孔数，避免环空可能存在的圈闭压力瞬间进入油管内，导致电缆受损打扭受损（加重应该按正常生产时井口压力准备）。

三、油管柱断脱、管柱堵塞压井技术

针对油管柱断脱、管柱堵塞井，常规的挤压井、循环压井方法都已不适用。油管断落，使得油管内工具也无法下入，如何确保压井成功，更换井口防喷器是整个施工的关键，断点以下油管内部已经全部充填环空保护液，根据"油管断点以下环空保护液液柱压力 + 断点上部液柱压力 = 地层压力"，只要断点以上配置出合适的加重钻井液，即可以实现半压井。循环测后效确认安全后就可以更换井口，若需要的钻井液密度超过了现有的配置技术要求则无法实现。

1. 案例背景资料

克深 9×× 井是塔里木盆地库车坳陷克拉苏构造带克深区带克深 9 号构造东高点东翼的一口评价井（图 3-2-3），完钻井深 7902.29m，完钻层位：白垩系巴什基奇克组巴二段（未穿）。2015 年 9 月 9 日开展延长测试，试采初期油压为 79.20MPa，日产气量为 23×10⁴m³。2018 年 1 月 1 日正式投产开井，油压为 52.68MPa，日产气量为 24×10⁴m³，日产水 24.23m³。截至 2019 年 11 月 12 日修井作业前，该井累计产气量 1.51×10⁸m³，累计产水量为 0.69×10⁴m³。

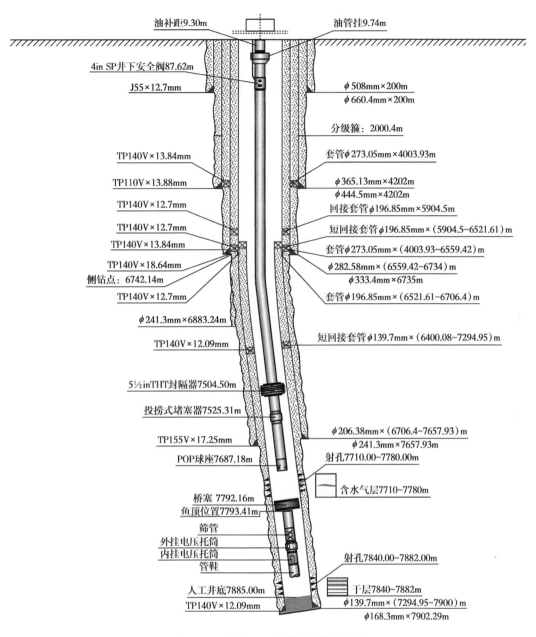

油补距9.30m　　　　　　　　　油管挂9.74m

4in SP井下安全阀87.62m

J55×12.7mm

ϕ508mm×200m
ϕ660.4mm×200m

分级箍：2000.4m

TP140V×13.84mm　　　　　　　套管ϕ273.05mm×4003.93m

TP110V×13.88mm

ϕ365.13mm×4202m
ϕ444.5mm×4202m

TP140V×12.7mm　　　　　　　　回接套管ϕ196.85mm×5904.5m

TP140V×12.7mm　　　　　　短回接套管ϕ196.85mm×（5904.5~6521.61）m

TP140V×13.84mm　　　　　　　套管ϕ273.05mm×（4003.93~6559.42）m

TP140V×18.64mm　　　　　　　ϕ282.58mm×（6559.42~6734）m

侧钻点：6742.14m　　　　　　　ϕ333.4mm×6735m

TP140V×12.7mm　　　　　　套管ϕ196.85mm×（6521.61~6706.4）m

ϕ241.3mm×6883.24m

TP140V×12.09mm　　　　　短回接套管ϕ139.7mm×（6400.08~7294.95）m

$5\frac{1}{2}$inTHT封隔器7504.50m

投捞式堵塞器7525.31m

TP155V×17.25mm　　　　　　ϕ206.38mm×（6706.4~7657.93）m
ϕ241.3mm×7657.93m

POP球座7687.18m　　　　　　射孔7710.00~7780.00m

含水气层7710~7780m

桥塞 7792.16m

鱼顶位置7793.41m

筛管
外挂电压托筒
内挂电压托筒　　　　　　　射孔7840.00~7882.00m
管鞋

人工井底7885.00m　　　　　干层7840~7882m
TP140V×12.09mm　　　　　ϕ139.7mm×（7294.95~7900）m
ϕ168.3mm×7902.29m

图 3-2-3　克深 9×× 井井身结构示意图

投产后，油压呈现小幅波动并快速下降趋势，怀疑是该井地层出水导致。2018 年 7 月，井口油压和套压数据变化趋势一致，怀疑油套连通。2019 年 3 月 18 日因油压异常上升怀疑油嘴堵塞，拆检油嘴可见红褐色泥质粉砂岩，证实地层出砂。2019 年 3 月 28 日，油压降至与回压基本一致，无法通系统关井。2019 年 5 月，通井至 3000m 由于下放张力偏小上提张力持续偏大，判断堵塞严重，结束通井。2019 年 8 月进行连续油管冲砂作业，但未能恢复生产。

克深 9×× 井主要存在以下问题：

（1）地层出水：克深 904 井于 2017 年 12 月 31 日—2018 年 3 月 21 日，投用地面分离设备，日均产气量为 29.47×10⁴m³，日均产水 13.09m³，平均氯离子含量为 104731.52mg/L，密度为 1.1097g/cm³，证实地层出水。

（2）地层出砂：克深 90X 井于 2019 年 3 月 18 日因油压异常上升怀疑油嘴堵塞，拆检油嘴可见红褐色泥质粉砂岩，证实地层出砂。

（3）连续油管落鱼：2019 年 5 月通井测试和 7 月连续油管疏通作业中都严重遇阻，下取样器取样目视观察有砂、垢、砾石、金属片等，证实井筒存在堵塞。2019 年 8 月，连续油管疏通作业至井深 6642m，上提管柱遇卡，井口截断连续油管，落鱼长度为 6637m，后探得连续油管落鱼鱼顶位置为 574m。

（4）A 环空带压：2018 年 7 月，井口油压和套压数据变化趋势一致，怀疑油套连通，该井关井前油压为 11.6MPa，套压为 11.6MPa。2022 年 3 月 14 日泄油套压至零，3 月 18 日井口试挤 65MPa 不通，油套压力为零，至今观察，油套压均为零，井筒稳定。

该井需要通过修井作业，打捞井筒内落鱼并解除井筒堵塞与地层伤害，恢复单井排水能力。

2. 现场作业情况

克深 9×× 井由于漏点较浅，管柱内堵连续油管，无法穿孔压井，需先用带压作业设备倒扣、打捞处理至满足压井条件。

由于没有压井条件，首先采用带压作业的方式，起出断点以上油管，钻磨修连续油管鱼顶；再通过穿芯打捞连续油管，交替进行，直至打捞全部落鱼。在打捞过程中坚持反打压试挤，确定地层进液状况。若进液情况允许，则采用设计压井液 + 隔离液循环压井至进出口液体性能一致，后挤压井至压稳地层，观察时间满足换装井口的安全时间后，再次循环压井至进出口液体性能一致。若进液情况不允许，则根据漏点深度确定压井液密度，若压井液密度允许，则循环压井至进出口液体性能一致，观察时间满足换装井口的安全时间后，再次循环压井至进出口液体性能一致；若压井液密度不允许，则需重新确定下步作业方案。

该井打捞至井深 6410.51m 时，用密度 1.00g/cm³ 隔离液（BK720）5m³ + 密度 1.40g/cm³ 油基钻井液 137m³ 反替井内密度 1.40g/cm³ 无固相压井液，泵压为 11~13MPa，排量为 8L/s（修井泵替液），回收密度 1.40g/cm³ 无固相压井液 100m³，排放混浆 37m³，其中油基工作液 11m³，隔离液 5m³，无固相压井液 21m³。压力监测情况：B 环空压力为 0MPa，C 环空压力为 0MPa，D 环空压力为 0MPa。通过该井的成功治理，对于高压气井断路井、管柱堵塞井的压井提供了很好的借鉴经验。

四、压井技术总结

塔里木油田库车山前地质条件复杂，且在压井过程中井况条件不断恶化多变，不能用常规的压井方法进行压井。采用非常规综合压井技术，快速有效地控制了井控风险，避免了高压气体泄漏，同时降低了压井液的污染。

在高压气井采油气现场，为避免储层伤害，同时便于现场应急处理，尽量采用气田水或有机盐水进行半压井，降低井口压力，再用压井液进行压井作业。

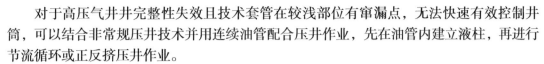

对于高压气井井完整性失效且技术套管在较浅部位有窜漏点，无法快速有效控制井筒，可以结合非常规压井技术并用连续油管配合压井作业，先在油管内建立液柱，再进行节流循环或正反挤压井作业。

非常规压井技术在塔里木油田库车山前高压气井作业现场应用良好，在总结常规压井技术的基础上对非常规压井技术进行优化改进，对高压油气井生产现场应急压井处置具有很好的借鉴意义。

第三节　封隔器上部管柱处理技术

一、常规井处理技术

1.技术思路

针对 7in 大尺寸井眼高压气井大修作业，采用化整为零的处理思路，已形成成熟固定的施工工艺流程。将井内管柱打捞分为上部管柱处理、THT 封隔器处理、下部尾管处理三个阶段，对上部管柱采用能切不倒、能倒不磨的处理方式、封隔器套铣技术，相应的打捞倒扣、套铣、磨铣工具基本配套，使 7in 套管内打捞、处理工艺基本成熟，修井工期相对较短，一般情况下均能修井成功。

小井眼井不同于普通斜井、直井，它具备自身的特殊性，存在大套管变小套管、小套管变大套管、大小套管互变的井身结构。塔标Ⅰ、塔标ⅡB 两类井内所下的油管及封隔器等都是根据库车山前工况优选组配的，能够满足油田生产和开发的需要，但一旦要对落物进行打捞处理，套管内径对打捞方法和工具的选用就有很大的影响。

对封隔器上部油管处理采用能切不倒的原则，在小井眼中因为切割困难，一般对于小井眼井上部大套管内油管打捞处理思路仍是以套磨铣、倒扣处理为主。

（1）压井，试提管柱；

（2）若管柱断脱，提出上部油管后根据落鱼油管长度决定下部方案：

①当落鱼油管长度较长时，可先倒出几根油管，根据油管情况定下部打捞方案，如果油管完整情况较好则进行对接，通井后下 $3\frac{1}{2}$ in 切割弹对封隔器上部油管进行切割；

②当落鱼油管长度较短时，可直接进行套铣再打捞下部油管。

（3）若未能提断，倒出安全阀后对扣，通井后下 $3\frac{1}{2}$ in 切割弹对封隔器上部油管进行切割，切割完毕，起出上部管柱处理封隔器。

（4）切割、起甩油管。

如果油管破损严重或钻井液稠化造成管柱埋卡，则会增加打捞难度，需要套铣后倒扣打捞或进行根部打捞。

2.典型案例

1）作业背景

克深 5✗✗ 井是塔里木盆地库车坳陷克拉苏冲断带克深区带克深 5 号构造上的一口评价井井井身结构如图 3-3-1 所示。

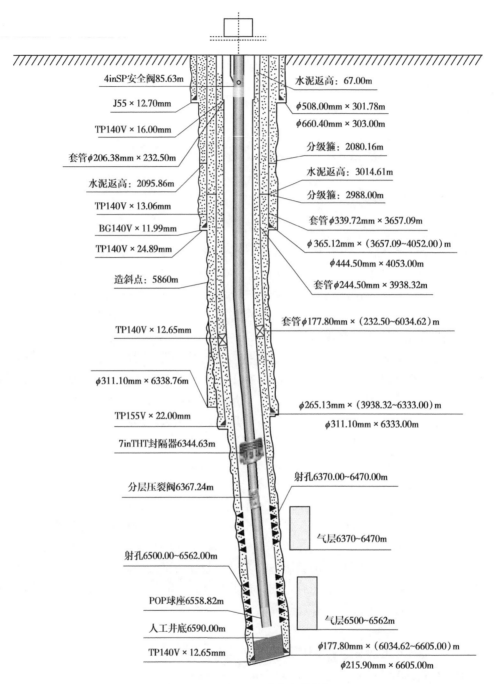

图 3-3-1　克深 5×× 井井身结构图

　　克深 5×× 井于 2016 年 8 月 19 日油管柱渗漏后处于监控生产状态，2017 年 10 月 28 日油套及 A、B 环空连通加剧，均能放出可燃气体，B 环空超压，放压频次 14 次 /12h；截至 2017 年 10 月 31 日 8：00 克深 50X 井各环空压力情况，油压为 74.13MPa，A 环空压力为 74.73MPa，B 环空压力为 38.18MPa，C 环空压力为 16.82MPa，D 环空压力为 4.15MPa。

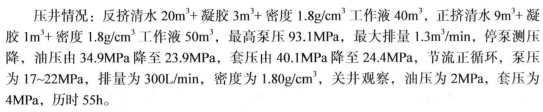

压井情况：反挤清水 20m³ + 凝胶 3m³ + 密度 1.8g/cm³ 工作液 40m³，正挤清水 9m³ + 凝胶 1m³ + 密度 1.8g/cm³ 工作液 50m³，最高泵压 93.1MPa，最大排量 1.3m³/min，停泵测压降，油压由 34.9MPa 降至 23.9MPa，套压由 40.1MPa 降至 24.4MPa，节流正循环，泵压为 17~22MPa，排量为 300L/min，密度为 1.80g/cm³，关井观察，油压为 2MPa，套压为 4MPa，历时 55h。

压井期间，曾采用直径为 58.4mm 通径规电缆通径作业，在井深 6098m 位置有遇阻及挂卡，无法通至井底。期间 5300m 位置也有异常显示，与两次压井作业计算循环点相符，由此对井下完井管柱有了初步判断：5300m 位置油管破损，油套连通；6098m 位置油管破裂或内部结垢堵塞。

2）前期作业分析

（1）倒扣起出井下安全阀，然后对扣，下入 3½in 油管切割弹，最大程度切割、起出原井管柱，减少落鱼长度。

（2）对扣成功，下 φ70mm 通径规做切割准备，下至井深 5952m 遇阻无法通过，达不到最初切割目的，起出准备倒扣。

（3）原井管柱在坐封期间处于拉伸状态，油管挂在提离四通后即达到管柱浮重。

（4）第一次倒扣上提吨位 1270kN，管柱摩阻未知，初步判断倒扣位置在 5800m 左右。

（5）对扣目的在于下切割弹在 6093m 左右位置切割，尽可能多的起出原井管柱；切割前 φ70mm 通径规在 5952m 遇阻，与倒扣位置相近，达不到最初目标，放弃切割，转为倒扣作业。

（6）通过两次电缆通径情况，下部油管内壁可能结垢或变形。

3）打捞概况

采用 φ148mm 可退式卡瓦打捞筒，对井下 3½in 油管内螺纹接箍鱼头或油管外螺纹鱼头进行倒扣打捞，共计作业 12 趟，倒扣处理井段 5982.44~6341.22m 封隔器上部油管，共计处理 358.78m 油管至封隔器顶部提升短节。

第 1、2 趟钻采用管柱组合：φ148mm 可退式卡瓦打捞筒（310LH）+3½in 反扣钻杆（311LH×310LH）+ 变扣（311LH×310）+3½in 正扣钻杆至井口。

第 1 趟钻捞获 88.9×6.45mm HP2-13Cr110 BEAR 斜坡油管 19 根，带出内螺纹节箍；起甩中检查发现 6093.86m 油管本体处有破损。油管破损处与前期 φ58.7mm 通径规电缆通径遇阻位置吻合（图 3-3-2）。

第 3~12 趟钻采用管柱组合为：φ148mm 可退式卡瓦打捞筒（310LH）+3½in 反扣钻杆至井口。封隔器上部管柱处理由于下 φ70mm 通径规下至井深 5952m 遇阻无法通过，达不到最初切割目的，只能采用倒扣处理方式，由于环空可能存在较多的钻井液沉淀、油管外螺纹端扭矩小、井深导致倒扣卡点存在误差等综合原因，导致倒扣打捞低效（图 3-3-3）。

4）打捞总结

（1）第 1 趟正反钻具组合倒扣打捞，起钻过程中发现正扣钻具有松扣现象。因此，在下次入井时需逐根紧扣，使正扣钻具一定要在标准扭矩以上，安全范围内，附加一定扭矩。

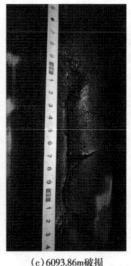

(a)入井捞筒　　　　　(b)出井捞筒　　　　　(c)6093.86m破损　　　　　(d)管壁附着物

图 3-3-2　第 1 趟工具出入井照片

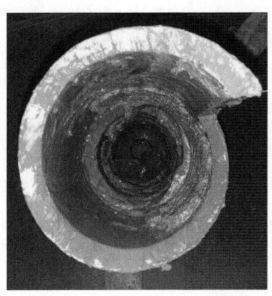

图 3-3-3　捞筒内和油管外附着物照片

（2）每趟钻捞获油管内外壁均存在附着物，倒扣结束后复探鱼顶时提前遇阻，且泵压明显升高。由此判断油套环空可能存在较多的钻井液沉淀。如捞筒内篮瓦间隙几乎被附着物填满，也可判断油套环空沉淀较多。

（3）如出现捞获的两根油管之间的接箍上下螺纹均有较大程度松扣，则可判断由于上次倒扣时上提吨位过大，部分油管倒散造成的，井内可能还存在倒散的油管，形成活鱼。

（4）如出井鱼头检查发现，只有在外螺纹端较浅部位有卡瓦痕迹，说明未充分进鱼，下次操作时要充分考虑情况，释放旋转及大吨位下压，避免由于进鱼不充分导致滑脱。

（5）捞获落鱼后上提过程中悬重突然下降，应当是前期倒扣过程中将油管螺纹倒松，仅连接两三扣，无法承受较大的拉力。

二、油管柱堵塞井处理技术

1. 技术思路

塔里木油田库车山前构造带包括迪那、克深、大北和博孜气田，均存在比较严重的井筒堵塞问题，管柱内被堵，无压井通道，且管柱内形成圈闭压力，对于修井作业存在严重的安全隐患。为避免后期作业发生井控安全风险，可采用连续油管带压作业清理堵塞物，为下射孔枪进行油管穿孔、建立循环压井通道提供条件。具体处理技术思路主要包括以下几点。

（1）安装电缆防喷器和地面流程并要求试压合格，在采油树侧翼阀门安装校核好的压力表，监测录取油、套压力，以便为后续作业提供依据。

（2）下通井工具通井并探鱼顶深度。

（3）关闭采油四通阀门，下穿孔枪进行校深、油管穿孔，穿孔实际深度根据油管畅通及通井情况调整，要求避开油管接箍上下2m，用电缆下入射孔枪，电缆点火射孔。

（4）开采油四通阀门用循环保护液，循环至进出口保护液性能基本一致。

（5）切割油管，切割位置实际根据油管畅通及通井情况调整。

（6）用隔离液+压井液循环替出保护液，要求出口做好保护液的回收工作，并循环压井至进出口压井液性能基本一致。

（7）开井观察，若井内平稳满足后续工序安全作业，则再循环压井液1.5周以上。

（8）缓慢试提油管柱，以确认切割油管段的浮重。

（9）试提油管正常后，循环压井液，直至进出口压井液性能基本一致，起出切割点以上的油管。

（10）下钻探鱼顶，记录好鱼顶位置，并循环压井液至进出口液体性能一致；封隔器以上油管采用倒扣、套铣、钻磨等方法打捞起出。

2. 典型案例

1）作业背景

XX20A 井于 2016 年 9 月 24 日实施小油管带压作业疏通油管，成功疏通至 4113.05m，10 月 15 日在钻磨钢丝（钢丝长 1294m）后上提至 3883.25m 遇卡，解卡后发现螺杆转子 2.215m+ 下轴承 0.085m+ 驱动头 0.105m+ 凹面磨鞋 0.24m 落井，落鱼总长 2.645m，造成井下复杂。由于螺杆转子为光螺旋形实心轴，且螺杆转子、柔性短节、驱动头等均是由高强度合金钢制成，落井磨鞋敷焊有高强度合金，无法打捞和钻磨。

综上所述，利用小油管带压作业无法继续施工，同时该井已具备压井条件，因此可转钻机更换作业。

（1）小油管带压作业成功清理了 3883.25m 以上油管内的钢丝和砂，为下射孔枪进行油管内穿孔，建立循环压井通道提供了条件。

（2）小油管带压作业成功清理油管内的钢丝到 3883.25m 以下，该点压力为 83.5MPa 左右，工作液密度需求降至 2.4g/cm³，现有的工作液技术能满足要求。

因此，决定该井转入钻机修井作业。

XX20A 井设计井深 5950.00m，完钻井深 5452.00m，人工井底 5109.00m。

该井修井前井身结构（图 3-3-4）为：20in×204.63m+13⅜in×3498.37m+9⅝in×3481.60m+3⅞in×（3481.20~4597.92）m+7in×5134.97m+5in×（4842.65~5451.50）m。

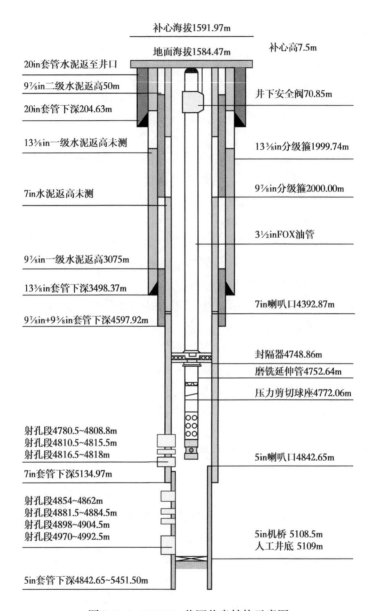

图 3-3-4　XX20A 井原井身结构示意图

目前井内管柱情况（自上而下）：油管挂 + 双公短节 +ϕ88.9mm×6.45mmS13Cr-110/FOX 油管 6 根 + 短油管 1 根 + 上流动接箍 + 井下安全阀（内径 65.08mm）+ 下流动接箍 + 短油管 1 根 +ϕ88.9mm×6.45mmS13Cr-110/FOX 油管 + 短油管 +THT 封隔器（下深：4748.86~4750.65m，内径 73.46mm）+ 磨铣延伸筒 +ϕ88.9mm×6.45mmS13Cr-110/FOX 油管 + 管鞋式剪切球座（下深：4772.06m）。

2）作业情况

根据要求，首先对井段 3845.8~3846.8m 油管穿孔，提供循环压井通道，再用 2¼ in 油管切割弹，从 3846.6m 处将油管切断。

正循环隔离液＋油基压井液压井至进出口液体性能一致，替出油管内及环空内有机盐液体，出口见微气点火；油套敞井观察，无溢流；再正循环油基压井液 2 周，拆采油树，安装防喷器，起甩原井油管。

落鱼结构（由上至下）：ϕ88.9mm×6.45mmS13Cr-110/FOX 油管残体 1 根 0.72m+ϕ88.9mm×6.45mmS13Cr-110/FOX 油管 94 根＋短油管 2 根＋THT 封隔器（下深：4748.86~4750.65m，内径 73.46mm）＋磨铣延伸筒＋ϕ88.9mm×6.45mmS13Cr-110/FOX 油管 2 根＋管鞋式剪切球座（下深：4772.06m）。

首先采用 ϕ147mm 专用反扣修鱼组合工具（ϕ147mm 引鞋扶正器＋ϕ128mm 进口合金高效磨鞋），修整油管切割部分，为下步打捞做准备（图 3-3-5）。下修鱼管柱至 2914m，其中 5 个井段遇阻，反复上提下放活动通过，无法通过，决定起钻，发现井筒内壁结垢严重，工具无法通过。

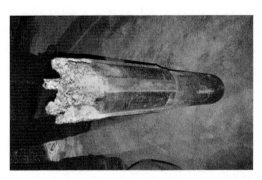

图 3-3-5　起出井口的修磨组合工具

为清理井壁，采用 ϕ146mm 修鱼组合工具（ϕ146mm 进口合金铣柱式六刀翼凹底修磨组合工具＋ϕ121mm 安全接头＋ϕ140mm 双捞杯＋ϕ120.6mm 反扣钻铤 6 根＋3½ in 反扣钻杆），清理井壁，修整鱼头，为后期打捞创造了条件。

采用 ϕ143mm 反扣可退式篮式卡瓦打捞筒（内装 ϕ87mm 篮瓦＋ϕ91mm 止退环）＋ϕ127mm 旁通阀＋3½ in 反扣钻杆，倒扣打捞油管，捞获落鱼 561.77m，第 425 根油管内（原井深 4113m）被大量铁丝及泥砂堵死（图 3-3-6 和图 3-3-7）。

图 3-3-6　捞获落鱼情况

图 3-3-7　塞满油泥及碎钢丝的捞筒

最后清理井壁水泥结垢后，采用 ϕ143mm 反扣可退式篮式卡瓦打捞筒倒扣打捞油管，累计起出 3½ in FOX-13Cr 油管 490 根。存余井内落鱼：3½ in FOX-13Cr 短油管 1 根 2m+THT 封隔器 + 磨铣延伸筒 +3½ in FOX-13Cr 油管 2 根 + 管鞋式剪切球座，全长 25.75m，鱼头头为 3½ in FOX-13Cr 油管外螺纹。

3）作业总结

（1）本井 3426.5~4364.0m 井段为膏盐岩层，4480.0~4759.0m 井段为膏泥岩层，注意防止套管变形。

（2）本井为"三高"气井，且为超深井，测试求产和投产气层段属于超高压地层，预测气藏中深地层压力为 85.88MPa，作业人员要做好井控的一切措施和不同工序预计可能风险的安全应急预案，确保安全。

（3）由于油管存在堵塞无法实施有效压井作业，存在井控风险，需做好施工过程中的各项井控工作；首先应通过油管穿孔，建立循环压井通道。

（4）作业过程中可能出现泵车故障、管线刺漏及工艺需要紧急停泵，导致碎屑沉降引起卡钻，需在磨铣、套铣前循环液体，利用流量计实时检测泵排量、返出流量。

（5）防止钻磨碎屑未能彻底循环出井口而引起卡钻和作业过程中导致油管或者套管的损坏等风险，施工作业方应提前根据施工方案与步骤，分析作业中可能存在的风险，并制定相应的应急预案。

三、油管柱断脱、管柱堵塞井处理技术

1. 技术思路

油管柱断脱、管柱堵塞井、管柱完整性存在问题，造成压井困难；应首先采取压井后起出上部断脱油管，再用油管带卡瓦捞筒捞住下部油管后对封隔器以上油管进行穿孔、切割；最后循环压井后起、甩封隔器以上油管柱并钻磨打捞封隔器。

（1）检查采气井口、活动阀门，确定灵活可靠，并换装校验好的压力表。关井观察，记录好油套压，为后续压井等作业提供依据。

（2）连接好地面流程并试压合格，确认井下安全阀处于开启状态，通过地面流程缓慢

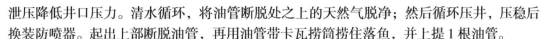

泄压降低井口压力。清水循环，将油管断脱处之上的天然气脱净；然后循环压井，压稳后换装防喷器。起出上部断脱油管，再用油管带卡瓦捞筒捞住落鱼，并上提1根油管。

（3）安装电缆作业专业井口并按要求试压合格，用电缆下入通径规通径至封隔器以上第一根油管本体。确认管柱内通畅、满足油管射孔条件后，用电缆下入射孔枪进行过油管射孔，根据通井情况确定具体射孔位置（原则上选择封隔器以上第1根油管本体，避开油管接箍）。

（4）用压井液大排量循环压井；压井结束后敞井观察，确认井口无压力后循环测后效，确认井内平稳满足后续施工安全作业要求后进行下步作业。

（5）循环工作液至进出口液体性能一致并确认井内平稳后起甩井内油管。

2. 典型案例

1）作业背景

XX2-B2井是塔里木盆地库车坳陷秋里塔格构造带XX2号构造中部上的一口开发井。设计井深5220.00m，目的层为古近系苏维依组、库姆格列木群。

该井于2013年6月13日完钻，完钻井深5185.00m，完钻层位为古近系库姆格列木群，2013年7月29日完井，完井方法为套管完井。

2013年7月28至8月15日对井段4819.00~4866.00m、4882.50~4890.00m、4905.50~4909.00m、5022.00~5046.00m（测井深度）进行传输射孔，下7in THT封隔器改造—求产—完井一体化管柱，对射孔井段进行完井投产，求产时间为2013年08月15日，工作制度为6mm油嘴，油压72.714MPa，套压为15~25MPa，日产油41.6m³，日产气364652~366800m³，日产液49.4m³，测试结论：凝析气层。

2014年7月31日开井投产，初期生产稳定，2014年8月30日生产油压开始出现异常，油压快速下降；12月18日油压开始波动下降；2015年2月1日油压开始巨幅波动，3月4日油压异常下降管线冻堵关井，8月尝试开井生产一个月后油压异常下降再次关井。

2015年7月15日，对XX2-B2井进行平台期测试，在测试过程中，发现井下安全阀压力持续上涨，没有下降的趋势，未测试出平台期，现场放喷测试发现油压为70.1MPa，油压下降缓慢，确定井下安全阀为开启状态，判断井下安全阀无法关闭。

2015年9月7日该井油压降低至20MPa关井，关井后A环空压力由19.64MPa上涨至54.51MPa，10月9日组织对A环空压力泄压，A环空压力没有下降迹象，放出物为可燃气体，判断油管存在漏点。

2015年11月4日，油压从63.94MPa降至51.66MPa，A环空压力从56.32MPa降至44.60MPa，B环空压力从43.74MPa降至41.01MPa，C环空压力从5.09MPa降至4.67MPa。

随后油压稳定为38.0MPa，A环空压力为37.9MPa，B环空压力为26.8MPa。

综合分析认为，油管存在较大漏失，环空保护液进入油管，结合该井生产及所处构造位置分析，油压不回升可能是目的层物性差所至，随后通井及打铅印证实，油管从1670m处断脱。

2）作业情况

地面队安装管线并试压合格后，首先正循环节流压井脱气，再用油基压井液正循环压井，敞开观察油，套出口无外溢；拆用采油树，安装防喷器，对环形试压49MPa/30min不降，对3½in双闸板上半封、单闸板剪切分别试压105MPa/30min不降；上提管柱悬重至350kN，油管挂提出转盘面，悬重不变，无挂卡现象；起甩油管挂及井下安全阀；再用油基压井液正循环洗井，共起出 3½in Bear 螺纹油管 161 根，第 161 根油管外螺纹端根部断裂，鱼顶为内螺纹接箍，落鱼长度为 3192.34m，落鱼结构（自上而下）：ϕ88.9mm×7.34mm HP2-13Cr110 Bear 螺纹油管 47 根 +ϕ88.9mm×6.45mm HP2-13Cr110 Bear 螺纹油管 272 根 + 上提升短节 +7in THT 封隔器（下深：4786.68~4788.47m，内径 73.46mm）+ 变扣接头 +ϕ88.9mm×6.45mm BT-S13Cr110 BGT1 斜坡油管 2 根 + 投捞式堵塞器 +ϕ73.02mm×5.51mm P110 短油管 1 根 +POP 球座。

下入 ϕ65.8mm 切割弹至 4808.2m 切割，上提悬重至 93tf，悬重突然下降至 72tf，从切割点处脱开。

油管提断后，用油基压井液正循环节流压井，并起出原井油管。起出油管后发现油管切口外径胀大至 99mm，从断口截面分析（图 3-3-8），显示半边管柱被切开，半边为过提提断，符合施工过程中的判断。落鱼结构：3½in Bear 螺纹油管（7.66m）+ 上提升短节 +7in THT 封隔器 + 变扣接头 +3½in BGT1 螺纹斜坡油管 2 根 + 投捞式堵塞器 +2⅞in 短油管 1 根 +POP 球座，落鱼长度为 34.3m。

图 3-3-8　油管切口

3）作业总结

（1）该井井下安全阀为开启状态，且井下安全阀无法关闭。

（2）该井油管或井底存在异物堵塞，堵塞物不清，解除堵塞存在未知风险。

（3）该井关井后油管断，管柱完整性存在问题，造成压井困难；油管断后，部分环空保护液井入油管，上部充满气体，地面队安装管线并试压合格后，正循环节流压井脱气；再采用油基钻井液循环压井后，换装防喷器，起出井内管柱。

（4）在拆该井油嘴时，发现少量细砂，防砂工作存在困难。重下改造—完井一体化管柱应考虑防砂。

四、环空埋卡处理技术

1. 技术思路

对于可回收式封隔器上部管柱处理，通常先采用活动、震击等常规打捞方式处理，对于埋卡严重和永久封隔器上部管柱处理，常规有倒扣处理后，根据倒扣情况长段磨铣处理 + 打捞倒扣的一般处理方式，但对于超深井，通过上部油管切割处理可以有效减少处理周期，如化学切割、聚能切割、连续油管聚能切割等切割技术已广泛应用于各油田。当封隔器上部管柱不具备切割条件，且环空埋卡，处理方法通常以套铣—打捞为主，以磨铣为辅。

2.典型案例

1）作业背景

MX 井位于塔里木盆地西南凹陷麦盖提斜坡巴什托—先巴扎构造带巴什托构造高点部位。2009 年 4 月至 2009 年 5 月转抽巴楚组 4755.6~4767m，在转抽修井过程中，由于封隔器被堵塞物堵塞甚至填埋，使得封隔器未能解封，倒扣后直接转抽生产，形成落鱼。环空被埋，落鱼鱼顶为 2⅞in BGT1 定位短节外螺纹端。

井内压井液为巴什托油田水加氯化钙，密度为 1.25g/cm³。井下落鱼总长 140.48m，鱼顶高度为 4632.93m。鱼头为 2⅞in BGT1 定位短节外螺纹段，在 φ127mm（5in）套管内。

井下落鱼结构：枪尾 + 射孔枪 + 安全枪 + 延时压力起爆器 + 射孔筛管 +2⅞in EUE P110 油管 2 根 +2⅞in EUE P110 油管 6 根 +5in RTTS 封隔器 + 变扣接头 +2⅞in EUE P110 油管 1 根 + 变扣接头 +RD 循环阀 + 变扣接头 +2⅞in EUE P110 油管 1 根 +2⅞inEUE 座落短节 + 变螺纹接头 +2⅞in BGT1 螺纹 P110 材质油管 2 根 +2⅞in BGT1 定位短节。M4 井完井管柱及井身结构图（图 3-3-9）。

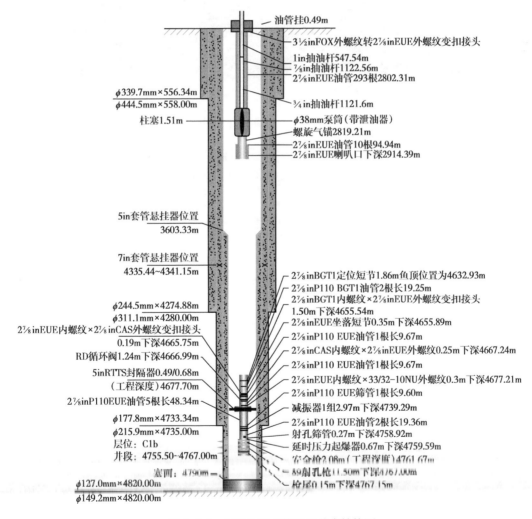

图 3-3-9 MX 井完井管柱及井身结构图

2）作业情况

首先套铣确定环空是否堵塞，鱼头为 2⅞in BGT1 定位短节外螺纹端。下 ϕ101mm 整体铣鞋，实探鱼顶深 4624.34m（设计鱼顶位置 4632.93m）。下放钻具套铣，至井深 4616.5m 遇阻（比探底井深提前 7.84m），正循环套铣至井深 4632.07m 时泵压上涨至 17.5MPa（判断入鱼），继续套铣至 4633.67m 泵压持续上涨憋泵，反复上提下放 3 次，在同一位置憋泵，判断鱼顶接触铣管大小头变扣水眼位置（图 3-3-10）。起 ϕ101mm 整体合金铣鞋完，起出套铣鞋合金完好，大小头变扣位置有直径 67~69mm 磨痕，确定环空被埋。

(a) 入井前　　　　　　　　　　　　　(b) 出井后

图 3-3-10　铣管大小头变扣入井前和出井后照片

确定环空被埋后，采用大范围活动震击，试探性打捞。下可退式卡瓦打捞筒管柱，反复震击 13 次钻具无上行或解卡迹象；起可退式卡瓦打捞筒管柱完，卡瓦完好。大吨位活动震击悬吊，均无移动痕迹，说明下部落鱼卡死，试探性打捞失败。

震击解卡失败后，采用 ϕ101mm 长引子金刚石磨铣管柱磨铣 2⅞in BGT1 定位短节及下面接箍，由于进尺缓慢，磨铣期间未见铁屑，为防卡钻，起钻换 ϕ101mm 短引子金刚石磨铣管柱磨铣 2⅞in BGT1 定位短节及下面接箍，磨铣进尺已将 2⅞in BGT1 定位短节磨铣干净，但不能确定接箍是否磨掉。采用 ϕ101mm 合金磨鞋管柱磨铣 2⅞in BGT1 接箍至鱼顶为 2⅞in BGT1 油管本体。

随后通过两次下入合金铣鞋管柱套铣油管接箍，均无进尺，起出铣鞋检查，合金底部有直径 89mm 左右磨痕，呈喇叭口状，内部有磨痕，长约 3cm；确定上次磨铣油管接箍时有剩余残留部分落在下一个油管接箍上，导致了本次套铣时一起转动无进尺，未能达到套铣接箍目的。下趟钻考虑用反扣钻具倒扣打捞 2⅞in BGT1 油管。

倒扣打捞管柱采用 ϕ101.5mm 反扣母锥，造扣成功，但未捞获落鱼，分析因井内存在卡点，从井内落鱼下部倒开，上提倒扣导致脱扣，无法将打捞落鱼带出。考虑采用震击打捞的方式将倒扣打捞的落鱼捞起。

采用 ϕ102mm 卡瓦捞筒 + 贝克震击器管柱，累计上下震击 16 次无效果，起出管柱检查，捞筒完好，螺旋卡瓦断裂但全部带出（图 3-3-11）。通过震击打捞，无效果，说明被倒出的落鱼被卡死，没有达到预期目的。

图 3-3-11　卡瓦捞筒出井后及破损卡瓦

继续采用 ϕ101.5mm 反扣母锥倒扣打捞管柱，倒扣打捞成功，起出母锥带出 2⅞in BGT1 油管 2 根（水眼畅通），下部为 BGT1 外螺纹，在上次套铣接箍位置有一个接箍环（套铣无进尺原因），目前井内鱼顶为 2⅞in BGT1 内螺纹转 2⅞in EUE 外螺纹变扣。采用反扣公锥（71.5~77mm）造扣打捞管柱，反扣公锥打捞成功，起出工具检查，公锥打捞带出 2⅞in BGT1 油管接箍一个，目前井内鱼顶为 2⅞in BGT1 油管外螺纹。通过此次倒扣打捞，确定卡点在定位短节处以下，将油管接箍倒出，达到预期目的（图 3-3-12、图 3-3-13）。

图 3-3-12　反扣母锥出井后及捞获油管

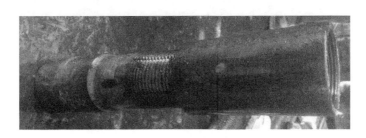

图 3-3-13　反扣公锥出井后及捞获接箍

针对目前鱼顶，采用 ϕ101mm 合金磨鞋管柱磨铣 2⅞in BGT 内螺纹转 2⅞in EUE 外螺纹变扣短节，进尺 1.6m，无漏失，振动筛处见少量铁屑。起出磨鞋检查，中度磨损，捞杯带出约 6kg 铁屑。通过此次磨铣进尺，确定已将 2⅞in BGT 内螺纹转 2⅞in EUE 外螺纹变扣短节磨掉，为了防止磨铣过多铁屑造成卡钻，起钻进行倒扣打捞。首先采用反扣公锥（40~78mm）造扣打捞管柱，倒扣打捞定位短节及以下落鱼。公锥打捞带出：坐落短节 + 2⅞in EUE 油管 1 根 +2⅞in EUE 内螺纹 ×2⅞in CAS 外螺纹 +RD 循环阀半只（从 RD 循环阀中间脱开）。捞出油管内有堵塞物（图 3-3-14）。鱼顶为 RD 阀阀芯。通过倒扣打捞，打捞出 RD 循环阀上半部分以上落鱼，由于落鱼中该点最为薄弱，因此从此处倒开。最后采用反扣母锥（40~64mm）造扣打捞管柱，打捞出 RD 阀阀芯。至此，上部管柱处理完毕。

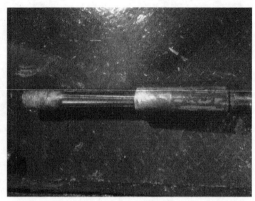

图 3-3-14　公锥出井后及捞获落鱼

3）作业总结

（1）上部油管：以套铣—打捞为主，以磨铣为辅；首先通过套铣确定环空埋卡，采用大范围活动震击，由于下部落鱼卡死，试探性打捞失败；转磨铣定位短节及接箍，处理完接箍后经过 6 次倒扣打捞，处理至 RD 循环阀。

（2）RD 循环阀及上下变螺纹短节：采取套铣、打捞方式处理。

五、封隔器上部管柱处理技术总结

对封隔器上部油管处理思路上，7in 大套管采用能切不倒的原则，在小井眼中因为切割困难，一般对于小井眼井上部大套管内油管打捞处理思路仍是以套磨铣、倒扣处理为主。对于埋卡严重和永久封隔器上部管柱处理，常规有倒扣处理后，根据倒扣情况长段磨铣处理＋倒扣打捞的一般处理方式。但对于超深井，通过上部油管切割处理可以有效减少处理周期，如化学切割、聚能切割、连续油管聚能切割等切割技术已广泛应用于各油田。封隔器上部管柱处理总体原则有以下几点。

（1）具备条件优先选用切割处理工艺，在尽可能靠近封隔器处切割，能够有效减少井底上部管柱处理时间，缩短修井周期。

（2）不具备条件先起出断点以上管柱，对扣后，连续油管疏通至封隔器位置切割。

（3）切割方式有常规火工品爆炸切割、连续油管机械割刀切割、连续油管火工品爆炸切割和镁粉切割，推荐使用镁粉切割。

第四节　封隔器处理技术

一、大尺寸封隔器处理技术

1. 技术思路

处理 7in THT 封隔器时，用 145~148mm 进口合金套铣鞋进行套铣处理，周期及经济

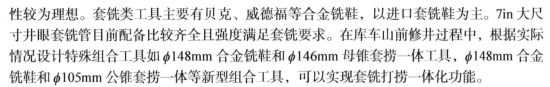

性较为理想。套铣类工具主要有贝克、威德福等合金铣鞋，以进口套铣鞋为主。7in大尺寸井眼套铣管目前配备比较齐全且强度满足套铣要求。在库车山前修井过程中，根据实际情况设计特殊组合工具如ϕ148mm合金铣鞋和ϕ146mm母锥套捞一体工具，ϕ148mm合金铣鞋和ϕ105mm公锥套捞一体等新型组合工具，可以实现套铣打捞一体化功能。

2. 典型案例

1）作业背景

克深1X井钻揭目的层295.1m，测井解释有效厚度151.5m，声成像解释裂缝87条。基质测井解释基质孔隙度为6.9%，储层条件较好。钻井期间，目的层总共漏失密度1.95g/cm³油基钻井液27.4m³。6180~6365m酸化改造期间共挤入地层总液量370m³，返排率为23.8%，地层伤害较为严重。

克深1X井两次连续油管措施作业证实6222.54~6385m井段严重砂埋，物性较好的巴什基奇克组巴二段没有产量贡献。实验分析堵塞物主要为褐黑色有机泥质，含量为58%。

2）处理思路

（1）封隔器以上油管处理：连续油管带切割刀在封隔器上部第一根油管的中下切割（余留1.5~2m油管本体便于打捞），切割成功后起出井内油管。

（2）封隔器及尾管处理：全井使用反扣钻具，磨铣修复鱼顶，套铣封隔器后打捞，活动解卡无效，则直接倒扣，5in套管管串若有埋卡，则逐根套铣清理环空后打捞，直至捞获所有落鱼。

3）新工艺应用

（1）针对718材质7in THT封隔器采用套铣处理，套铣鞋定制化设计及加工：针对性铣鞋内外径、内侧3水槽设计、摆动模拟、考虑返屑水力设计、优选进口大颗粒合金及布齿工艺。

（2）套铣碎屑收集系统配套应用。

（3）施工过程按照出井分析及入井选型分析法，精心选择入井工具。

4）作业简况

切割完后落鱼结构：ϕ88.9mm×6.45mmTN110Cr13s TSH563油管5.8m+变扣0.94m+上提升短节1.43m+7in THT封隔器2.34m+下提升短节0.49m+变扣0.49m+ϕ73.02mm×7.01mmTN110Cr13s TSH563油管53根523.54m+变扣0.55m+投捞式堵塞器0.45m+ϕ73.02mm×5.51mmP110油管1.88m+POP球座0.27m，累计落鱼长度为538.18m。

首先采用高效合金套铣鞋套铣7in THT封隔器至胶筒，使封隔器能达到解封效果；下ϕ148mm高效合金铣鞋套铣管柱至井深5692.62m，遇阻1tf套铣，进尺0.5m，出口返出少量铁屑及胶皮。起套铣管柱检查套铣鞋铣齿中度磨损，随钻捞杯捞获封隔器隔环、残体及卡瓦牙2块，达到作业目的。

打捞采用ϕ147mm反扣卡瓦打捞筒，打捞7in THT封隔器及下部管串，下ϕ147mm反扣卡瓦打捞筒打捞管柱至井深5680m（捞筒内装ϕ86mm篮状卡瓦，ϕ96mm铣控环）。循环无明显效，下放管柱至井深5684.36m遇阻加压4tf，泵压由12MPa升至14MPa停泵，上提管柱悬重由112tf升至117tf（原悬重112tf），起打捞管柱，捞获全部落鱼。

5）作业总结

（1）本井实施打捞复杂处理，共处理两趟钻，捞获全部落鱼，是库车山前井处理这类封隔器最为顺利的一口井。

（2）作业施工前，甲方相关负责部门、单井负责人、现场监督及复杂处理服务方针对每道工序进行商讨，做出合理高效方案后再进行施工，也是这口井安全、高效捞获井下落鱼的关键。

（3）用 ϕ148mm×114mm 进口高效合金铣鞋套铣 718 材质封隔器效果较好，累计套铣9h，在前 2~3h 就把封隔器上卡瓦套铣完成，后期进尺较慢，是由于套铣至胶筒处，下部隔环及胶筒跟着转动，导致了进尺缓慢不理想，总之一趟钻套铣进尺到位，达到了打捞作业要求。

（4）在套铣处理过程中，保持较好的铁屑采集率，是该井成功打捞的重要条件。

二、小尺寸封隔器处理技术

1. 技术思路

5in 和 5½ in THT 封隔器是一种液压坐封可磨铣式永久性封隔器。根据 THT 封隔器结构原理和零部件材质，在处理过程中需考虑以下几个方面。

（1）5in 和 5½ in THT 封隔器容易发生抽芯、假鱼顶等多种问题，需考虑磨铣处理时，是否会出现胶筒、锥体、卡瓦等圆形部件的活鱼跟随磨鞋一起转动，造成磨铣低效，且后期打捞时需谨慎确定入井工具。

（2）718 材质的封隔器本体，其合金钢材无磁性（除卡瓦），不能被磁性材料吸附。

（3）由于其上部芯轴与下端为正扣连接方式，倒扣处理时应考虑卡瓦胶筒是否会形成假鱼顶，封隔器是否下落等对下步打捞的干扰。

（4）铣鞋设计时应考虑以下几个方面：①金刚石铣鞋与套管间隙，②不使封隔器抽芯及套铣时损坏芯轴，③铣鞋强度及套铣时内齿对油管的剥皮损伤，④提升短节与封隔器连接扣的损坏。

2. 典型案例

1）案例一：中秋 10X 井

（1）作业背景。

中秋 10X 井由于产能低，需起出原井管柱重新完井。

（2）处理思路。

①封隔器以上油管处理。

化学切割在封隔器上部提升短节，切割成功后起出井内油管。

②封隔器及尾管处理。

全井使用反扣钻具，套铣封隔器后打捞，活动解卡无效，则直接倒扣。5in 套管管串若有埋卡，则逐根套铣清理环空后打捞，直至捞获所有落鱼。

（3）新工艺应用。

①针对 718 材质 5½ in THT 封隔器采用套铣处理，套铣鞋定制化设计及加工：针对性铣鞋内外径、一体式高强度设计、摆动模拟、考虑返屑水力设计、优选金刚石作为磨料。

②套铣碎屑收集系统配套应用。

③施工过程按照出井分析及入井选型分析法，并采用入鱼模拟校核，精心选择入井工具。

④特殊设计可退式捞矛，芯轴加粗设计，矛瓦加长设计，提高整体抗拉强度及打捞成功率。

（4）作业简况。

切割完后落鱼结构：3½in 提升短节残体 0.81m+5½in THT 封隔器 2.01m+ 变扣 0.37m+ 变扣 0.98m+2⅞in 油管 6 根 59.64m+ 变扣 0.74m+ 全通径滑套 0.74m+ 变扣 0.55m+2⅞in 油管 3 根 29.8m+ 变扣 1.02m+POP 球座 0.27m，落鱼总长 97.03m。

首先采用 ϕ112mm×90mm 金刚石套铣鞋套铣至封隔器上提升短节，套掉后打捞上提升短节残体，套铣 5½in THT 封隔器，套铣井段为 6125.84~6126.14m，累计进尺 0.3m，套铣出口返出少量铁屑。起 ϕ112mm 金刚石铣鞋套铣管柱，检查套铣鞋轻度磨损，随钻捞杯捞获少量铁屑，为打捞上提升短节残体创造了条件。

打捞上提升短节残体采用 ϕ105mm 可退式加长捞矛，便于下一步套铣处理封隔器。下 ϕ105mm 加长打捞矛打捞管柱进行打捞；起 ϕ105mm 捞矛打捞管柱完，带出上提升短节残体 0.88m（含外螺纹长 0.07m），捞矛和提升短节之间夹带出 3 块封隔器内螺纹碎片，长 8~9cm，宽 2cm，达到作业目的。

套铣采用 ϕ112mm×90mm 金刚石套铣鞋，套铣至封隔器至胶筒，使封隔器能达到解封效果。套铣 5½in THT 封隔器，套铣井段为 6126.14~6126.44m，进尺 0.3m，累计套铣进尺 0.6m，出口返出少量铁屑及封隔器胶皮。起 ϕ112mm 金刚石铣鞋套铣管柱，检查套铣鞋磨损严重，捞杯捞获卡瓦牙、铜环、铁屑等碎片约 200g，封隔器解封。

打捞封隔器残体及尾管，采用 ϕ105mm 可退式加长捞矛打捞；下 ϕ105mm 捞矛打捞管柱（配装 ϕ61mm 矛瓦）打捞，上提管柱悬重由 125tf 升至 135tf（原悬重 125tf），捞获落鱼，继续上提管柱悬重至 160tf 未解卡；上提下放活动钻具至解卡，活动范围 115~155tf，期间开泵两次，上提下放活动累计 50 余次；起打捞管柱完，捞获封隔器残体及下部全部管柱。

（5）作业总结。

①中秋 10X 井实施打捞处理 5½in THT 封隔器，共处理 4 趟钻，捞获全部落鱼，单趟钻有效率 100%。

②本次使用特殊设计的 ϕ112mm×90mm 金刚石套铣鞋，根据捞获的封隔器来分析，两次套铣的效果比较好。

③本井打捞前采用特殊镁粉切割工艺，切割后的鱼顶平整规则，建议以后类似井况的井可以在封隔器内螺纹的位置切割，便于后期的套铣作业。

④本井作业施工前，业主负责人、单井负责人、现场监督及复杂处理服务方，针对每道工序进行细致商讨，做出合理的方案后再进行施工，也是这口井安全、高效捞获井下落鱼的关键。

⑤在套铣处理过程中，保持较好的铁屑采集率，是该井成功打捞的重要条件。

2）案例二：克深 60X 井

（1）作业背景。

克深 60X 井目的层井段为 5634.0~5731.0m，钻厚 97.0m，储层厚度为 74.5m/12 层，测井在井段 5626.0~5716.0m 共解释 65.0m/29 层，加权平均孔隙度为 6.32%，成像测井裂缝发育情况一般，综合评价为较差的储层；该井目的层钻进使用密度 1.85g/cm³ 的油基钻井液，未发生井漏，进一步验证该井附近天然裂缝不发育。另外 2018 年 3 月在

119

5640.00~5677.00m 井段进行了常规测试和酸压测试，常规测试无产能，酸压测试获高产气流，表明大规模储层改造沟通该井附近天然裂缝。自 2018 年 5 月 13 日投产以来，该井生产平稳，综合分析该井地层没有问题。

2020 年 9 月 18 日 A 环空压力突然由 47MPa 上升至 72.5MPa，油套突然窜通，表明生产管柱存在漏点；2020 年 3 月 26 日，A 环空压力开始异常持续下降，4 月 2 日，A 环空补压；4 月 3 日 B 环空起压，并持续上涨，诊断测试 2 次，为黄色不可燃液体，A、B 环空压力无明显相关性，同时 B、C 环空压力变化同步。

综合以上现象分析：生产管柱渗漏；C 环空与高压盐水层连通，C 环空超压；B、C 环空有相关性；套管头主密封失效。

（2）处理思路。

①封隔器以上油管处理。

化学切割在封隔器上部提升短节，切割点控制在上提升短节本体中下端，切割成功后起出井内油管。

②封隔器及尾管处理。

全井使用反扣钻具，切割后磨铣处理上提升短节至封隔器上接头，再套铣封隔器至中胶位置，加长可退式捞矛打捞封隔器及尾管，若下部管柱埋卡，则退出卡瓦捞矛，使用公锥倒扣打捞直连油管，埋卡倒扣至射孔段后，钻磨疏通至人工井底。

（3）新工艺应用。

①针对封隔器上部提升短节残体采用高效引子磨鞋处理，提高作业时效同时避免后续打捞水眼堵塞问题。

②针对 718 材质 5½in THT 封隔器采用套铣处理，套铣鞋定制化设计及加工：针对性铣鞋内外径、一体式高强度设计、摆动模拟、考虑返屑水力设计、优选中秋 102 井金刚石和克深 10 井铣鞋合金作为磨料。

③套铣碎屑收集系统配套应用。

④施工过程按照出井分析及入井选型分析法，并采用入鱼模拟校核，精心选择入井工具。

⑤特殊设计可退式捞矛，芯轴加粗设计，矛瓦加长设计，提高整体抗拉强度及打捞成功率。

（4）作业简况。

切割完后落鱼结构：上提升短节 1.05m+5½in THT 封隔器 2.11m+ 变扣 0.55m+ 变扣 0.53m+ϕ93.2mm×10mm BT-S13Cr110 直连油管 2 根 ×19.35m+ 变扣 0.58m+ 投捞式堵塞器 0.45m+ 双公短节 0.36m+ 变扣 0.53m+ϕ93.2mm×10mm BT-S13Cr110 直连油管 4 根 ×37.81m+ 变扣 0.58m+ 全通径压裂滑套 0.67m+ 变扣 0.53m+ϕ93.2mm×10mm BT-S13Cr110 直连油管 4 根 ×38.3m+ 变扣 0.58m+POP 球座 0.27m，落鱼总长 104.25m。

首先磨铣 5½in THT 封隔器上部提升短节，下 ϕ111mm 进口高效小引子磨鞋磨铣管柱至深度 5567.91m，进尺 1.1m，起磨铣管柱，检查磨鞋轻度磨损，磨鞋底部有 ϕ69mm~ϕ101mm 环形磨痕，捞杯内捞获铁屑约 200g。

套铣封隔器，采用 ϕ112mm 进口合金铣鞋套铣封隔器至胶筒，使封隔器能达到解封效果。下 ϕ112mm 进口合金铣鞋套铣管柱至井深 5569.01m；两次套铣累计进尺 0.5m，起套铣管柱，铣鞋中度磨损；第一次套铣侧水眼刺损严重，捞杯内捞获铁屑约 0.5kg，其中最大一块封隔器上接头残片 22cm×10cm。第二次套铣，捞杯内捞获封隔器隔环残片等约 200g。

最后下入 ϕ105mm 可退式加长捞矛打捞封隔器残体及尾管。下打捞管柱至 5569.01m 遇阻加压 3tf，上提管柱由原悬重 118tf 升至 128tf，抓住落鱼；下放管柱加压 6tf，逐级上提管柱至悬重 158tf 未解卡；上提下放管柱活动、悬吊解卡，活动范围 100~150tf，活动起出钻杆 21.69m 后悬重下降至 122tf；起打捞管柱完，捞获全部落鱼。

（5）作业总结。

①实施打捞处理 5½in THT 封隔器，共处理 4 趟钻，捞获全部落鱼，单趟钻效率 100%。

②使用特殊设计的 ϕ112mm×90mm 金刚石套铣鞋，根据捞获的封隔器来分析，套铣效果比较好。

③使用特殊设计的 ϕ111mm 小引子磨鞋，根据磨铣效果及后期打捞情况分析，效果比较好。

④打捞前采用特殊镁粉切割工艺，切割后的鱼顶平整规则，建议以后类似井况的井可以在封隔器内螺纹的位置切割，便于后期的套铣作业。

⑤在套铣处理过程中，保持较高的铁屑采集率，是该井成功打捞的重要条件。

⑥对于 718 材质 5½in THT 封隔器套铣处理，金刚石整体式铣鞋整体性能优于进口合金铣鞋，所以对于 718 材质 5½in THT 封隔器推荐使用金刚石整体式铣鞋处理。

三、双封隔器处理技术

1. 技术思路

打捞双封隔器作业难度大，风险高，如果无法打捞出原井分层封隔器，会造成井筒报废的风险。由于在两个分层封隔器之间存在结垢的可能，下部管柱也存在被砂埋的风险，导致了双封封隔器打捞的困难。即使封隔器能正常解封，两个封隔器之间的垢或砂也可能导致底部封隔器被埋，导致无法正常起出下部封隔器，只能通过切割分段打捞。由于生产滑套内径小于切割弹的外径，所以只能在滑套上部进行切割。生产滑套往往设计在油层中部，这就造成底部封隔器到割口的位置比较长，给后续的套冲底部封隔器、震击打捞带来了困难。具体处理思路如下：

（1）在两个封隔器之间进行切割。

（2）先震击打捞出顶部封隔器。

（3）套冲下部封隔器以上的油套环空，把封隔器以上的垢或砂冲洗干净。

（4）震击打捞下部封隔器。

2. 典型案例

1）作业背景

ZG43X 井是塔里木盆地塔中隆起塔中北斜坡中古 43 号奥陶系岩性圈闭的一口评价井，完钻井深 5463.44m，井身结构如图 3-4-1 所示。2012 年 11 月 20 日 8mm 油嘴生产高含水关井至 2017 年，该井地层能量不足导致井筒积液，间开含水迅速上升。

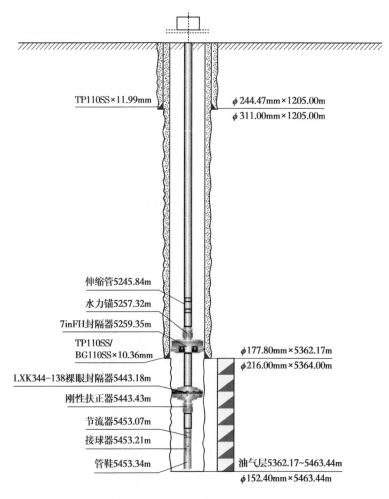

TP110SS×11.99mm

ϕ 244.47mm×1205.00m
ϕ 311.00mm×1205.00m

伸缩管5245.84m

水力锚5257.32m

7inFH封隔器5259.35m

TP110SS/
BG110SS×10.36mm

ϕ 177.80mm×5362.17m
ϕ 216.00mm×5364.00m

LXK344-138裸眼封隔器5443.18m

刚性扶正器5443.43m

节流器5453.07m

接球器5453.21m

管鞋5453.34m

油气层5362.17~5463.44m
ϕ 152.40mm×5463.44m

图 3-4-1 ZG43X 井身结构示意图

2017 年 8 月 7 日 14：00 开工，至 8 月 14 日压井共挤入密度 1.17~1.23g/cm³，PH11 压井液 169.5m³，泵压最高至 35MPa，排量为 0.12~0.19m³/min，观察油压 25MPa，套压 23MPa。

8 月 15 日用 2in 连续油管通井至 680m 遇阻。

8 月 15 日—8 月 24 日地面队放压，油压由 25MPa 降至 0MPa，套压由 23MPa 降至 0MPa，观察 25h 油套均不出液，有微量气，累计产油 401.42m³，累计产气 165151m³，累计产水 982.97m³，取样口 H₂S 浓度为 33000~37000mg/m³，罐口 H₂S 浓度为 2~7mg/m³。

8 月 24 日—8 月 25 日反挤密度 1.30g/cm³PH11 压井液 20.66m³，泵压为 0MPa，排量为 0.5m³/min，正挤密度 1.30g/cm³PH11 压井液 49.31m³，泵压为 0MPa，排量为 0.7m³/min，观察 13h，敞井观察，油套无外溢，点火不燃，期间环空分别吊灌密度 1.21g/cm³PH11 压井液 2m³；后再反挤密度 1.21g/cm³PH11 压井液 20.63m³，泵压为 0MPa，排量为 0.5m³/min，正挤密度为 1.21g/cm³PH11 压井液 53.4m³，泵压为 0MPa，排量为 0.7m³/min。

8 月 25 日—8 月 26 日换井口，起原井 3½ in BGT1 油管 66 根完，在第 66 根外螺纹处断开，鱼顶为 3½in BGT 油管接箍，外径 108mm。

2）处理思路

（1）根据落鱼鱼顶是油管接箍，决定下打捞接箍可退式捞筒打捞，捞住后在安全负荷内活动，活动不开上提适当吨位倒扣，换出损坏的落鱼鱼顶。

（2）倒扣换出损坏的落鱼鱼顶后，为较快起出原井油管，下油管对扣，成功后下油管切割弹切割。

（3）根据对扣活动捞出的断开的油管，分析下部油管是否存在腐蚀断裂的可能，若无法再实施对扣作业，采用打捞倒扣的方式，尽量从伸缩管部位倒扣即 FH 封隔器以上 1 根油管部位，再下可退式捞筒打捞活动震击解封。

（4）采用捞筒打捞住后，若切割弹可以通过，则采用切割的方式尽量下切，切割后再活动，起出 FH 封隔器。

（5）采用本体可退捞筒打捞，活动解卡裸眼封隔器，若不能解卡，尽量从裸眼封隔器以上倒扣，尽量倒出裸眼封隔器以上油管，再套铣裸眼封隔器。

3）作业简况

首先根据起出的断开的 3½in BGT1 油管，油管扣根部断口规则，且落鱼鱼顶为 3½in BGT 油管接箍，外径 108mm。决定采用 ϕ143mm 打捞接箍可退式捞筒打捞，捞住后在安全负荷内活动，活动不开上提适当吨位倒扣，换出损坏的落鱼鱼顶。下 ϕ143mm 可退式捞筒（内装 ϕ105mm 螺旋卡瓦，ϕ112mm 止退环）打捞管柱，下探落鱼鱼顶 675.92m，捞获落鱼，反复活动多次，管柱无明显位移，上提倒扣，起出后，捞获 3½in BGT1 油管 48 根，外螺纹完好。

落鱼鱼顶外螺纹完好，可采用光油管对扣，倒扣换出损坏的落鱼鱼顶后，为较快起出原井油管，决定下油管对扣，成功后下油管切割弹切割。下光油管对扣管柱，下探落鱼鱼顶 1139.28m，加压 5~10kN，正转 18 圈，上提悬重由原悬重由 240kN 升至 900kN，反复活动（管柱悬重 74tf），最高上提至 960kN 降至 240kN，再对扣，下探鱼顶 1141.41m，加压 5~20kN，正转 20 圈，无扭矩，上提无显示。起出后，在对扣位置以下第 7 根油管外螺纹根部断，捞获 3½in BGT1 油管 7 根，落鱼鱼顶为 3½in BGT1 油管接箍，油管接箍外径为 108mm。

根据对扣活动捞出的断开的油管，分析下部油管仍存在腐蚀断裂的可能，已无法再实施对扣作业，因此采用打捞倒扣的方式，尽量从伸缩管部位倒扣（即 FH 封隔器以上 1 根油管部位），再下可退式捞筒打捞活动震击解封。下 ϕ143mm 可退式捞筒（内装 ϕ105mm 螺旋卡瓦，ϕ112mm 止退环）打捞管柱至 1209.45m，遇阻下放加压 20KN，上提管柱悬重由 300KN（原悬重）升至 350KN，下放继续加压 100KN，上提管柱悬重至 760KN，下放管柱至 720KN，反转 45 圈，释放扭矩无回转，上提管柱悬重 720kN 无挂卡。起出后，捞获原井 3½in BGT1 油管 539 根，3½in BGT1 校深短节 1 根，变扣 1 个，3½in EUE 伸缩管 2 根，第二根伸缩管下接头未带出，目测检查发现有 80 根油管有不同程度的弯曲，其中在原井管柱第 243 根（2366.3m）中部发现有一个 ϕ11mm 腐蚀穿孔；落鱼鱼顶为伸缩管下接头，长 0.11m，外径为 108mm。

由于倒出 2 根伸缩管后，落鱼鱼顶为 108mm 的变扣，且离 FH 封隔器只有 1 根油管的距离，因此采用打捞活动震击的方式，活动解封 FH 封隔器。下 ϕ143mm 可退式捞筒

（内装 ϕ105mm 螺旋卡瓦，ϕ112mm 止退环）+4¾in 超级震击器打捞管柱打捞，下探落鱼鱼顶深度 5256.62m，比理论深度深 10.88m，判断落鱼鱼顶下移至井底，加压 40kN，上提悬重由 920~1200kN 震击活动无效，在 1240kN 悬吊无效，退出工具。分析 FH 封隔器已经解封，无法解卡的原因为下部管柱被砂埋。因此考虑下切割弹从 FH 封隔器以下套管内切割，保证落鱼鱼顶在套管内，便于下步打捞。

采用捞筒打捞住后，通过切割弹切割的方式尽量下切，切割后再活动，起出 FH 封隔器。下 ϕ143mm 可退式捞筒（内装 ϕ105mm 篮式卡瓦，ϕ112mm 止退环）打捞，深度 5256.62m，加压 40kN，上提悬重由 860~920kN 坐吊卡，下 ϕ47.5mm 通径规在深度 5270.2m 遇阻，位置在 FH 封隔器以下 1.13m 左右，下 46mm 切割弹在 5270.68m 切割（FH 封隔器以下 1.13m），此次打捞切割共捞出水力锚、FH 封隔器、3½in BGT1 油管 1 根及 2⅞in EUE 半截油管 2.4m，封隔器胶筒及 1 个隔环未带出，落鱼鱼顶为切割开的 2⅞in EUE 半截油管，切口最大外径为 96mm。分析切割弹遇阻原因为 FH 封隔器在上部管柱约 68tf 的下压力下发生下移，管柱落至井底，上部油管长期受压，弯曲，致使切割弹无法通过。

为便于下部打捞，采用凹底的套筒磨鞋修理落鱼鱼顶，既可以防止落鱼鱼顶偏移又能将落鱼鱼顶修理得较光滑，便于打捞。落鱼鱼顶修理规则后，采用本体可退捞筒打捞，活动解卡，若解不了卡，尽量从裸眼封隔器以上倒扣，尽量倒出裸眼封隔器以上 15 根油管。下 ϕ143mm 可退式捞筒（内装 ϕ70mm 篮式卡瓦，ϕ76mm 铣控环）打捞，捞获 2⅞in EUE 油管 13 根半，落鱼鱼顶为 2⅞in EUE 油管接箍，外径为 93mm。

继续打捞裸眼封隔器以上 5 根油管，由于打捞采用的是正扣钻具，若捞住后活动不开，倒扣容易把钻具倒开，且捞出的 13 根半油管中后起出的油管较平直，因此采用捞筒打捞住后，通过切割弹切割的方式尽量下切，起出裸眼封隔器以上 5 根油管。切割弹在 5449.47m 切割（安全接头以上 2.08m），切割后起出管柱，捞出 2⅞in EUE 半截油管 2.4m，封隔器胶筒及 1 个隔环未带出，落鱼鱼顶为切割开的 2⅞in EUE 油管 4 根半，半根长 7.4m，切口最大外径为 87mm，井内剩余半截油管长 2.08m。继续采用套筒磨鞋修理鱼顶，便于打捞。修磨至深度 5449.69m，进尺 0.4m，起出后套筒磨鞋合金掉落 2/3。

由于裸眼井段内径 152.4mm，合金块宽 38mm，两块合起来 76mm 油管外径 73mm，加在一起 149mm，分析合金块可能掉落在安全接头处，又是裸眼井段，套铣时有可能将其挤在地层中，因此采用套铣筒套铣裸眼封隔器。下外径 146mm×内径 118mm 套铣鞋 +外径 140mm×内径 121mm 套铣筒套铣，下探深度 5450.45m，套铣至 5452.33m 后无进尺，进尺 1.88m，起出后套铣鞋磨损严重。

已套铣至裸眼封隔器上接头，可以考虑打捞震击，尝试解卡。下 ϕ143mm 可退式捞筒（内装 ϕ70mm 篮式卡瓦，ϕ76mm 铣控环）+4¾in 超级震击器 +4¾in 钻铤 3 根 +4¾in 加速器 +3½in 钻杆打捞，下探深度 5449.69m，反复尝试数次，未解卡，起出后捞筒内带出油管本体残片 3 块，分析认为安全接头上部油管可能都已套碎，需修理落鱼鱼顶，落鱼鱼顶修复规则后再次尝试打捞震击，通过 30 多次震击后解卡。起出后捞筒捞出油管残体、安全接头、裸眼封隔器上接头及中心管，中心管从根部断，胶筒及下接头未带出，捞出落物总长 2.92m。落鱼鱼顶为裸眼封隔器胶筒。

由于落鱼鱼顶为裸眼封隔器胶筒，只有将其钻磨掉才能打通生产通道，因此采用高效

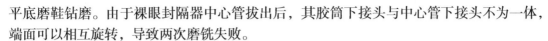

平底磨鞋钻磨。由于裸眼封隔器中心管拔出后，其胶筒下接头与中心管下接头不为一体，端面可以相互旋转，导致两次磨铣失败。

考虑裸眼封隔器胶筒下接头与中心管下接头相互旋转，磨铣时间较长且长时间钻磨对井口及套管均有损伤，决定结束复杂处理作业。

4）作业总结

由于 FH 封隔器和裸眼封隔器之间存在结垢，下部管柱被砂埋，导致了双封封隔器打捞的困难。并且该井油管存在腐蚀断裂，导致 FH 封隔器已经解封，通过多次震击尝试解卡失败，而无法起出，只能通过切割方式起出 FH 封隔器，且上部油管长期受压弯曲，切割弹无法通过，导致了打捞效率不高。

套铣筒套铣裸眼封隔器解封，但下部管柱被埋，导致无法正常起出，通过多次震击打捞，捞出裸眼封隔器上接头和中心管，但由于中心管从根部断裂，胶筒及下接头未带出，中心管拔出后，其胶筒下接头与中心管下接头不为一体，端面可以相互旋转，要打通生产通道就需要长时间的磨铣，这样对井口和套管均有损伤，被迫结束复杂处理作业。

四、复杂工况封隔器处理技术

1. 技术思路

复杂工况封隔器处理主要包括封隔器芯轴从液压缸传压孔处断脱抽出，致使封隔器上下锥体、卡瓦、垫环及胶筒等散留堆积井内，将给打捞处理增加了很大的难度。经过多年现场经验积累形成了如下处理思路。

（1）用活页外钩尽量钩捞出封隔器散件残体。

（2）用高效引子磨鞋磨铣封隔器散件残体修复落鱼鱼顶。

（3）用高强度加长公锥或捞矛震击打捞封隔器下部残体。打捞封隔器残体大内径筒体时，如外筒跟着转，无法传递扭矩，则应改为公锥打捞芯轴内径。

（4）在使用公锥打捞封隔器芯轴时，考虑捞获后退不出，应采用可退式捞矛。

2. 典型案例

1）作业背景

迪西 X 井是一口 7in MHR+5in MHR 双封管柱打捞井，该井为 7in MHR 永久式封隔器芯轴，从液压缸传压孔处断脱抽筒而出，致使 7in MHR 永久式封隔器上下锥体、卡瓦、垫环及胶筒等散留堆积井内，给打捞处理增加了很大的难度，是塔里木油田有史以来的，第一口 7in MHR 永久式封隔器芯轴断脱抽芯的棘手打捞井。井身结构如图 3-4-2 所示。

井内完井管串情况如下：

（1）4½in 油管，钢级 S13CR110，线重为 22.6kg/m，下深 0~4510.00m，在空气中悬重为 999.55kN，在密度为 1.90g/cm³ 液体中浮重为 760.66kN，接箍外径为 127.00mm，本体外径为 114.3mm，内径为 97.18mm，壁厚为 8.56mm，BGTI 螺纹。

（2）3½in 油管，钢级 P110，线重为 13.69kg/m，下深 4510.00~4860.00m，长度 350.00m，在空气中悬重为 70.43kN，在密度为 1.90g/cm³ 液体中浮重为 59.53kN，接箍外径为 100.00mm，本体外径为 88.9mm，内径为 76.00mm，壁厚为 6.45mm，VAMTOP 螺纹。

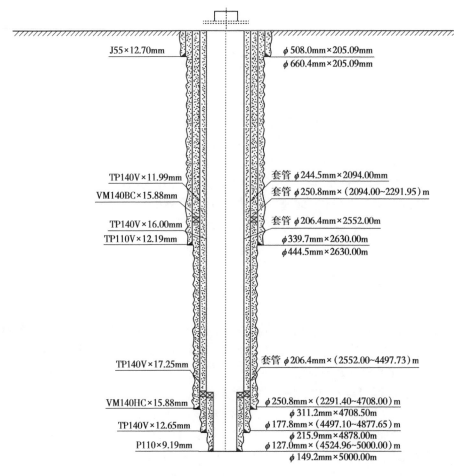

图 3-4-2　迪西 X 井井身结构图

（3）进口 7in MHR 永久式封隔器外径为 144.45mm，芯轴外径为 95mm，芯轴内径为80.52mm，下接头最小内径为 76.76mm，材质为 S13CR，上扣螺纹类型为 $3\frac{1}{2}$ in BGTI 扣，下扣螺纹类型为 $3\frac{1}{2}$ in FOX 扣。

（4）进口 5in MHR 永久式封隔器外径为 100.58mm，芯轴外径为 74.50mm，芯轴内径为 48.00mm，回接筒内径为 79.00mm，材质为 S13CR，上扣螺纹类型为 $2\frac{7}{8}$ in FOX 扣，下扣螺纹类型为 $2\frac{7}{8}$ in FOX 扣。

迪西 X 井于 2012 年 9 月 24 日试提油管，悬重为 870kN，26 日起甩 $4\frac{1}{2}$ in 油管完，鱼尾为 7in MHR 永久式封隔器芯轴，长 1.02m，芯轴从液压活塞缸传压孔处断脱抽筒而出，致使 7in MHR 永久式封隔器上下锥体、卡瓦、垫环及胶筒等散留堆积井内，给打捞处理带来很大困难。

2）处理思路

处理基本思路是钩、磨、捞（震击打捞）。

（1）用活页外钩尽量钩捞出鱼顶 7in MHR 封隔器散件残体。

（2）用 ϕ148mm×70mm 哈弗得高效引子磨鞋磨铣 7in MHR 封隔器散件残体修复鱼顶。

（3）用 3½in 高强度加长公锥或捞矛震击打捞 7in MHR 封隔器下部残体，并退出 5in MHR 永久式封隔器插管密封。

（4）用 φ104mm×46mm 高效引子磨鞋磨铣 5in MHR 永久式封隔器上卡瓦。

（5）下 2⅞in 公锥打捞出 5in MHR 永久式封隔器残体及管串。

3）作业简况

首先钩捞鱼顶 7in MHR 永久式封隔器上下锥体、卡瓦、垫环及胶筒等散件，为下步打捞提供条件。由于抽空散件堆积不规则，加之外钩闭合外径 94mm 稍偏大，致使外钩通不过，钩捞散件失败。

钩捞失败，改为磨铣 7in MHR 永久式封隔器散件，为下公锥打捞提供条件。下 φ148mm×70mm 高效引子磨鞋，磨铣鱼顶，进尺 3.28m，高效引子磨鞋引子铣头无明显磨损，个别齿尖见磕碰现象。φ148mm 磨鞋底部靠边缘见 18~20mm 宽环形磨痕，导流槽中夹有三块胶皮，捞杯内捞获卡瓦残片约 300g（图 3-4-3），判断达到磨铣目的。

图 3-4-3　捞获卡瓦残片图片

判断散件上卡瓦磨完，下 3½in 高强度加长公锥，打捞 7in MHR 永久式封隔器下部残体大内径筒体，捞获一个外径 144mm、厚 20mm 的 7in MHR 封隔器上锥体残体和一个外径 148mm（已挤变形）、厚 3mm 金属环（图 3-4-4）。上锥体或 7in MHR 封隔器下部残体大内径筒体跟随倒转，无法传递扭矩，退出 5in MHR 封隔器插管密封以上管柱未成功。

图 3-4-4　捞获残体图片

为彻底磨完落鱼鱼顶 7in MHR 封隔器散件，再次下 φ148mm×70mm 高效引子磨鞋磨铣，进尺 0.15m，磨铣平稳。起钻见磨鞋底面嵌入一个铜挡环残体，引子底部无明显磨痕。捞杯内捞获三块碎片，其中一块为铜片，其余两块为卡瓦残片（图 3-4-5）。磨铣见铜挡环，证明胶筒磨掉，为下步捞矛打捞创造了条件。

图 3-4-5　磨鞋出井图片和捞获残体图片

　　为抓捞 7in MHR 永久式封隔器下部残体大内径筒体，并再次尝试退出 5in MHR 封隔器插管密封以上管柱，下 4in 短引锥捞矛（装 ϕ98mm 矛瓦）至 4510.00m。正循环修井液洗井，无后效。捞获落鱼后，通过两次尝试退 5in MHR 封隔器插管密封，未成功。起钻完，捞矛捞获一个 7in MHR 封隔器下锥体残体和一个宽 25mm（已挤变形）、厚 2-4mm 内锁卡瓦（图 3-4-6）。7in MHR 封隔器下部残体大内径筒体打捞跟随倒转，无法传递扭矩，导致退出 5in MHR 封隔器插管密封以上管柱未成功。改为下 3½in 高强度大头公锥，对 7in MHR 封隔器下部残体大内径筒体造扣打捞，第三次尝试退出 5in MHR 封隔器插管密封以上管柱失败，原因依然是无法传递扭矩。

图 3-4-6　捞获残体图片

　　为提高打捞矛抓捞成功率，采用磨铣修复落鱼大直径内腔。下 ϕ90mm 高效小引子磨鞋，累计通铣进尺 0.70m，磨铣平稳，起钻检查磨鞋底面边缘及裙边磨损严重。达到磨铣修复 7in MHR 封隔器落鱼残体大直径内腔目的。

　　下 4in 高强度短引锥捞矛（装 ϕ100mm 矛瓦），抓捞 7in MHR 永久式封隔器下部残体大内径筒体，并第四次尝试退出 5in MHR 封隔器插管密封以上管柱。通过震击和反复加压打捞等方式，多次尝试，均未成功；由于无法传递扭矩，退出 5in MHR 封隔器插管密封以上管柱再次失败。

　　调整打捞思路，放弃大内径筒体打捞，决定打捞 7in MHR 封隔器芯轴，捞出 5in MHR 封隔器插管密封以上管柱。下 ϕ71mm×92mm 高强度特殊公锥造扣打捞，下探至 4513.45m 遇阻 10kN，正转造扣捞获落鱼，尝试退出 5in MHR 封隔器插管密封未成功。上提下放活动管柱，震击 144 次，摸索退扣脱手 5in MHR 封隔器插管密封无效。带扭矩 22 圈下砸 3 次，后上提悬重至 1100kN，正转 200 圈，扭矩由 500N·m 降至 350N·m，悬重由 1100KN 降至 1050kN，释放扭矩回 8 圈。起 3½in 钻杆 12 柱（进 7in 套管），静止观察，无异常。正循环修井液洗井，无后效。起出 7in MHR 永久式封隔器下部残体，残体下部多见横向和纵向磨、挂痕（图 3-4-7），6 片下卡瓦齐全完好（图 3-4-8）。起甩 3½in 落鱼油管完，下部有 15 根 3½in 油管被稠钻井液堵死，鱼尾为 5in MHR 封隔器密封插管。其中在分层压裂阀上面见两块卡瓦。鱼顶为 5in MHR 封隔器回接筒（内断有 5in MHR 封隔器密封插管及锚抓共长 0.33m）。打捞效果很好，一次获得成功，捞出 5in MHR 封隔器以上管柱。

图 3-4-7　捞获封隔器下部残体图片

图 3-4-8　捞获卡瓦残体及油管被堵死图片

　　为下步磨铣打捞 5in MHR 封隔器创造必要条件，下 3½in 铣齿接头通井。清除钻井液沉淀物，调整好修井液性能，清洁落鱼鱼头，实探落鱼鱼顶深度 4848.90m。两次采用高效引子磨鞋，未达到预期效果。综合本井几次带杆状或相似杆状工具施工来看，凡是在上部带有循环接头的，都不能很好地冲洗内腔，带不出铁屑，而且全部杆体磨损严重，水眼易堵死。引子磨鞋起出后，引子杆体尖部铣头磨光，ϕ104.5mm 磨鞋外径未变，底部无磨损，判断落鱼鱼头内有落物卡死，不宜下公锥或捞矛打捞，故再下小凹底磨鞋钻磨落鱼鱼头及落物，为下步打捞 5in MHR 永久式封隔器下部残体及管串提供条件。下 ϕ104mm 高效小凹底磨鞋管柱下探落鱼鱼顶 4849.38m，磨铣鱼顶，累计进尺 0.67m。起钻完，ϕ104mm 高效小凹底磨鞋外径未磨损，凹边缘磨损厚度为 4mm，底部中心凹 ϕ48mm 环形磨痕，环形中间铣齿未磨损。捞杯内捞获碎铁屑、铜环片及卡瓦碎片共约 600g，其中最大两块完整卡瓦片为宽 40mm，长 60mm（图 3-4-9）。磨铣效果很好，达到预期目标。

图 3-4-9　高效小凹底磨鞋出井、捞获落物图片

采用金刚石长引子磨鞋磨铣落鱼鱼顶，通、磨 5in MHR 永久式封隔器残体中芯管内径，为下公锥打捞 5in MHR 永久式封隔器下部残体及管串提供条件，通入中心管内径 0.45m，水眼被碎铁屑堵死，不能有效清洗中芯管内腔。通入 5in MHR 封隔器中芯管内腔 0.45m，达到下公锥打捞条件，故下 $2\frac{7}{8}$in 公锥打捞 5in MHR 封隔器下部残体及管串。下 $2\frac{7}{8}$in 公锥（ϕ102mm）打捞管柱至 4849.53m 遇阻，开始造扣打捞，经过 12 次造扣，均无效，落鱼无位移现象。起钻完，$2\frac{7}{8}$in 公锥尖部见明显磨痕，水眼被碎铁屑堵死，其他无磨痕。分析由于公锥上部接有大孔径循环接头，不能有效冲洗落鱼鱼顶，致使公锥无法进入中芯管内腔，并堵死公锥下端水眼，打捞失败。

为保证公锥顺利进入中芯管内腔，再下 ϕ90mm×44mm 杆状磨鞋通 5in MHR 隔器中心管内腔，通入落鱼鱼头 0.61m，杆体无较深明显的摩擦痕迹。捞杯内捞获碎卡瓦、铜屑、铁屑等（图 3-4-10）。分析由于杆状磨鞋上部未接循环接头，能有效冲洗落鱼鱼头和中芯管内腔，效果十分明显。达到下公锥打捞条件，故下 $2\frac{7}{8}$in（ϕ102mm）改制公锥，下探至 4849.53m 遇阻，加压造扣，捞获落鱼。起钻完，捞获 5in MHR 封隔器下部残体及管串全部落鱼。封隔器芯轴上见下锥体，未见胶筒和下卡瓦，封隔器以下 9 根 $2\frac{7}{8}$in FOX 油管全部被钻井液沉淀堵死。

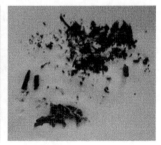

图 3-4-10　杆状磨鞋出井、捞获落物图片

至此，迪西 1 井深井小井眼，高难度双封打捞施工作业全部完成。

4）作业总结

（1）采用抓捞 7in MHR 永久式封隔器下部残体大内径筒体，并尝试退出 5in MHR 封隔器插管密封以上管柱时，由于大内径筒体打捞跟随倒转，无法传递扭矩，导致四次尝试失败。需调整打捞思路，放弃大内径筒体打捞，采用先打捞 7in MHR 封隔器芯轴，再捞

出 5in MHR 封隔器插管密封以上管柱，打捞效果很好，一次获得成功。

（2）采用带杆状或相似杆状工具施工时，凡是在上部带有循环接头的，均不能有效冲洗内腔，带不出铁屑，而且全部杆体磨损严重，水眼易堵死。采用杆状磨鞋上部未接循环接头，能有效冲洗落鱼鱼头和中芯管内腔，效果十分明显，可提高公锥打捞效率。

五、封隔器处理技术总结

对封隔器处理，目前处理方式主要有两种。第一种封隔器处理思路以进口合金引杆磨鞋和进口合金凹底磨鞋及金刚石磨鞋磨铣—捞附件—通水眼—捞矛或公锥内捞尝试解卡—捞出落鱼或者倒扣处理的思路。但由于小井眼内携屑能力弱，上部油管在钻磨过程中产生的铁屑会有一部分沉积在封隔器残体上部和水眼内造成堵塞，所以就会出现磨鞋磨铣一趟钻，打捞一趟水眼不通无法进入落鱼，再下引杆通水眼，再次打捞数趟，造成封隔器整体处理比较低效。第二种封隔器处理思路以 $\phi112$mm 整体式进口合金铣鞋或整体式金刚石铣鞋直接对 5½in 封隔器进行套铣作业——长引杆磨鞋通水眼和公锥打捞，处理相对高效。

第五节　封隔器下部管柱处理技术

一、大套管内封隔器下部管柱处理技术

1. 技术思路

随着气田开发的深入，后期配产偏高，生产压差加大，多口井出现井筒砂堵、垢堵等情况，导致下部管柱被埋，特别是残留井内的长段射孔枪串被砂埋。油田进行大修作业时，需要打捞射孔枪，恢复砂埋产层，但面临着深井打捞作业、枪与套管间隙过小、枪串过长等复杂难题。塔里木油田从射孔枪工作原理入手，结合现场打捞射孔枪工艺技术，综合提炼分析，总结经验，形成了高压深井长段射孔枪打捞工艺技术。

处理复杂情况，坚持"由简入繁"的工艺原则，同时基于井况的综合分析，确定捞枪的整体思路是先使用反扣钻具加母锥进行倒扣打捞，若因砂埋严重导致倒扣困难，则采取套铣清理环空后再进行倒扣。存在难点包括以下几点。

（1）井底温度高，钻井液易出现固相沉淀，增大捞枪入鱼难度。

（2）捞枪后产层露出可能发生钻井液漏失，高压气井存在较大的井控风险。

（3）射孔枪与套管环空间隙过小，受其限制，套铣工具壁薄而强度低、抗扭差，尤其是螺纹连接处，易涨扣、断裂造成次生复杂事故。

（4）环空间隙过小，打捞射孔枪工具选择局限性大，只能使用母锥倒扣打捞，结合射孔枪的结构，存在只捞出密封接头的可能；同时，因为深井起下钻周期长，极大增加作业成本。

（5）深井套铣管柱居中性较差，易造成偏磨射孔枪（硬度高），不仅降低套铣效率，而且存在铣破枪皮风险，导致弹夹、弹片等落井，增大处理难度。

2. 典型案例

1）作业背景

克深 50X 井是塔里木盆地库车坳陷克拉苏冲断带克深区带克深 5 号构造上的一口评

价井。

前期情况：压井期间，曾采用直径为 58.4mm 通径规电缆通径作业，在井深 6098m 位置有遇阻及挂卡，无法通至井底。期间 5300m 位置也有异常显示，与两次压井作业计算循环点相符，由此对井下完井管柱有了初步判断：5300m 位置油管破损，油套连通；6098m 位置油管破裂或内部结垢堵塞。

封隔器下部管柱处理思路：

（1）下磨鞋磨铣 7in THT 封隔器的接头、上卡瓦、中胶；

（2）可退式捞矛打捞 7in THT 封隔器残体及尾管；

（3）若封隔器发生抽芯、下落，则用鱼刺捞矛打捞封隔器附件后，继续打捞尾管；

（4）若封隔器附件未捞获，需要套铣卡瓦碎块，避免硬卡。

若井内钻井液稠化，造成管柱埋卡，则需要进行套铣后倒扣打捞。

2）作业情况

前期采用倒扣打捞处理完封隔器上部管柱，共计 12 趟钻；随后采用套铣打捞 7in THT 封隔器，共计 4 趟钻。由于下部油管部分被埋，导致震击解卡失效，从油管卡点之上倒扣上提管柱。打捞封隔器下部管柱时，井下落鱼结构为：变螺纹短节 + 投捞式堵塞器 + 分层压裂滑套 +ϕ88.9mm×6.45mmBGT1 油管 19 根 +POP 球座，鱼顶为外螺纹变扣短节，鱼顶深度为 6365m，落鱼总长 193.59m。

根据落鱼结构，首先采用 ϕ140×118mm 铣齿接头清理落鱼鱼顶环空，下反扣套铣管柱至 6366.56m 套铣，套铣进尺 23.69m，出口返出砂约 150L。本次套铣发现环空砂埋严重，后期作业应采取先套铣后倒扣打捞的措施。套铣进入射孔段后要防止井漏和溢流的发生。

落鱼鱼顶环空清理后，分别下入两趟 ϕ148mm 可退式卡瓦打捞筒，第 1 趟捞获变螺纹短节 1.41m，第 2 趟捞获投捞式堵塞器 0.42m+ 分层压裂滑套 0.4m+ 变扣短节 1.5m+ϕ88.9mm×6.45mmBGT1 油管 1 根 + 油管接箍 1 个，总长 12.26m，所有落鱼外壁均包裹有大量较硬的泥质附着物，最厚处达 10mm，分层压裂滑套旁通水眼刺漏明显，本体腐蚀严重，如图 3-5-1 所示。落鱼结构：ϕ88.9mm×6.45mmBGT1 油管 18 根 +POP 球座，鱼顶为 ϕ88.9mm×6.45mmBGT1 油管外螺纹，落鱼鱼顶深度 6371.78m，落鱼总长 180.16m。

图 3-5-1　捞获的油管、油管外壁附着物、投捞式堵塞器及分层压裂滑套

落鱼环空有大量的沉淀物，必须采取先套铣后倒扣的打捞措施，因此再次下入 ϕ140mm×118mm 铣齿接头清理落鱼鱼顶环空后，分别下入 4 趟 ϕ148mm 可退式卡瓦打捞筒进行打捞，结束后落鱼结构为：ϕ88.9mm×6.45mm BGT1 油管 16 根 +POP 球座，落鱼鱼顶为 ϕ88.9mm×6.45mm BGT1 油管外螺纹，落鱼鱼顶深度 6391.08m，落鱼总长 160.84m。

本井段是射孔段，由炮眼内卷产生毛刺或者轻微套变的可能性较大，根据井下情况考虑下合金铣鞋清理套管毛刺的同时，套铣管柱带母锥，进行套铣打捞一体化作业。采用 ϕ148mm×120mm 合金铣鞋 +ϕ146mm 母锥套捞一体作业一趟，母锥捞获 ϕ88.9mm×6.45mm BGT1 油管 4 根 +BGT1 油管接箍总长 39.75m。采用 ϕ148mm×120mm 合金铣鞋 +ϕ105mm 公锥套铣打捞一体化作业 2 趟，第 1 趟公锥捞获 ϕ88.9mm×6.45mm BGT1 油管 5 根 +BGT1 油管接箍总长 49m，其中第 5 根油管水眼堵死。落鱼结构：ϕ88.9mm×6.45mm BGT1 油管 7 根 +POP 球座，落鱼鱼顶为 88.9mm×6.45mm BGT1 油管外螺纹丝扣，落鱼鱼顶深度 6479.83m，落鱼总长 72.09m；第 2 趟合金铣鞋严重磨损，检查公锥完好，铣管完好，捞杯内捞获铁屑及垢状物等约 600g（图 3-5-2）。分析本井第二个射孔段套管存在变形的可能性较大。下步采取卡瓦打捞筒震击打捞，尝试先捞出油管。

（a）入井合金铣鞋　（b）入井公锥　（c）出井铣鞋　（d）出井公锥　（e）出口返出铁屑　（f）捞杯内铁屑

图 3-5-2　第 3 趟套铣打捞一体化作业工具出井图片

根据落鱼结构采用 ϕ148mm 倒扣捞筒震击打捞井内落鱼 4 趟，共计捞获 8 根油管，目前井下落鱼结构：ϕ88.9mm×6.45mmBGT1 油管 3 根 +POP 球座，落鱼鱼顶为 ϕ88.9mm×6.45mmBGT1 油管外螺纹，落鱼鱼顶深度 6518.02m，落鱼总长 32.78m；油管水眼堵死。井内还剩已套铣油管半根，采用 ϕ148/117mm 合金铣鞋清理落鱼鱼顶环空，ϕ105mm 公锥打捞落鱼；通过两次套铣尝试，均无明显进尺，出井铣鞋铣齿裙边磨圆，分析套管可能存在变形，导致套铣困难。下步采取引子磨鞋，钻磨处理。

采用 ϕ148mm/66mm 引子磨鞋和 ϕ146mm 引子磨鞋，2 次钻磨油管；钻磨至 6525.9m 处无明显进尺，根据起出的磨鞋分析，磨鞋底部裙边由 ϕ146mm 磨损至 ϕ132mm 深 9mm 圆形，套管存在严重变形（图 3-5-3）。

3）作业总结

该井处理封隔器下部管柱先后实施了套铣、倒扣打捞、套捞一体作业、倒扣捞筒震击打捞、引子磨鞋钻磨等工序，封隔器下部管柱打捞复杂处理共计 16 趟钻；本井前期磨铣封隔器比较顺利，但由于封隔器下部管柱被埋，导致使用可退式捞筒震击打捞未能成功。

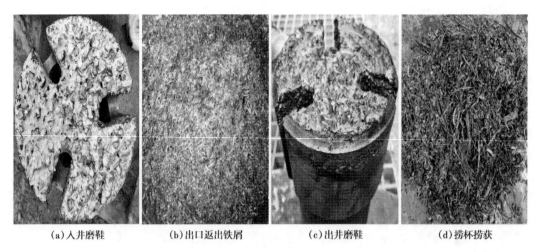

| (a)入井磨鞋 | (b)出口返出铁屑 | (c)出井磨鞋 | (d)捞杯捞获 |

图 3-5-3　ϕ146mm 引子磨鞋入井、出井及捞获图片

改为采取铣齿接头保护油管套铣打捞，由于套管壁有残留结构物，导致卡瓦打捞筒扭矩过高，另外本井段是射孔段，由于炮眼内卷产生毛刺或轻微套管变形可能性较大，铣齿接头无法套铣成功，改为选择铣鞋套铣打捞一体化作业。使用套铣打捞一体化，效果非常理想，后期由于套管变形较大，套铣至井深 6525.9m 无法套铣通过，再次改变方案，选择磨鞋钻磨作业。

二、小套管内封隔器下部管柱处理技术

1. 技术思路

塔里木库车山前 $5\frac{1}{2}$in 或 5in 套管完井主要集中在克深、大北、博孜等区块，区域井深 6800~8000m、井温 166~190℃、地层压力 112~136MPa。从管柱结构来说，小井眼修井打捞处理与 7in 大套管管柱结构具有类似性，但是由于小井眼内径对打捞工具的尺寸限制，小井眼工具选择与 7in 大套管井有所区别。随着库车山前勘探开发的不断深入，勘探开发对象日益复杂，井况、工况将越来越恶劣，统计截至 2022 年底已处理的 12 口小井眼修井作业施工。

在小井眼中，由于空间有限，塔标 II B$5\frac{1}{2}$in 套管和油管本体间隙仅 8.41mm（单边 4.2mm），处理埋卡油管难度大。部分井由于油管埋卡严重，考虑到钻磨油管工期太长，从周期和费用等综合因素考虑，无法继续处理。小井眼井因井内管柱完整性及管柱埋卡等诸多因素造成修井工期长，修井周期为 111~286 天，平均为 197.45 天。主要处理思路如下：

封隔器下部尾管处理，主要是打捞工具的型号尺寸要受到套管内径的限制，小井眼打捞中的一个主要问题就是工具必须有规范，才能保证下得去、捞得上。比如 ϕ88.9mm 油管外螺纹断落，大套管可直接采取外捞的方法处理，而 ϕ115.52mm 套管井由于受到油套空间较小的限制就不能同样处理，所以小井眼尾管处理有两种方式，套铣与公锥 / 母锥一体化复合打捞处理，或采用合金磨鞋钻磨的处理方式。

对于固化管柱处理，较常用的处理方式是先套铣后外捞方式，环空间隙小，如果在未

埋卡情况下及管柱未固化情况下，直接进行内捞或可能直接提出管柱，但一旦出现环空内有沉淀物或砂埋情况造成管柱固化，处理会相当困难。从处理效率来说，一般会优先选择套铣打捞方式进行处理，而小井眼在选用套铣管时，出现了井况限定套铣管，而不是优选套铣管处理井内落鱼的情况，比如对于 5½in 非标套管，内径 115.52mm，出于环空返屑和循环泵压、安全性考虑，铣管直径小于 110mm 最佳，套铣时，考虑与油管本体之间间隙大于 88.9mm，油管本体才不会铣破，但由于铣鞋内径与油管外径作为套铣时循环通道，实现冲洗碎屑和对铣齿降温，同时还要达到携屑排量，套铣管内径 95mm 时，基本满足要求，由此产生 110mm×95mm 规格非标套铣管，但套铣管本身壁厚仅 7.5mm，所以称为薄壁套铣筒。

但是在小井眼内，进行套铣作业时存在着两个环空，即套铣筒与套管之间的环空和落鱼与套铣筒之间的环空，以库车山前 5½in 套管用 ϕ110mm×95mm 整体式薄壁套铣筒为例，见表 3-5-1 和如图 3-5-4 所示。

表 3-5-1　双环空间隙表

套管内径	115.52mm		双环空间隙
油管外径	本体 88.9mm		套管内径与套铣管外径环空间隙 5.52mm， 居中情况下单边 2.76mm； 套铣管内径与油管外径环空间隙 6.1mm， 居中情况下单边 3.05mm
	接箍 108mm		
套铣管	外径 110mm		
	内径 95mm		

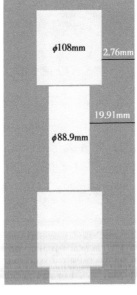

图 3-5-4　井筒内管柱间隙示意图

根据环空间隙表可以看出 ϕ110mm×95mm 整体式薄壁套铣筒间隙处于极限工况，ϕ110mm×95mm 整体式薄壁套铣筒抗拉 30tf，抗扭仅 6000N·m，所以在套铣过程中如果出现不规则单边尺寸大于 5.52mm 的铁屑被带入套铣管与套管环空，环空间隙小，不利于碎屑的返出，在井下容易形成卡钻事故，抗扭仅 6000N·m 对钻台参数控制要求极为严格，而且技术手段上只能实现套铣一根，倒扣捞一根。

如果 110mm×95mm 整体式薄壁套铣筒套铣作业无法实现时，只能采用磨鞋磨铣处理，用磨鞋磨铣时自外而内磨鞋的线速度逐渐减小，中心处为零，而且在磨铣时会产生大量的碎屑，如果修井液性能不良、循环排量跟不上或是间隙太小造成大块碎屑返排困难，会造成碎屑重复研磨，就会造成顶芯现象，磨铣进尺缓慢或根本无进尺，有时甚至会发生卡钻事故。

在库车山前 5½in 套管内，特殊直连油管外径为 93.2mm，而套管内径仅为 115.52mm，对于库车山前特制 110mm×95mm 套铣管，如果直连油管存在固化无法捞出时，该套铣管在油管居中的理想情况下，由于铣管内壁与直连油管环空间隙仅为 0.9mm（图 3-5-5），无法实现套铣作业，所以对于直连油管固化只能采用磨鞋磨铣的处理方式。

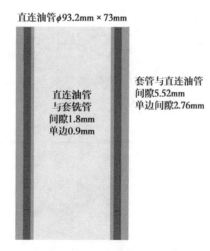

图 3-5-5　直连油管管柱间隙示意图

2. 典型案例

1）作业背景

MX 井作业井段为 5in 非标套管，内径为 104.8mm，井下落鱼像坐落短节、RD 循环阀及 5in RTTS 封隔器等外径均为 99mm，射孔枪外径为 88.9mm 且射孔后存在一定程度膨胀变形，这对套铣、磨铣工具的尺寸、强度造成了极大的限制，而这些直接导致了本井难度大、风险极高。

2）作业情况

首先采用反扣母锥打捞油管及以下落鱼。出井母锥带出落鱼 2⅞in EUE 油管 1 根，油管长 9.1m，水眼不通，本体有结垢现象。目前井内剩余落鱼为 2⅞in EUE 油管 1 根＋射孔筛管＋延时压力起爆器＋安全枪 +89 射孔枪＋枪尾。通过捞出油管来看本体上有白色结垢，证明了下部落鱼管柱环空被埋死（图 3-5-6）。

图 3-5-6　反扣母锥入井前、出井后及捞获落鱼结垢图片

继续打捞需磨铣油管接箍、油管，下磨鞋探底 4747.29m，正循环磨铣进尺 0.7m，达到磨铣效果，起钻，下套铣钻具处理环空，为打捞做准备。下铣鞋探底 4747.99m，正循环套铣进尺 9m，根据进尺判断已将油管环空清理干净，可尝试震击打捞。

尝试采用震击打捞的方式一次性打捞全部落鱼，出井捞筒本体无刮痕，卡瓦断裂，大约有三分之一落井（图 3-5-7）。通过震击打捞，没有将全部落鱼捞获，说明下部管柱卡死，此次尝试性打捞没有达到预期目的。

图 3-5-7　卡瓦捞筒出井后及破损卡瓦

采用反扣母锥去打捞油管及以下落鱼。母锥出井带出 2⅞in EUE 油管 1 根（长 9m，内腔堵塞，本体有腐蚀及结垢现象）。目前井内剩余落鱼：射孔筛管 + 延时压力起爆器 + 安全枪 +89 射孔枪 + 枪尾。通过母锥造扣打捞，捞出油管一根，下面螺纹处磨损，上提后将油管拔出，说明环空存在异物，在打捞过程中发现，依然存在卡点，达到打捞效果，下步磨铣射孔筛管下部全部落鱼。

下磨铣钻具组合探底至 4756.09m，正循环磨铣进尺 1.9m，已将射孔筛管磨掉，现在预计到达延时压力起爆器的接头处，长时间无进尺，为了防止卡钻，起钻决定套铣延时压力起爆器。

下 $\phi101mm\times76mm$ 整体式金刚石铣鞋至 4757.99m，正循环套铣进尺 0.3m，出口无异物返出。起套铣钻具，出井铣鞋内腔带出射孔枪延时压力起爆器的活塞、撞针及药匙（图 3-5-8）。下步磨铣延时压力起爆器延时筒筒体。

先采用 $\phi101mm$ 合金磨鞋磨铣延时筒，由于磨鞋只有小引子接触到鱼头，小引子处为 0 转速区，导致无进尺，没有达到预期效果。改为套铣，下 $\phi101mm\times76mm$ 整体式金刚石铣鞋探底至 4758.2m，正循环套铣进尺 0.2m，已经达到预期目的，下步进行倒扣打捞。

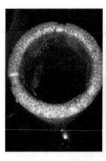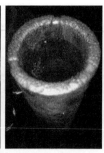

图 3-5-8 φ101mm×76mm 整体式金刚石铣鞋出井后带出物及捞杯内铁屑

采用反扣母锥去打捞延时压力起爆器延时筒及以下落鱼。出井母锥带出压力起爆器延时筒（长 0.43m）。通过母锥造扣打捞，捞出压力起爆器延时筒，延时筒内有一个药芯，导致上次磨铣失败，落鱼鱼顶为安全枪变螺纹接头，决定下平底磨鞋，磨铣安全枪以下全部落鱼。

下 φ101mm 斯密斯平底合金磨鞋探底至 4758.7m，正循环磨铣进尺 0.3m 后无进尺，进尺可能为随钻震击器压缩距，判断鱼顶上存在铁屑，或磨至安全枪弹夹支撑杆处，导致平底磨鞋无进尺，此次磨铣失败，下步打算下杆状金刚石磨鞋，清理环空并为内捞做准备。

采用 φ56mm 杆状金刚石磨鞋，在安全枪压板上磨出一个内径 φ56mm 的水眼并处理环空杂质。由于安全枪压板处于活动状态，且中间凸起，磨铣切削效率低，导致此次磨铣失败，改为套铣安全枪压板及射孔枪。采用 φ101mm×92mm 整体式合金铣鞋套铣至井深 4759.7m，进尺 0.7m 后，可能由于铣筒内部台阶顶住落鱼鱼顶，后期套铣无进尺，再改为采用螺杆+三刀翼磨鞋磨铣安全枪压板及射孔枪。下 φ101mm 三刀翼磨鞋探底至井深 4759m，磨铣进尺 1.9m，出口返出少量铁屑及细砂。出井三刀翼磨鞋本体缩径至 99mm，刀翼磨损严重，底部合金齿中央有直径 50mm 部分未磨损，捞杯带出约 3kg 铁屑。根据磨鞋判断已磨铣至安全枪本体，鱼顶附近可能堆积大量铁屑，导致磨鞋边缘及胎体保径段磨损严重。

随后采用 φ101.5mm×81mm 合金铣鞋 +φ101mm 铣管套铣安全枪及射孔枪，套铣至井深 4761.06m，进尺 0.68m，出口返出少量铁屑。出井 φ101mm 铣鞋轻微磨损，捞杯带出 1.5kg 铁屑及一块铁皮（25cm×10cm×0.2cm）。铣鞋轻微磨损无进尺，判断为射孔枪射完孔后硬度相对以前高，再加上托压过高导致套铣效率低。

改为 φ101mm 三刀翼磨鞋磨铣安全枪及射孔枪。正循环磨铣至 4761.1m，进尺 0.3m，返出少量铁屑。出井 101mm 三刀翼磨鞋本体有横向划痕，刀翼合金部分中度磨损，捞杯带出铁屑 3kg。下 φ71mm×92mm 金刚石铣锥打捞钻具打捞鱼顶附近铁屑，便于下步套铣。下 φ101mm 整体式合金铣鞋套铣至 4765.48m，进尺 4.38m，达到套铣目的，可采用杆状磨鞋清理落鱼水眼，为公锥打捞创造条件。下 φ61mm 杆状磨鞋下探鱼顶，磨铣至 4761.85m，进尺 0.75m，出井杆状磨鞋合金及顶部接箍磨损明显，捞杯带出铁屑 1kg。

采用公锥倒扣打捞已套铣射孔枪，出井公锥捞获 88.9mm 射孔枪两节+接头共计长 4.38m（第一节射孔枪长 0.8m+接头 0.14m+第二节射孔枪长 3.3m+接头 0.14m）；井内鱼顶为射孔枪本体，剩余落鱼结构（自上而下）：射孔枪 3.3m+接头 0.14m+射孔枪长 3.3m+枪尾 0.15m，共计 6.89m。

为减小下步套铣难度及风险，φ71mm×92mm 金刚石铣锥，打捞鱼顶及环空铁屑，循环打捞铁屑 6 次，出井铣锥完好，捞杯带出铁屑及铁片 0.5kg，为套铣射孔枪创造了条件。经过两次套铣和打捞（一次公锥打捞，一次母锥震击打捞），将井内落鱼全部捞出，疏通了井眼。

3）作业总结

该井先后实施了磨铣、套铣、倒扣打捞、震击打捞、杆状磨鞋清理落鱼水眼等工序。该井由于下部落鱼管柱环空被埋死，尝试 1 次震击打捞失败，且出现卡瓦断裂，因此后期主要采用套铣＋倒扣打捞为主，磨铣为辅的打捞方式；累计磨铣共计 7 趟，套铣共计 8 趟；历经 5 次倒扣打捞和最后 1 次震击打捞才全部捞出落鱼。

三、封隔器下部管柱处理技术总结

大井眼套铣、打捞、倒扣，使用内外打捞的套捞一体化工具处理至井底，小井眼尝试薄壁套铣筒，不成功，磨铣打捞，倒扣；处理射孔枪至露出产层后直接完井，针对小井眼管柱埋卡，处理难度大，周期长，作业成本大幅度增加，针对储层连通性好的井，根据修井后投产情况来看，砂埋段落鱼管柱对产能的影响相对有限，可考虑不处理下部落鱼。

小井眼内下部尾管的完整性及管柱固化程度直接影响处理难度和打捞周期，由于只能采取常规的套铣、磨铣、倒扣方式进行处理，对打捞周期的影响很大，直接影响打捞时效和成功率。

第六节　井筒内异物处理技术

井下复杂落物与普通落物的危害性是不一样的。相对于普通的落物，尤其是不规则形状的复杂落物在打捞的过程中主要存在两方面危害。一方面是复杂落物自身的危害。打捞的过程中因打捞方法不当导致复杂落物自身形状改变，性能受到损害。另一方面是井筒环境受到破坏。负责落物打捞过程中套管容易被破坏，造成地下储层内物质渗漏到井下，从而给油井生产带来阻碍，造成油井停产的危害。

复杂落物打捞作业中，需要注意到以下方面：一是对复杂落物的自身特征性质进行分析；二是在确定打捞方法后准备好井下打捞用具，打捞作业前必须认真检查打捞用具性能状态良好；三是掌握管柱组合方式，保证井下落物打捞安全性和时效性。尤其是一些尺寸较大且形状不规则的落物，在打捞作业时应充分考虑到可能出现的砂卡管柱现象，尽量在作业中避免。

一、油管内落物打捞技术

1. 技术思路

在油气田钻完井生产过程中，经常有井下落物复杂情况发生，严重影响现场施工的正常进行。通常情况下，井下落物以硬物为主，如钻杆、油管、钻头牙轮等，针对这些落物类型，行业内已有捞筒、捞篮、公锥、母锥等成系列的打捞工具和相对应的打捞技术；个别情况下，也具有钢丝绳、电缆等软物落入井内，针对上述不规则落物，行业内也有内外钩捞绳器、绳类捞锚等特殊工具及相应的打捞技术。受油管内径和打捞工艺限制，油管内落物往往难于处理，钢丝作业通常成为打捞首选，在实施过程中，应根据实际情况选用合适的钢丝打捞工具,必要时研制针对性工具。

管内软物打捞关键点如下:(1)钢丝工具管串应有足够悬重,可通过增加钢丝加重杆数量的方式提供给打捞工具足够冲击力;(2)油管内应无凹槽台阶,避免打捞工具在起下过程中遇阻;(3)实施打捞时,应先清楚井下落物深度;(4)在落物上方 8~10m 处需快速下放打捞工具,以使打捞杆底部和侧面捞针扎入落物内;(5)每次快速下放后,应提出工具串检查效果,不可连续进行下放操作。

2.典型案例

1)作业背景

Ha601-1X 井是位于塔里木盆地塔北隆起轮南低凸起西斜坡的一口开发井,完钻井深 6731m,井身结构如图 3-6-1 所示。

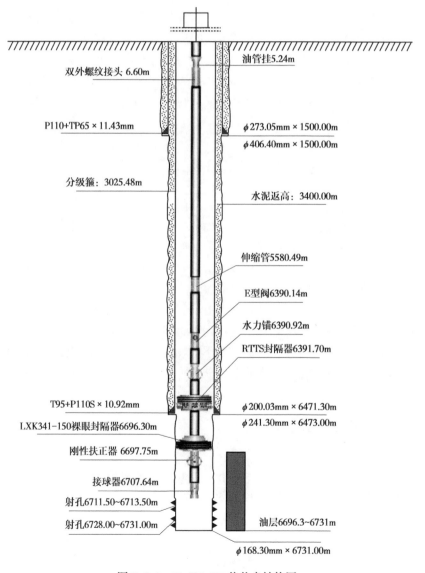

图 3-6-1　Ha601-1X 井井身结构图

该井天然能量有限，油压下降快，2012 年 4 月 16 日进行流温流压梯度测试，测试过程中有 5.2m 工具串及约 230m 钢丝落井，造成油管堵塞。打捞作业中又发生打捞钩落井。造成失去油管内打捞仪器与钢丝条件，直接以倒扣打捞油管的方式打捞油管内落物。

2）落鱼结构

（1）原井下压力计工具串。

打捞头（ϕ38mm×20cm）+ 压力计（ϕ45mm×120cm）+ 悬挂器（ϕ76mm×60cm）+ 加重杆（ϕ38mm×50cm），总长 250cm，深度 6402m。

（2）通井工具串。

钢丝绳帽（ϕ38mm×30cm）+ 钨钢加重杆（ϕ38mm×250cm）+ 机械震击器（ϕ38mm×220cm）+ 通井规（ϕ45mm×20cm），总长约 5.2m，总质量 50kg，最大外径 ϕ45mm，通井遇卡深度 2450m，仍与钢丝相连；也可能与钢丝断开，下落到 6402m 处的 2011 年放入的压力计工具串上。

（3）油管内打捞工具串。

落井工具串 ϕ3.8mm×236cm，其中夹带连续油管内挤压接头（ϕ50mm×30cm）+ 变螺纹（ϕ50mm×10cm）+ 钢丝内捞钩（ϕ76mm×50cm）。

3）作业情况

根据落鱼结构，首先在 6302~6398m 深度之间倒扣，尝试一次性带出落鱼及油管内堵塞物；下 ϕ147mm 卡瓦捞筒（反扣）（螺瓦：ϕ112mm，控制环：ϕ124mm）至 4035.17m 遇阻，加压 10kN，探得鱼顶，上提管柱至 4033.12m 正冲洗鱼头 20m³，边旋转边下放，加压 0~60kN；上提至 1200kN（原悬重 890kN），捞获落鱼；大幅度活动解卡无效，悬重为 950kN~1300kN；上提悬重至 1200kN，反转倒扣；反复操作 8 次均无扭矩无回车（初步分析伸缩管打滑）；再次大幅度活动钻具解卡无效，悬重为 950~1400kN；起钻检查捞筒引鞋底部有一条状压痕，分析伸缩管打滑倒扣无效，应采用切割方式。

在 5580~6302m 最深处切割，尝试一次性带出油管内堵塞物以上油管；下 ϕ143mm 可退式卡瓦捞筒（螺瓦：ϕ111mm，控制环：ϕ122mm）打捞切割管柱至 4039.5m，遇阻 10kN，探得鱼顶；上提管柱至 4036m，开泵冲洗鱼头 20m³，边旋转边下放，加压 0~60kN；上提至 1200kN（原悬重 890kN），捞获落鱼；下击钻具至 860kN 后上提至 900kN 反转 20 圈上提至 890kN，退出工具；起 ϕ143mm 可退式卡瓦捞筒（螺瓦 ϕ111mm，控制环 ϕ122mm）打捞切割管柱完，起出捞筒完好。第 2 趟钻由于切割单位提供的切割弹数据误差导致下入的变扣接头内径不足而无法实施切割。第 3 趟钻再次下 ϕ143mm 可退式卡瓦捞筒打捞切割管柱至 4039.5m，遇阻 10kN，探得落鱼鱼顶；边旋转边下放，加压 0~60kN；上提至 900kN（原悬重 710kN），捞获落鱼；下切割弹至打捞筒以下约 8m 处遇阻，复探三次无法通过，起出切割弹完好；下击钻具至 680kN 后上提至 720kN 反转 10 圈上提至 710kN（原悬重 710kN），退出工具；起 ϕ143mm 可退式卡瓦捞筒打捞切割管柱完，起出捞筒完好。本趟钻由于通径深度不具备切割条件而无法实施切割，最后决定临时测试完井。

4）作业总结

（1）本井前期投捞测试时在生产管柱内留下了不同程度的落物，导致后期无法实施切割；

（2）通井钢丝和连续油管捞钩的卡堵深度排除了直接进行油管内切割的可能性；

（3）倒扣打捞因为伸缩管打滑而无效；

（4）应先处理伸缩管上部油管后，再进行倒扣或切割，最后再进行倒扣；

（5）在进行最后一次倒扣时，由于封隔器到切割鱼顶位置距离非常短，不易操作。

二、油管内砂、蜡、垢堵处理技术

1.技术思路

针对油管内砂堵的实际情况，采取连续油管加喷洗头的冲砂措施能有效地清除油管内堵塞砂，而对于管壁结垢的问题，从保护油管的角度出发，配合酸化措施，能有效地解除垢堵塞；因此，采用连续油管砂堵塞+酸化技术清除油管内垢的物理化学方法联用疏通解堵井筒技术，可有效解决砂堵和垢堵同时存在的井，为有类似井况的高压气井的隐患治理提供借鉴和指导。

克深2气田属于典型超深高温高压气田，具有埋藏深（6500~8038m）、压力高（105~136MPa）、温度高（120~190℃）、矿化度高（＞105mg/L）等特点，井筒解堵工艺存在3个难点：（1）井筒堵塞物井下分布位置不清楚。高压气井井筒压力高、超深、油管内径小（内径76mm），井筒内取样较为困难，只能在零星修井作业起油管过程中收集到堵塞物样品，因高压气井修井作业次数少，通过实际观察堵塞物分布位置研究较为困难。（2）井筒堵塞物成分未形成统一认识。前期堵塞物成分分析方法主要采用"酸溶蚀测定+分析残酸中离子组分"实现堵塞物成分鉴定，该方法分析过程较为复杂，只能分析出常见类型的盐，准确性有待提高。（3）解堵措施难以配套。为解除井筒堵塞问题，前期尝试了放喷解堵、油管穿孔解堵、连续油管解堵、大修作业解堵等解堵措施，虽然取得一定成效，但均存在一定不足，部分高压气井解堵效果较差，甚至频繁解堵。

因此，开展井筒解堵技术研究，对连续油管疏通措施过程中返排堵塞物开展精细取样，通过悬重变化确定井筒堵塞物分布位置，综合多种分析方法对堵塞物类型进行表征，分析堵塞物形成机理，针对堵塞物类型研制耐高温、高溶蚀、低腐蚀解堵液体系和配套的解堵工艺。

1）堵塞物分布位置分析方法

在前期的解堵技术试验中，连续油管冲砂工艺取得较好的实施效果，但存在不能清除井壁表面和筛管外顽固结垢等缺点，优点是能够通过冲砂液循环将堵塞物返排至地面，方便取样。作业过程中井口悬重变化可以很好地指示井筒内堵塞严重程度，某井段悬重下降相对较多，指示该段堵塞严重，并每隔10m取样；井段悬重下降较小或悬重正常，则该段堵塞较轻。通过全井筒连续油管冲砂井口悬重记录分析及返排物取样，可以确定井筒内主要堵塞位置。

2）堵塞物成分分析方法

克深2气田高压气井检修期间在井口取得一些堵塞物样品，前期化验分析得出堵塞物以无机物为主。参考前人提出的堵塞物样品分析方法，提出"宏观+微观"分析方法，确定堵塞物组成，实验分析步骤：（1）堵塞物样品"宏观"分析：取若干克堵塞物进行烘干、称重，在90℃下浸泡至20%盐酸中，2h至溶蚀完全，取出后烘干、称重，确定酸溶物质量比例；（2）堵塞物样品"微观"分析：取若干克堵塞物进行X射线衍射分析，确定堵塞物中结晶物质成分和比例。综合"宏观+微观"实验结果，可基本确定堵塞物主要成分。

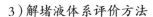

3）解堵液体系评价方法

针对无机物堵塞，经验表明化学解堵效果更好，配套解堵液至关重要。解堵液对堵塞物的溶蚀率及对管材的腐蚀率是主要的2个指标，评价方法：（1）解堵液体系溶蚀率评价：取10g堵塞物样品置于50mL解堵液内，放入90℃恒温水浴，然后取出冷却至室温观察，直到无气泡产生，过滤残留物，蒸馏水洗至pH值为中性为止，在105℃下烘至恒重，计算溶蚀率；（2）解堵液体系腐蚀率评价：参考行业标准《酸化用缓蚀剂性能试验方法剂评价指标》（SY/T 5405—2019）进行高温高压动态挂片腐蚀率评价。

4）堵塞物分布特征

连续油管下放至井筒内某深度处悬重呈现5~25kN突降，表明该处有井筒堵塞现象，且井筒深部悬重下降越多，井筒堵塞越严重。克深2气田实际作业期间，大部分井段连续油管下放正常，明确了井筒堵塞物主要分布在局部井段，并且通过统计分析，堵塞物总量一般小于30L。

5）堵塞物成分特征

X射线衍射分析得出堵塞物主要成分为碳酸钙（43.5%）、含铁化合物（13.3%）、可溶盐（17.8%）、地层岩石（25.4%），酸溶实验分析堵塞物溶蚀率为74.8%。X射线衍射分析结果中酸溶物比例与实际酸溶实验溶蚀率较为接近，两者之间可相互印证，明确克深2气田堵塞物以碳酸钙结垢为主，含少量地层砂。

6）研制耐高温、高溶蚀、低腐蚀解堵液体系

堵塞物主要成分以钙垢为主，含少量砂，为保证对垢和砂均有一定溶蚀能力，且高温下较为稳定，解堵液选用土酸（盐酸＋氢氟酸）体系。针对13Cr油管材质，开展耐高温缓释剂优选，控制解堵液对管材腐蚀降至最低。

根据"80%垢+20%砂"配比模拟堵塞物，开展酸液浓度优选研究：盐酸浓度从9%提升至12%，溶蚀率提升小于3%，增加盐酸浓度提升堵塞物溶蚀能力幅度较小，延长反应时间提升溶蚀率效果更明显，反应1.5h比0.5h溶蚀率提升6%~10%，因此盐酸浓度选用9%；对于纯砂样，氢氟酸浓度从1%提升至3%，溶蚀率提升12%，溶蚀率增加明显，但因堵塞物以钙垢为主，氢氟酸浓度选用1%。

利用"9%盐酸+1%氢氟酸"解堵液对井筒取得的堵塞物样品开展溶蚀实验，1h内溶解堵塞物样品的77.84%，表明"9%盐酸+1%氢氟酸"解堵液可较好地溶蚀以结垢为主的堵塞物。

高压气井地层温度普遍高于100 ℃，高温下酸液对金属管材的腐蚀速率急剧增加，为实现酸液对油管腐蚀降至最低，需要配置适合13Cr油管材质的专用高温缓蚀剂。开展了高温高压动态腐蚀评价实验（温度120 ℃，压力16MPa，搅拌速度60r/min），优选出的耐高温缓蚀剂动态腐蚀速率为7.53g/（m²·h），满足行业标准《酸化用缓蚀剂性能试验方法评价指标》（SY/T 5405—2019）要求的15g/（m²·h）。截至2022年，已完成五十余井次解堵施工，未发生因酸液解堵造成的井筒完整性问题。

7）井筒解堵工艺配套

现场实际实施中，解堵工艺要考虑"井周储层—井筒"最优解堵效果，兼顾控制管材腐蚀，还要考虑措施时间短、井控安全、成本低等因素。综合考虑，采用不动管柱，使用高压泵车向油管内注入解堵液的方式疏通井筒，这种方法具有工序简单、成本低、施工时

间短、井控安全性高等优点。

为控制管材腐蚀，在注入解堵液前，以较高排量注入 1 倍油管体积的清洁盐水，达到井筒降温的效果，实际测试管鞋处可降 20~30℃；在施工工序上为实现最优堵塞物溶蚀效果，低排量将解堵液注入井筒和地层，停泵反应 0.5~1h，使堵塞物得到充分溶蚀；为实现井周储层解堵，在解堵液后续注入 1 倍油管体积的清水，将解堵液全部顶替进入地层，达到"清洁井周储层"的目的。

现场实际解堵过程中，部分高压气井通常伴随着堵塞严重、前置液挤不进、油管与 A 环空渗漏等问题，为保证解堵作业安全、作业成本低、作业效果好，创新总结形成了以"油套是否连通"和"有无挤液通道"为主要考虑因素的 4 套解堵工艺（图 3-6-2），为不同井筒工况定制解堵方案。

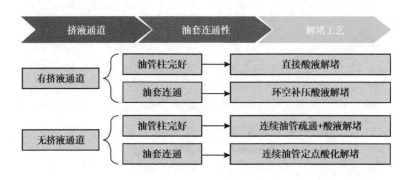

图 3-6-2　解堵配套工艺技术

2. 典型案例

KeS 2-X 井是克深 2 气田的一口开发井，2014 年 4 月投产，油压为 58.9MPa，日产气 61.91×10⁴m³。后续生产期间，井筒堵塞问题逐渐显现，至 2019 年 4 月，油压为 23.1MPa，日产气 5.91×10⁴m³，井筒堵塞问题严重。

2019 年 5 月对本井实施井筒酸液解堵作业，施工总液量为 150m³，其中前置液 35m³，解堵液为 80m³（解堵半径 1.5m），顶替液 35m³。

施工过程：

（1）试挤前置液 35m³，排量为 0.5m³/min，泵压为 40MPa，注入正常，表明井筒未完全堵死，具有流动通道，可以后续注解堵液；

（2）低排量注入解堵液 80m³，排量为 0.34~1.83m³/min，注入过程中施工泵压逐渐下降，从 75.6MPa 下降至 48.5MPa，井筒疏通效果明显；

（3）注入顶替液 35m³，排量为 1.85m³/min，期间泵压持续下降，从 52.1MPa 下降至 38.5MPa，解堵液逐渐被顶替进入地层，泵压下降说明存在井周储层堵塞问题；

（4）停泵反应 1h，确保解堵液在井周储层内充分反应，同时降低解堵液对管材的腐蚀；

（5）返排放喷求产。克深 2-X 井解堵作业后，油压为 61.5MPa，产气量为 27.15×10⁴m³/d，解堵措施取得成功。

截至 2022 年底，克深 2 气田共实施气井解堵作业 18 井次，有效解堵率为 88.89%，

解堵后单井平均油压由 30.6MPa 上升至 45.3MPa，单井平均无阻流量由 $26.8×10^4m^3$ 增加至 $123.3×10^4m^3$，增产 3.6 倍，实现躺井、异常井的高效复产。

塔里木油田库车山前克深 2 气田 76% 的气井存在井筒堵塞问题，导致油压、产气量下降，甚至关井停产。现场采用连续油管冲砂取样得到井筒堵塞呈局部井段堵塞特征，采用"微观＋宏观"分析方法得出堵塞物主要为碳酸钙垢，并且存在"井周储层＋井筒"复合堵塞情况。研发的"9% 盐酸 +1% 氢氟酸"解堵液体系，溶垢能力为 94.42%，溶砂能力为 34.17%，对 13Cr 油管的腐蚀速率满足行业标准要求；基于堵塞规律认识制定出以"油套是否连通"和"有无挤液通道"为主要考虑因素的 4 套解堵工艺，并将"井筒解堵"升级为"井筒—井周储层"系统解堵。高压气井井筒结垢具有长期性，解堵作业需重复开展，需加强对井筒结垢堵塞预测理论研究，科学指导解堵作业时机。酸性解堵液对管材腐蚀，还需进一步探索研发低腐蚀或非酸性解堵液体系。

三、套管内落物打捞技术

1. 技术思路

卡钻是连续油管作业中最常见的故障复杂。由于连续油管管材自身强度的限制，大负荷提拉解卡容易从上部拉断连续油管本体，造成事故的复杂化。由于连续油管本体的柔性大，断裂后的连续油管在井下一般贴在井筒边缘，捞获难度大。为避免卡钻故障处理复杂化，采用常规油管穿心打捞连续油管可最大程度的降低作业风险，提高打捞成功率和效率。

连续油管卡在套管内或裸眼中，在安全强度内活动解卡无效，且下部管柱组合安全丢手装置失效无法正常丢手或卡点在安全丢手装置以上的情况下，可采用穿心打捞工艺进行解卡作业。穿心套铣打捞连续油管，是震击解卡、大力上提解卡方法都失效的情况下的补充，能够保证井下连续油管的完整性，避免了井下复杂事故的发生，打捞成功率高。

穿心打捞连续油管的工艺过程：连续油管已在井口或井口以下断裂；穿心打捞油管下端连接合适的工具穿入连续油管并下入井内，确保连续油管贯穿打捞工具和油管内部；上提油管管柱，工具打捞住连续油管，上提增加拉力，解卡成功后起出油管并带出连续油管；如果上提增加拉力至接近连续油管抗拉强度仍然无法解卡，则切割连续油管，起出上部油管带出连续油管后，再次下入打捞工具，穿入连续油管，边循环边下入，尝试再次打捞并直至成功。

2. 典型案例

1）作业背景

KeS 2-2-K 井具有超深（井深 6700m 以上）、高压（地层压力 86MPa 以上）、高温（地层温度 150~170℃）、地层压力系数高（1.30~1.40）、含 CO_2 腐蚀气体（0.2%~0.5%）等特点，属于典型的"三高"气井。由于该井完整性失效，在用钢级 QT1300 连续油管压井过程中，在 5285.12m 连续油管被卡，被迫剪断落井。常用的打捞方式为水泥凝结卡、聚能弹切割及连续油管卡瓦捞筒打捞，且只有在浅井或浅层气井中的作业经验，在"三高"气井 ϕ114.3mm 油管内打捞大尺寸高钢级的连续油管，没有成型工具和借鉴案例。国外已有多家油服公司形成了成套的井下连续油管打捞工具，但国内与连续油管配套打捞工具相关的研究还较少，技术不够成熟。

综合国内外连续油管打捞技术现状，在"三高"气井中打捞连续油管存在以下特点和难题：(1)落鱼长度大、钢级高、体积大，二次落井风险高；(2)鱼头位置不确定性大，鱼头可动，需要定制不同管柱内的打捞工具；(3)落鱼在井筒内盘曲，卡钻风险高，需要定制可丢手打捞工具；(4)井完整性缺陷且需要在井口剪切或对接连续油管，井控风险高。针对上述特点和难题，制定针对性的打捞方案及工艺措施，高效、安全地打捞出连续油管落鱼，并在 KeS 2-2-K 井顺利实施，为打捞连续油管提供了新的装备和技术。

KeS 2-2-K 井是塔里木盆地克深 2 号构造上的一口开发井，完钻井深 6753.88m，目的层为白垩系巴什基奇克组。该井为五开井身结构，套管射孔完井方式，完井管柱配置从上至下依次为：ϕ114.3mm 油管＋井下安全阀＋ϕ88.9mm 油管＋封隔器＋ϕ73.025mm 油管＋球座。该井井身结构如图 3-6-3 所示。

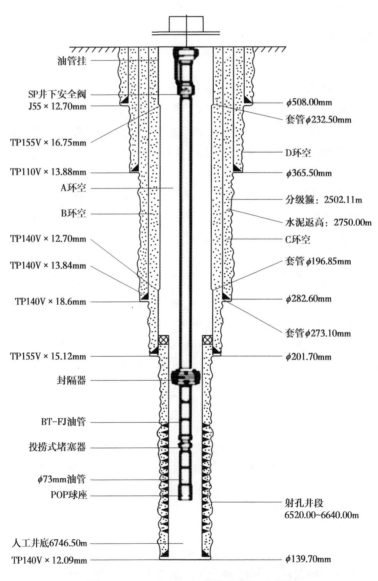

图 3-6-3　KeS 2-2-K 井井身结构示意图

克深 2-2-K 井于 2013 年 5 月开井生产。2018 年 2 月对 A 环空泄压诊断测试，确认油套连通。9 月对 B 环空泄压诊断测试，确认 A、B 环空有相关性，生产套管渗漏，对 B 环空进行持续泄压。10 月 B 环空压力持续上涨，并维持在 32MPa 泄放不了，被迫组织压井。通过正反挤压井，压井液从 B 环空泄压口返出，生产套管在浅部位发生窜漏，挤压井失败。随后用连续油管进行压井，连续油管下至 5300.5m 遇阻，上提 100m 后进行控压循环压井。

当累计泵液 140m³ 时，井口附近发出异响，连续油管注入头出现抖动，连续油管悬重增加 80kN 且被卡死。多次上提下放并泵注金属减阻剂未能解卡，利用连续油管井口剪切闸板剪断连续油管，关闭采气井口主阀。

2）作业思路

挤压井后换装井口，试提油管，起出井下安全阀。试提原井油管时，若能同步起出连续油管，则用连续油管车起出连续油管后起出部分原井油管；若不能同步起出连续油管，则起出井下安全阀，连接油管挂，坐回原井采油树内；在 ϕ114.3mm 油管内采用水泥凝结卡、切割弹切割、定制液压卡瓦打捞筒或机械式卡瓦打捞筒打捞连续油管。

在打捞连续油管过程中井控问题是关键，既要为打捞工具顺利起下创造条件，又要具备随时关井进行压井的条件。

（1）打捞井口配置。

井口装置中定制装配 105MPa 连续油管悬挂密封装置，能随时坐挂连续油管，而且预留连续油管和油管之间的压井通道，解决连续油管打捞过程中的井控问题。压井后换装井口，在油管四通以上装配 105MPa 井控装备，如图 3-6-4 所示。

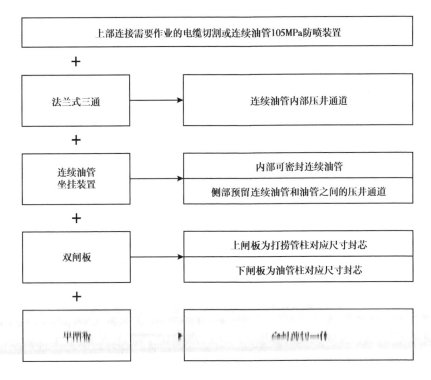

图 3-6-4　井口防喷装置配置图

（2）连续油管打捞。

计算连续油管卡点位置为 1617.18m，可用 32mm 切割弹切割打捞卡点以上连续油管。打捞工具为可退式卡瓦捞筒，打捞方式为机械打捞和液压打捞，定制打捞工具抗拉强度大于 60tf。

（3）异常情况应对。

连续油管落鱼鱼头位置不明确，可用电缆下探落鱼鱼顶；连续油管卡死在油管内，则打捞油管带出连续油管；连续油管在油管内滑落，则在油管内挤注水泥，将连续油管凝结在油管内再进行打捞；连续油管滑落在套管内，则在套管内穿心打捞连续油管；连续油管和油管鱼头修整等方案措施准备到位。

3）作业情况

在打捞连续油管过程中，每步打捞作业后彻底循环 1~2 周，确保压井平稳，且在打捞作业后分析井下落鱼情况形成小结，编制下步打捞方案。

（1）探连续油管落鱼鱼顶。

换装 105MPa 防喷装置后，试提油管柱，油管柱在井下安全阀下提升短节外螺纹处断脱，对接管柱探至连续油管落鱼鱼顶在 1448.8m，井内连续油管落鱼长 5285.12m，人工井底 6746.5m，判断连续油管已穿过管鞋落入井底。

（2）用连续油管打捞工具打捞。

更换打捞鱼头并对接油管柱，调整油管柱重新坐挂至采油四通，配备连续油管 105MPa 防喷装置，打铅印判断连续油管鱼头规整但严重贴边，下入定制连续油管高效可退式液压捞筒多次下放加压、开泵变换排量、变换速度下放打捞均未捞获，捞筒边部一侧压痕明显，卡瓦无入鱼痕迹。

（3）油管内注水泥打捞连续油管。

油管柱在深部位倒扣后泵入水泥浆 1m^3（管内凝结 500m），憋压候凝，将连续油管固定在油管内，上提油管柱共起出连续油管 663.89m，剩余连续油管落鱼 4621.23m，连续油管落鱼鱼尾被拉断，断口较规整。

（4）套管内穿心打捞连续油管。

起出倒扣油管柱，在 196.85mm 套管内用 ϕ147mm 整体可退式卡瓦捞筒打捞连续油管，遇阻 10kN 并复探后开转盘拨动鱼头入鱼，继续下放管柱加压 20kN，上提管柱悬重增加 70kN 捞获落鱼，继续下放穿心打捞 23.48m 后上提活动管柱，活动范围 0~400kN 成功解卡，起出井内全部连续油管。

4）作业总结

（1）在超深高温高压气井打捞连续油管，首先要解决井控问题。该井井完整性失效，必须在充分压井后进行打捞作业，创新研制的连续油管井口密封悬挂装置在整个打捞作业过程中可确保井口可控，并且为"三高"气井采油树井口密封悬挂高钢级连续油管提供了借鉴。

（2）采用水泥凝结卡工艺在"三高"气井中打捞连续油管作业是成功的，但在井筒管柱存在漏点的情况下，打捞过程风险较高，必须在精确计算和认真实验评估后采用。

（3）高钢级连续油管在井筒内弯曲，落鱼鱼头靠边严重，采用连续油管打捞，打捞工具转动入鱼和丢手不能兼顾，很难打捞成功。

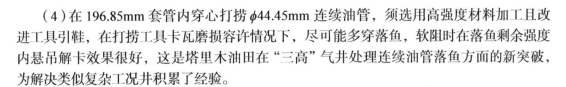

（4）在 196.85mm 套管内穿心打捞 ϕ44.45mm 连续油管，须选用高强度材料加工且改进工具引鞋，在打捞工具卡瓦磨损容许情况下，尽可能多穿落鱼，软阻时在落鱼剩余强度内悬吊解卡效果很好，这是塔里木油田在"三高"气井处理连续油管落鱼方面的新突破，为解决类似复杂工况井积累了经验。

四、井筒内异物处理技术总结

（1）井下落物对钻完井正常作业会带来严重影响，应通过各种管理及技术手段避免井下落物的发生。

（2）油管内落物处理难度大，受油管内径限制，钢丝作业通常成为打捞首选，在实施过程中，应根据实际情况选用合适的钢丝打捞工具，必要时研制针对性工具。

（3）对于钢丝落物的打捞过程中，一般可以采用地下捕捞的方式完成任务。钢丝落物是井下作业中最普遍的坠落物，由于钢丝本身的弹性特点，打捞时要制定完善的打捞计划，具体打捞时要重视以下要点。一是需要对井下的实际情况做到实时掌握，基于钢丝落物的形状制定出与打捞钢丝相对应的内钩，并简化整个打捞过程。由于这种打捞方法通常在制定内钩的过程中，需要经过相对复杂的前期准备工作，因此会花费一定的人力与财力。另一种方法则是首先由现场的工作人员将井口的油管拆除，并借助工具将井下的钢丝进行固定，然后向上提拉就能完成对钢丝落物的打捞。这种方法是相当复杂的，尤其对于作业人员的专业能力有着非常高的要求，但是其效率与效果是非常显著的。

（4）在油气开采的过程中，电缆经常会落在油管套的深处，对于这种情况，现场的作业人员需要将井下的油管提高到一定的高度，然后再将打捞管柱放在落物的上方，借助于正转下方的方法，将打捞管柱旋转到一定的圈数，再对其进行提升及下放等操作，直到其下放的位置处在井下油管原本的位置为止。在进行提升与下放的过程中，现场的工作人员可以通过拉力表当中的重力变化显示，确认其具体的打捞工作是否已经完成。在对电缆落物实际进行打捞的过程中，现场人员需要始终注意以下四大要点：首先，在第一时间发现电缆出现脱落的情况后，需要及时将井口进行封闭，这样就能有效防止其他物件出现掉落的现象；其次，在对电缆落物进行打捞之前，打捞人员需要提前制定好详细的打捞方案，并确保整个打捞计划的合理性，对整个打捞过程中的经济性进行考虑，并对具体的打捞作业规范与具体的流程进行明确；最后，在打捞作业开始之前，现场人员需要对所使用到的拉力表进行提前的校对，从而保证整个拉力表的精敏度达到所规定的标准与要求。再次，对电缆落物进行打捞的过程中，现场的工作人员还需要始终控制好下钻的速度，并严格遵守相应的作用规范，确保整个现场打捞工作安全开展。

（5）在超深高温高压气井打捞连续油管，首先要解决井控问题。井完整性失效的情况下，必须在充分压井后进行打捞作业。

（6）采用水泥凝结卡工艺在"三高"气井中打捞连续油管作业是成功的，但在井筒管柱存在漏点的情况下，打捞过程风险较高，必须在精确计算和认真实验评估后采用。

（7）在套管内穿心打捞连续油管，须选用高强度材料加工且改进工具引鞋，在打捞工具卡瓦磨损容许情况下，尽可能多穿落鱼，软阻时在落鱼剩余强度内悬吊解卡效果很好。

第七节　修井技术总结

一、大井眼修井技术

1.技术现状及主体处理思路

针对 7in 大尺寸井眼高压气井大修作业，采用化整为零的处理思路，已形成成熟固定的施工工艺流程，将井内管柱打捞分为上部管柱处理、THT 封隔器处理、下部尾管处理三个阶段。对上部管柱采用能切不倒、能倒不磨的处理方式、封隔器套铣技术，相应的打捞倒扣、套铣、磨铣工具基本配套，使 7in 套管内打捞、处理工艺基本成熟，修井工期相对较短，一般情况下均能修井成功。

打捞总体思路按照"可进可退"的原则，采取较为保守的打捞处理方案，确保打捞过程中不发生次生事故。对于塔里木库车山前 7in 大尺寸井眼修井打捞处理一般分为封隔器以上管柱处理、封隔器处理及下部尾管处理，对于此类高难度打捞井，打捞施工过程中的每一参数都需要认真分析，对每趟工具出井时的损伤情况认真"会诊"，再对井下情况综合判断，制订针对性措施，处理思路有以下几点。

（1）切割弹可以通过井下安全阀时，下电缆通油管内径，通过后下穿孔弹和切割弹切割封隔器以上油管（预留 2~3m 便于后期打捞），压井液挤压井后正循环压井，起出切割后的自由油管，下套铣或磨铣管柱磨铣 THT 永久式封隔器，处理封隔器卡瓦后，下入倒扣卡瓦捞筒外捞油管本体（磨铣后若封隔器抽芯，用特制捞矛打捞封隔器附件后打捞封隔器芯轴），提出封隔器及下部尾管。如果尾管存在埋卡无法提出，进行倒扣处理，对井内剩余落鱼进行套铣及倒扣处理，直至完成修井环节中打捞作业。

（2）切割弹不能通过井下安全阀时，下电缆通油管内径，通过后下穿孔弹对封隔器以上油管进行穿孔（预留 2~3m 便于后期打捞），压井液挤压井后正循环压井，进行倒扣处理起出井下安全阀，根据倒扣情况决定是否进行切割，如果需要切割，使用大通径 EUE 油管及打捞工具，打捞油管鱼头，切割下部油管落鱼，起出切割后的自由油管，下套铣或磨铣管柱磨铣 THT 永久式封隔器，处理封隔器卡瓦后，下入倒扣卡瓦捞筒外捞油管本体（磨铣后若封隔器抽芯，用特制捞矛打捞封隔器附件后打捞封隔器芯轴），提出封隔器及下部尾管。如果尾管存在埋卡无法提出，进行倒扣处理，对井内剩余落鱼进行套铣及倒扣处理，直至完成修井环节中打捞作业。

从模拟处理方案时，对井内油管及 THT 封隔器处理可以形成模式化处理方案，但在实际修井过程中，可能遇到油管埋卡、油管断裂、封隔器抽芯、尾管埋卡和套管变形等情况，对打捞周期或是工艺造成整体影响，DN2-B2 井、DN2-22 井、大北 304 井、克深 501 井四口具有代表性大修井处理趟数及影响因素见表 3-7-1。

从 7in 大尺寸井眼高压气井大修作业 DN2-B2 井、DN2-22 井、大北 304 井、克深 501 井四口井封隔器以上管柱处理、封隔器处理及下部尾管处理对比发现：

（1）在 7in 大井眼内，油管断裂对整个修井打捞周期及打捞手段影响较小，从处理周期角度可以通过再次通径切割来实现周期优化，直接切割至封隔器上部油管，直接可以对封隔器进行处理，倒扣处理是出于经济性原则出发，但倒扣作业在深井作业中，易受到操作者水平及其他因素干预，所以不确定性因素增多。

表 3-7-1 大修井处理趟数及影响因素表

井号	封隔器上部油管处理		封隔器及附件处理		封隔器及下部尾管处理	
	存在问题	处理趟数	存在问题	处理趟数	存在问题	处理趟数
DN2–A2	1618.36m 处油管外螺纹根部断裂	卡瓦捞筒对扣 1 趟，引子磨鞋修整鱼头 1 趟	无	φ146mm 进口合金套铣管柱 1 趟钻	鱼顶存在封隔器残片	φ143mm 卡瓦捞筒打捞 3 趟处理完成
DN2–××	4272.30m 油管距内螺纹端 0.53m 断裂	捞筒倒扣打捞 7 趟钻	无	φ145mm 进口合金高效铣鞋 1 趟钻	射孔枪管串埋卡 317.16m	卡瓦捞筒打捞 1 趟、母锥 2 趟，下反扣套铣母锥 2 趟，φ146mm 反扣凹底磨鞋 1 趟，反扣套铣母锥 4 趟，卡瓦捞筒 1 趟，共计 11 趟钻
大北 3××	6.45mm 油管第 207 根本体全部被挤扁，垢物与有机盐混合固屑轻微埋卡	其中下 148mm 母锥 2 趟、φ146mm 内斜式锯齿形套铣鞋 2 趟、φ147mm 反扣整体可退式卡瓦打捞筒 4 趟，共计 8 趟钻	封隔器抽芯	期间下 φ147mm 外开窗捞封隔器附件 1 趟，捞矛串下中心管 3 趟，空心磨鞋通水眼 3 趟，凹底磨鞋磨铣鱼头 1 趟，公锥打捞封隔器 4 趟，共计 12 趟钻	下部管柱埋卡 104.06m	套铣 2 趟、公锥打捞 1 趟、卡瓦捞筒打捞 3 趟、母锥打捞 6 趟、套捞一体管柱 2 趟，共计 14 趟钻
克深 5××	倒扣回接后 φ70mm 通径规下至井深 5952m 遇阻达不到切割目的环空钻井液沉淀埋卡	φ146mm 反扣可退式卡瓦打捞筒 12 趟，倒扣打捞至封隔器上部提升短节	无	φ148mm 贝克铣鞋、φ148mm 合金铣鞋套铣 2 趟，卡瓦捞筒打捞 2 趟	下部管柱环空砂埋，油管水眼堵死，落鱼总长 193.59m，套管疑似变形	φ140mm 铣齿接头 2 趟、φ148mm 可退式卡瓦打捞筒 11 趟、φ148mm×120mm 合金铣鞋+φ146mm 母锥套捞一体 1 趟、φ148mm×120mm 合金铣鞋+φ105mm 公锥套捞一体 4 趟、引子磨鞋 1 趟、凹底磨鞋一趟共 20 趟

（2）7in THT 封隔器上部油管是否埋卡或变形，埋卡或变形程度对打捞处理整个周期及处理工艺复杂程度会造成较大影响。

（3）7in THT 封隔器处理时，用 φ145~148mm 进口合金套铣鞋进行套铣处理，周期及经济性较为理想。大北 3×× 井在处理过程中进行倒扣，封隔器发生抽芯现象，处理周期及处理难度会增加，而且现场处理人员判断不准确或经验不足，会使处理变得复杂。

（4）DN2–×× 井、大北 3×× 井、克深 5×× 修井打捞作业过程中处理至 7in THT 封隔器下部尾管时，均遇到尾管埋卡现象，尾管埋卡造成打捞难度增加，也是造成处理周期的不确定因素。

（5）对于因管柱完整性造成的复杂如油管破裂、埋卡严重的井，处理仍比较困难。

2. 修井打捞处理工具配套及组合工艺

超深高温高压因素对打捞工具材质、强度、加工精度等工具性能都提出巨大挑战。由于井深，单趟起下钻时间长，打捞效率低，且井下超深高温高压对钻井液性能的稳定性影响较大，可能导致井下管柱的"死卡"，所以打捞工具本体基本全采用超高强度钢，磨套铣工具采用进口材料,切削齿采用天然金刚石或进口合金齿。自制工具严格把控加工过程,打捞辅助工具如震击器类进口工具应用较多,所以有较成熟的管柱组合方式。

1)主要打捞类、磨铣、套铣类工具配套

塔里木库车山前 7in 大尺寸井眼修井打捞处理工具主要分为打捞类、磨铣类、套铣类工具。由于库车山前井特殊性打捞工具,一般以高强度打捞工具类为主,例如抗拉抗扭及安全系数较高的可退式捞筒、高强公锥、高强母锥等高强度工具。

打捞类工具主要除 ϕ143mm、ϕ146mm、ϕ147mm、ϕ148mm 反扣可退式卡瓦捞筒、可退式捞矛、反扣母锥、公锥工具等常规工具为主外,还有根据现场施工情况特殊设计的工具,如倒扣卡瓦捞筒、修捞一体可退式卡瓦捞筒、套铣母锥、特殊加工引鞋公锥、短引鞋可退式捞矛等特殊工具,其中可退式卡瓦捞筒在库车山前 7in 大尺寸井眼修井打捞作业过程中应用较广泛。可退式卡瓦捞筒分为可倒扣式卡瓦捞筒和常规卡瓦捞筒,可倒扣式卡瓦捞筒用反扣钻具打捞时可以实现反转倒扣功能,卡瓦不易滑脱。母锥及公锥在应用过程中,结合套铣原理产生新工具套铣母锥,可以实现套铣打捞一体化功能。特制加长捞矛、鱼刺捞矛、Weatherford 进口合金齿磨捞一体式外开窗铣锥等用来处理封隔器附件及封隔器时使用。

磨铣类工具修整鱼头及进行磨铣作业,有套子磨鞋、平底磨鞋、凹底磨鞋等、哈弗得高效引子磨鞋。通水眼作业有引杆磨鞋、特制引杆磨鞋等多种磨铣工具,配套比较齐全,主要以进口合金磨鞋为主,性能基本满足库车山前修井打捞施工要求,但磨铣效率较低,有待研究。

对于油管环空埋卡处理,出于套铣功能和保护套管的目的,使用铣齿接头套铣处理油管和套管环空修井液沉淀物及砂卡等工况;对于 THT 封隔器处理,套铣类工具主要有 Baker Hughes、Weatherford 等合金铣鞋,主要以进口套铣鞋为主。7in 大尺寸井眼套铣管目前配备比较齐全且强度满足套铣要求,在库车山前修井过程中,根据实际情况也特殊设计组合工具:如 ϕ148mm 合金铣鞋和 ϕ146mm 母锥套捞一体工具,ϕ148mm 合金铣鞋和 ϕ105mm 公锥套捞一体等新型组合工具,可以实现套铣打捞一体化功能,在克深 501 井处理埋卡油管打捞作业时,取得了较好效果,可以一趟钻实现套铣打捞作业。

主要辅助类工具有 ϕ121mm 高峰随钻震击器、ϕ121mm Halliburton 随钻震击器、超级震击器、Smith 随钻震击器等。特殊制作类有外捞钩、活页外钩、安全接头、扶正器。碎屑收集类主要有随钻捞杯、双捞杯、反循环打捞篮、吸射式反循环总成、文丘里碎屑收集等工具。

2)打捞管柱组合工艺

塔里木油田库车山前常规打捞管柱组合一般按照可进可退的原则,即在不发生次生事故的总体原则下,在施工中根据井下实时情况进行实时调整打捞方案。在制定打捞管柱组合时充分考虑管柱可退性、安全性、可实现性、高效性、简单化、合理化为,以防止造成二次复杂事故。组合原则:磨铣金属物件时,应安装随钻捞杯;特殊井况下磨铣套铣管柱要使用螺杆钻具;个别大斜度井可以使用套管防磨扶正器。以下是几种常见打捞及套磨铣管柱组合。

(1)可退式捞筒或捞矛打捞管柱组合:可退式卡瓦打捞筒(捞矛)+钻杆至井口。

(2)可退式加长捞矛+循环接头+四棱扶正器+钻杆至井口。

(3)公(母)锥类打捞工具管柱组合:反扣公(母)锥+安全接头+循环接头+钻杆

至井口。

（4）加随钻震击器时管柱结构：倒扣捞筒＋反扣钻杆 3 根＋变螺纹接头＋挠性接头＋4¾in 随钻震击器＋变螺纹接头＋钻杆至井口。

（5）磨铣管柱结构：磨鞋＋高强度随钻捞杯＋四棱扶正器＋钻铤 9 根＋钻杆至井口。

（6）套铣管柱结构：铣齿接头＋铣管＋大小头＋高强度随钻捞杯＋三棱扶正器＋ϕ121mm 钻铤＋钻杆至井口。

3. 总结

（1）对于 THT 封隔器上部油管处理，井下安全阀通径问题，可以通过倒扣后大通径捞筒回接切割的方式进行处理，保证了封隔器上部管柱顺利切割，节省处理周期，具有一定经济性和可行性。

（2）打捞按照"可进可退"的处理方案，打捞工具的选取遵循"先外捞、后内捞、先捞筒、后捞矛、最后考虑公母锥"的原则，保证单趟施工目的实现。

（3）对于 THT 封隔器处理技术，采用进口合金铣鞋套铣掉封隔器上卡瓦，出口见胶皮是一个重要信号，可以确定套铣位置同时也可判定是否具备打捞条件。而根据封隔器在套铣作业过程中是否产生位移可以判断出封隔器以下尾管埋卡程度，如果下部管柱未埋卡，封隔器较大可能要产生位移，下步可通过震击处理或活动解卡直接提出封隔器及下部尾管，如果封隔器在套铣作业时出口见胶皮而无位移，下部尾管可能埋卡严重无法提出，可直接进行倒扣处理，先捞出 THT 封隔器，再对下步尾管进行处理。

（4）对于 7in 大尺寸井眼封隔器以下尾管的处理，目前常用处理工艺是下铣鞋或铣齿接头进行套铣后再倒扣打捞处理，套一段捞一段的处理方式，虽然效率较低，但是针对尾管固卡问题，该方法安全系数较高，在不增加二次复杂事故的前提下，基本可以完成修井目的。

（5）施工人员对施工过程中的参数、每趟工具出井时的情况进行认真分析，再对井下情况综合判断，制订针对性措施，是保证施工井的打捞成功的一个重要因素。

（6）打捞的对象是非常复杂的，必须根据落鱼及管柱卡阻情况优选合适的打捞工具，配好工艺管柱是非常重要的。一旦处理不好，会造成新的复杂，新的事故，增加不必要的困难。原则上对不同类型的落鱼，选择工具应注意，落鱼为大套管内的小油管时，由于这类落鱼的直径远远小于套管内径，在打捞和打印时钻压稍大一点，就会将落鱼压成弹簧，不容易引入落鱼。打捞时一般选用筒类打捞工具，而且要精选引鞋，确保在轻钻压下就能将落鱼引入工具内。

（7）克深 1× 井使用进口高效合金铣鞋套铣 718 材质封隔器，在套铣过程中把握进尺到位，同时下部尾管未存在埋卡，从而顺利捞获了全部落鱼。对该类套铣鞋合金及布齿需进一步研究，对提高 7in 大井眼处理效率具有积极意义。

二、小井眼修井技术

1. 技术现状及主体处理思路

塔里木库车山前 5½in 或 5in 套管完井主要集中在克深、大北、博孜区块，区域井深 6800~8000m、井温 166~190℃、地层压力 112~136MPa。从管柱结构来说，小井眼修井打捞处理与 7in 大套管管柱结构具有类似性，均为井下安全阀＋永久封隔器管柱结构，处理思路有一定互通性，也可以封隔器以上管柱处理、封隔器处理及下部尾管处理三步法处理。但是由于小井眼内径对打捞工具的尺寸限制，小井眼工具选择与7in大套管井有所区别。随着库车山前勘探开发的不断深入，勘探开发对象日益复杂，井况、工况将越来越恶劣，封隔器上部油管柱综合腐蚀造成部分油管严重变形、破裂、管内堵塞、环空埋卡等诸多管柱完整性问题，切割通径遇阻无法实现切割，处理难度大，打捞常陷于反复磨铣、套铣打捞处理固化管柱施工，仅封隔器以上油管处理就花费很长施工周期。由于封隔器下部管柱小井眼内管柱埋卡等诸多因素，打捞常陷于反复磨铣、套铣打捞处理固化管柱施工。在小井眼中，由于空间有限，塔标Ⅱ B5½in套管和油管本体间隙仅8.41mm（单边4.2mm），处理埋卡油管难度大。部分井由于油管埋卡严重，考虑到钻磨油管工期太长，从周期和费用等综合因素考虑，无法继续处理。小井眼井因井内管柱完整性及管柱埋卡等诸多因素造成修井工期长，修井周期151~286天，平均216.38天。

目前塔里木超深高压井小井眼常用井身结构为塔标Ⅰ和塔标Ⅱ B（表3-7-2），对应的油层套管程序为7in+7⅛in（封盐）+5in和7¾in+8⅛in（封盐）+5½in。

表3-7-2 塔标Ⅰ和塔标Ⅱ B井身结构油层套管技术参数表

塔标Ⅰ井身结构油层套管技术参数					
套管程序	套管名称	螺纹类型	内径 / mm	最小抗挤强度 / MPa	最小抗内压强度 / MPa
油层尾管悬挂	ϕ127.00mm×9.50mm 140V LC 套管	LC	108	119.3	126.8
膏盐层悬挂	ϕ182.00mm×14.80mm 140V 特殊间隙接箍 BC 套管	BC	152	145.0	120.7
油层回接	ϕ177.80mm×12.65mm 140V BC 套管	BC	153	120.0	120.2
塔标Ⅱ B井身结构油层套管技术参数					
套管程序	套管名称	螺纹类型	内径 / mm	最小抗外挤强度 / MPa	最小抗内压强度 / MPa
油层尾管悬挂	ϕ139.70mm×12.09mm 140V 特殊螺纹套管	气密封螺纹	115.52	152.6	146.1
膏盐层悬挂	ϕ196.85mm×12.70mm 140V 特殊螺纹套管	气密封螺纹	171.45	90.0	109.0
油层回接	ϕ206.38mm×17.25mm 140V 直连型特殊螺纹套管	直连型气密封螺纹	171.88	150.0	106.0

小井眼井不同于普通斜井、直井，它具备自身的特殊性，存在大套管变小套管、小套管变大套管、大小套管互变的井身结构。塔标Ⅰ、塔标Ⅱ B两类井内所下的油管及封隔器等都是根据库车山前工况优选组配的，能够满足油田生产和开发的需要，但一旦要对落物进行打捞处理，套管内径对打捞方法和工具的选用就有很大的影响。

对库车山前施工周期较短且成功打捞的KeS 2-2-×1井和KeS 2-2-×2井整个打捞过程进行整理见表3-7-3和表3-7-4。

表 3-7-3　KeS 2-2-×1 井打捞过程统计表

KeS 2-2-×1	封隔器顶部油管处理	存在问题	4146.14m 处 3½in（6.45mm）油管外螺纹端螺纹根部断
		处理趟数	可退式卡瓦打捞筒 2 趟，可退式捞矛 3 趟，ϕ110mm 领眼磨鞋 1 趟，共计 6 趟钻处理至封隔器提升短节
	封隔器处理	存在问题	磨铣作业未带捞杯，捞矛打捞封隔器过程鱼顶被钻井液淀物和铁屑堵死
		处理趟数	ϕ110mm 凹底磨鞋磨铣 3 趟，ϕ110mm 领眼磨鞋清水眼 2 趟，可退式捞矛打捞 2 趟，共计 7 趟钻处理至封隔器下提升短节下变螺纹处
	封隔器下部尾管处理	存在问题	磨铣封隔器时磨鞋未带捞杯导致下部鱼头水眼被铁屑沉积堵死，变螺纹水眼 56mm 不具备打捞条件
		处理趟数	先后 4 趟公锥打捞、铣齿接头循环调整钻井液 1 趟、引子磨鞋扩水眼 1 趟通水眼 2 趟、凹底磨鞋 1 趟共计 11 趟钻打捞出全部落鱼
总打捞时间			共计 24 趟钻，64 天完成打捞作业

表 3-7-4　KeS 2-2-×2 井整个打捞过程统计表

KeS 2-2-×2	封隔器顶部油管处理	存在问题	下连续油管压井施工在 5288.68 遇卡解卡无效，剪切后 5284m 连续油管落井
		处理趟数	打铅印 1 趟，加长引子磨鞋通鱼头水眼 1 趟，下公锥倒回扣接 1 趟，下卡瓦捞筒 1 趟（期间管内穿心打捞连续油管铅印 1 趟、打捞 3 趟未捞获后，倒扣、注水泥打捞 461.89m 连续油管），下卡瓦捞筒 1 趟（穿越打捞连续油管捞获全部落鱼）共计 5 趟钻
		存在问题	井下安全阀下提升短节外螺纹断裂、鱼尾 SLF 直连油管残体有轻微纵向横向裂纹、轻微结垢管柱未固化
		处理趟数	反扣高强度公锥 10 趟打捞至封隔器顶部提升短节共计 15 趟钻
	封隔器处理及下部尾管处理	存在问题	提升短节接箍因倒扣松扣，钻磨时打转
		处理趟数	反扣金刚石短引杆磨鞋 1 趟，公锥 1 趟，反扣金刚石短引杆磨鞋 1 趟进尺 0.14m，Weatherford 进口合金齿高效四刀翼短引杆磨鞋 1 趟进尺 0.65m，ϕ110mm 反扣高强度公锥 1 趟捞出全部落鱼，共计 5 趟钻
总打捞时间			共计 25 趟钻，62 天完成打捞作业

通过 KeS 2-2-×1 井和 KeS 2-2-×2 井的打捞处理过程对比可以发现：

（1）对封隔器上部油管处理思路上，7in 大套管采用能切不倒的原则，在小井眼中因为切割困难，一般对于小井眼井上部大套管内油管打捞处理思路仍是以套磨铣、倒扣处理为主。

（2）针对封隔器处理，目前处理方式主要有两种。第一种以进口合金引杆磨鞋和进口合金凹底磨鞋及金刚石磨鞋磨铣—捞附件—通水眼—捞矛或公锥内捞尝试解卡——捞出落鱼或者倒扣处理的思路。但由于小井眼内携屑能力弱，上部油管在钻磨过程中产生的铁屑会有一部分沉积在封隔器残体上部和水眼内造成堵塞，所以就会出现磨鞋磨铣一趟钻，打捞 1 趟水眼不通无法入鱼，再下引杆通水眼，再次打捞数趟，造成封隔器整体处理处比较低效，如 KeS 2-2-×1 井、KeS 2-2-×2 井、博孜 10× 井；第二种以 ϕ112mm 整体式进口合金铣鞋或整体式金刚石铣鞋直接对 5½in 封隔器进行套铣作业——长引杆磨鞋通水眼和公锥打捞，如 KeS 8 A 井、KeS 2-2-A 井处理相对高效。

（3）封隔器下部尾管处理，主要是打捞工具的外形尺寸要受到套管内径的限制。小井眼打捞中的一个主要问题就是工具必须有规范，才能保证下得去、捞得上。比如 ϕ88.9mm 油管外螺纹断落，大套管可直接采取外捞的方法处理，而 ϕ115.52mm 套管井由于受到油套空间较小的限制就不能同样处理，所以小井眼尾管处理有两种方式，套铣与公锥/母锥一体化复合打捞处理，或采用合金磨鞋钻磨的处理方式。

2. 修井打捞处理工具配套及组合工艺

1）打捞类、磨铣、套铣类工具配套

常规套管井由于其历史较长，经过长期的研究、开发，修井打捞技术已经成为一整套成系列的成熟技术，针对各种井下落物都有比较配套成型的打捞处理方法和打捞处理工具。而小井眼由于其时间较短，应用范围也不是十分广泛，目前修井打捞技术还很不完善，没有形成系列化。而且由于小井眼井的特殊性，其配套打捞工具在加工制造上也比大井眼井要求严格，在工具设计、材质选择、加工精度、加工过程和加工质量等方面都有更高的要求，加工制造的数量也没有常规井眼井配套打捞工具加工制造的数量大。因此，打捞工具市场对此类工具的研发规模很小，有关供应也很缺乏，目前还没有形成此类工具的系列化，特别是磨铣类工具和套铣类工具，主要以进口工具和金刚石类工具为主，目前工具仍以特殊定制为主要来源，加工周期长、价格昂贵。

打捞工具类应用较多的打捞工具以反扣为主，主要有外捞工具母锥、卡瓦捞筒和内捞工具公锥和卡瓦捞矛等工具，使用频率及应用效果公锥类＞捞矛＞母锥类＞捞筒类。外捞工具主要以母锥类工具应用较多，如 ϕ110mm 反扣母锥（MZ60×94）、ϕ112mm 反扣高强度母锥（范围 ϕ92mm~ϕ65mm）、ϕ110mm 引鞋反扣母锥（110MZ93×60）。内捞工具主要以公锥类和捞矛类应用较多，整体打捞效果优于外捞工具，公锥类在小井眼修井打捞作业中应用次数高于捞矛类，如 ϕ112mm 反扣公锥（范围 ϕ91mm~ϕ75mm）、ϕ110mm 高强度反扣公锥、ϕ90mm 反扣加长公锥、ϕ104mm 反扣公锥。

套铣类工具在小井眼内相对磨铣类工具应用较少，主要有铣齿接头、ϕ110mm×95mm 反扣薄壁一体式铣筒、ϕ110mm Weatherford 铣鞋（双阶梯母）+108mm 铣管（双阶梯）用于清理小井眼内埋卡油管与套管环形空间，整体式进口合金铣鞋、整体式金刚石铣鞋对封隔器进行套铣。

磨铣类工具主要以进口合金和金刚石类工具为主，如 ϕ112mm 进口合金反扣领眼磨鞋、ϕ112mm 进口合金反扣长引杆磨鞋、ϕ112mm 合金平底磨鞋、ϕ112mm 小刀翼引子合金磨鞋、ϕ110mm 凹底磨鞋、ϕ112mm 金刚石平底磨鞋、ϕ112mm 金刚石小引子磨鞋等（表 3-7-5）。

表 3-7-5　5½ in、5in 套管内管柱组合

5½ in 套管内			5in 套管内		
磨铣管柱	套铣管柱	打捞管柱	磨铣管柱	套铣管柱	打捞管柱
磨鞋 +ϕ105mm 钻铤 16 根 +ϕ73mm 钻杆若干 +ϕ89mm 钻杆	铣鞋 + 铣管 +ϕ105mm 钻铤 12 根 +ϕ73mm 钻杆若干 + 变扣 +ϕ89mm 钻杆	打捞工具 + 变扣 +ϕ73mm 钻杆若干 + 变扣 +ϕ89mm 钻杆	磨鞋 +ϕ89mm 钻铤 16 根 + 变扣 +ϕ73mm 特殊钻杆若干 + 变扣 +ϕ89mm 钻杆	铣鞋 + 铣管 +ϕ89mm 钻铤 16 根 +ϕ73mm 特殊钻杆若干 +ϕ89mm 钻杆	打捞工具 + 变扣 +ϕ73mm 特殊钻杆若干 + 变扣 +ϕ89mm 钻杆
磨鞋 +ϕ95mm（或 ϕ89mm）螺杆 + 变扣 +ϕ105mm 钻铤 12 根 +ϕ73mm 钻杆若干 + 变扣 +ϕ89mm 钻杆	跟磨铣管柱相似	同上	磨鞋 +ϕ89mm 螺杆 +ϕ89mm 钻铤 12 根 + 变扣 +ϕ73mm 特殊钻杆若干 + 变扣 +ϕ89mm 钻杆	跟磨铣管柱相似	同上

2）打捞管柱组合工艺

打捞管柱一般要采用可进可退原则进行施工，在打捞过程中根据井下情况进行调整打捞方案，在制定打捞管柱组合时充分考虑管柱可退性、安全性、可实现性、高效性、简单化、合理化为主要原则，以防止造成二次复杂（图3-7-1、图3-7-2）。

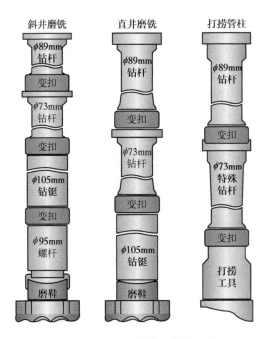

图 3-7-1　5½in 套管内管柱组合

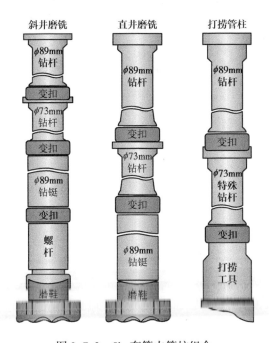

图 3-7-2　5in 套管内管柱组合

3. 总结

（1）井内管柱无小油管发生管柱卡阻，或者落鱼处在大套管内时，可按常规井打捞进行处理和操作。

（2）下部小套管出现落鱼或管柱卡阻时，应充分考虑侧钻井井斜大、井眼小、大套管变小套管的井身结构，及时落实落鱼形态、深度、卡阻类型、管柱结构等，采取两种和两种以上不同的方式方法进行优化选择。

（3）无法判明落鱼鱼顶情况时，应选择下入铅模进行打印检测，为打捞措施的制定和打捞工具的选择提供依据，但油管破裂重叠鱼头铅印侦测有缺陷。

（4）在处理库车山前井任何形式的工程事故时，应充分掌握打捞管柱的结构和抗拉载荷极限。进行首次打捞时，一定要缓慢上提，判断井下管柱是否存在阻卡，不能盲目上提，尤其是刚开始提生产管柱时，即使认为井下没有问题，也一定要首先掌握原管柱的正常负荷，做到心中有数，以免拉伤管柱。严禁大载荷强力提拉，以免管柱脱扣，造成二次事故。遇有管柱卡阻时，建议优先选用活动管柱法，实施解卡作业，原井工艺管柱被卡或打捞工艺管柱被卡应优先选用此法。在管柱许用提拉负荷下，上下活动管柱，使卡点处产生疲劳破坏，以达到解除卡阻。井口操作必须安装刮泥器，严禁任何物件落井，以免造成复杂打捞，使一般事故恶性化。

（5）选择打捞工具时，应根据能进能退的原则，优先选用可退式打捞工具。

（6）由于小井眼井内所使用打捞工具尚未形成系列化，它不像常规井那样具有较规范、选择性较宽的范围。因此，应视具体情况，自己动手，制作有效的打捞工具。制作时应本着抓得住、退得出，不损害鱼顶、不损害套管、不增加新的落鱼的一般原则进行加工制作。外径与套管内径的间隙应保持在 4~6mm，以利于工具起下和碎屑返排。

（7）在小井眼井中进行钻磨时，首先要有耐心，轻压慢转，控制磨铣进尺，不能一味求快而忽略井下的复杂情况、管柱的受力状态及井底充分净化程度。

第四章 超深高温高压气井修井特色配套技术

随着油气资源勘探开发向深地进军，超深井、特深井的数量逐渐增多，井眼尺寸越来越小，后期修井作业因受作业管柱水眼尺寸、钻杆、工具强度和作业空间等因素限制，修井作业更加艰难，耗时长，成本高，给油气井正常生产带来极大的影响。本章主要从塔里木油田超深高温高压气井修井决策技术、异常环空压力处理技术、修井液技术、环空保护液技术、清洁完井技术、油套管找漏堵漏技术、二次完井管柱设计技术、特色工具及工艺技术等方面，较为详细地介绍了塔里木油田超深高温高压气井修井特色配套技术，为后期类似问题的解决方案提供了借鉴。

第一节 修井决策技术

一、井控风险分析

塔里木盆地库车山前克深气田是典型的超深、超高压、高温、致密裂缝性砂岩气藏。随着天然气勘探开发的不断深入，目前在生产过程中出现油管外环空或套管外环空持续带压的问题越来越多。异常环空持续带压气井里面尤其以油套窜通（即生产油管与套管之间窜通）的高压气井问题最为突出，一旦外层技术套管压力超过其管柱承受的极限压力，可能导致整口井报废，甚至引发天然气窜漏至地层、泄漏至井口等无法控制的灾难性事故。要及时控制风险，彻底解决油套窜通及高压气井技术套管带压问题，需要压井及彻底修井恢复井筒。

井完整性缺陷不同程度出现一级屏障失效、二级屏障受损、环空压力超限等复杂情况，采用压回法、置换法等常规方法无法实现应急压井。结合不同作业井井况、压井装备、地面控制设备、压井液类型、压井液密度、压井方法等，采用带压灌注法、节流循环法和高压挤注法等非常规压井方法，可快速有效控制井控风险，达到压井目的[73-75]。

多年来，气井相应的压井工艺和配套设施已较完善，为井控安全和压井成功提供了保障。但在深层气井压井施工中仍存在着一些制约压井成功的问题，使得气井面对井控安全的严峻挑战。超深高温高压气井井控风险主要包括以下几点。

（1）深层气井，尤其是生产时间较长、生产过程中产气量较高的井，在压井过程中严格评价暂堵剂效果，适度加入暂堵剂，降低压井液漏失；同时在起下管柱过程中应及时计算漏失量，避免气侵发生，根据可控漏失量定时向井筒内灌注压井液。

（2）对于无循环通道的高压气井，可采用高压挤注法压井，但高压挤注法压井要确保地层有一定吸液能力，可顺利将井筒流体压回地层。

（3）对于类似超高压高产气井的压井施工，井筒容积大且日产气量高，完井管柱窜漏但未断脱，油管穿孔位置和泄漏通道相距较远，在循环压井过程中存在短路，环空气侵流体被循环出来的效率很低，循环压井过程中必须配备节流管汇及液气分离装置。

（4）超高压高产气井压井过程中，尤其是对环空异常带压井的施工，保证井口装备的安全和有效性是控制井控风险的前提条件，采用高压挤注法压井时需考虑环空是否超压。

在高压气井采油气现场，为避免储层伤害，同时便于现场应急处理，尽量采用气田水或有机盐水进行半压井，降低井口压力，再用压井液进行压井作业。具体案例参见第三章2.1.1小节。

二、井完整性分析

井筒完整性一旦发生故障（即井筒失效），会引发气井泄漏、报废等后果，明确井筒失效过程对预防井筒失效至关重要[76-77]。

1. 井筒失效机理和原因分析

井筒内设备（主要指井屏障）故障引发井筒内物质窜流到地层或环空中，导致井筒中环空压力突变，引发井筒内油气泄漏、井喷或其他重大安全事故。即确保环空压力在安全范围内是井筒安全的前提条件，在现场中环空压力是判断井筒失效与否最直接的方法。若环空压力监测值超过预警值或设计值，则需要对井筒结构中的管柱、密封装置等构件进行维检修。

1）采油树失效

采油树失效的情况主要有油套环空密封不良，法兰钢圈刺漏和套管间支撑开裂。其中，最常见的采油树失效形式为腐蚀引发的气密封性故障。影响采油树腐蚀程度的主要因素有 H_2S（或 CO_2）的分压、温度和流体状态。

2）套管柱失效

套管是油气井中的重要工具之一，它具有加固井壁、隔离地层液体、保护油气管柱的作用。近年来，套管损坏对气井井筒安全产生了严重的威胁，一旦损坏就意味着天然气井的失效，处理难度和事故风险极大。在高温高压气井生产过程中，造成套管损坏的原因主要有套管变形、套管腐蚀、套管断裂和密封失效。

3）油管柱失效

油管柱是油气井生产中的重要工具，也是构成井筒的关键设备之一。油管柱一旦发生故障或损坏，会给气井的正常采收带来不便，严重时会使气井报废。油管失效原因有油管断裂、油管腐蚀和油管磨损。

4）水泥环失效

水泥环失效指水泥环本体或固井胶结面失效。水泥环失效会引发井筒内气体泄漏，危害生产过程、增加修井成本，严重时还会导致整口井报废。因此需要对高温高压气井水泥环进行安全分析，并对其影响因素加以控制。

5）井下密封装置失效

井下密封装置主要包括井下安全阀、封隔器和密封螺纹。密封装置具有隔离和防止井内流体和外部的气体或液体窜流、泄漏的功能。在高温高压气井中，井下密封装置的故障类型为密封垫片渗漏和压紧面泄漏，影响因素包括预紧力的大小不当、垫片的性能不佳、密封面的质量不合格和法兰的刚度不足。

2. 井筒失效后应急屏障识别

高温高压气井井筒失效后果较为严重，轻者需要关井修复或减产，重者则会导致气井报废或重大安全事故。但若在第一时间找到井筒失效的发生部位及类型，及时采取应急措施，可大大降低井筒失效后果的严重程度，并能在一定程度上控制事故的发展方向。

因此，识别高温高压气井井筒失效后可采取的安全屏障，对高温高压气井的事故防护具有重要的现实意义。可依次采取如下应急安全措施。

1）预警系统发出警报

高温高压气井的预警对象指监测到的各种压力值，包括井口油压、套压和各环空压力监测值。若井口压力突然上升或降低，压力突变感应警报器就会发出警报；若任一环空压力值增加到其环空带压的预警值，固定压力感应器就会发出警报。警报系统能否正常工作是降低高温高压气井井筒失效后果的第一道安全屏障，具有先决性。

2）检测故障类型

当工作人员收到压力突变或者高压警报后，应立即对现场工况做出正确的判断。若警报不准确，对高温高压气井安全无大的威胁，则无须关井，气井可继续生产；若警报准确，则应立即关井和排气，并进行井下检测，确定故障类型。

3）井下修复措施

对井筒故障类型进行判断，若是可修复的暂时性故障，则进行井下修复。若是不可修复的永久性故障，则弃井停产，或继续安全开采一段时间，达到利益最大化。

4）更换装置和设施

当修井失败时，应放弃修井，并按照经济可行的原则，换掉井筒内故障的装置或设施。如浅层油管腐蚀严重时，应更换带有严重腐蚀段的油管；若发现水泥环泄漏且不可修复或修复成本过高，则只能继续在安全条件下开采一段时间后弃井。

3. 井屏障失效风险因素分析

1）机械屏障

机械屏障的失效主要与油套管柱力学的完整性、油套管柱的密封完整性、管柱附件的密封完整性、井筒腐蚀完整性、水泥环的完整性及地层因素等有关。

（1）管柱及附件力学和密封失效风险分析。

套管柱是避免地层和井筒间流体互窜的井屏障部件之一，主要由套管、浮鞋、浮箍等组成。

设计套管柱时主要参照石油行业的一些标准规范，例如 SY/T 5724—2008《套管柱结构与强度设计》、SY/T 6268—2017《油井管选用推荐作法》、SY/T 6417—2016《套管、油管和钻杆使用性能》等，对于条件比较恶劣的油气井（高温高压）还应考虑一些特殊因素。

①套管选型设计。

a. 套管柱上所有部件均应通过 GB/T 21267—2017 石油天然气工业套管及油管螺纹连接试验程序规定的等级试验；

b. 根据区域地质特点，应制定专门的套管订货技术条件；

c. 应考虑 H_2S、CO_2 等酸性气体的影响；

d. 气井生产套管和最内层技术套管采用气密封螺纹；

e. 生产套管设计时应考虑井下安全阀安装要求；

f. 套管附件的材质、螺纹类型和强度应与套管相匹配。

②应对套管承受的载荷加以明确分析，并识别出套管柱的薄弱点。

③对于高温高压井条件下的管柱强度设计，应考虑螺纹密封的情况；在设计水平井和大位移井的油套管时，要考虑到弯曲应力对管柱强度的影响。

④如果某油田区块存在盐膏层，在设计该层段套管的抗外挤载荷时取上覆地层压力值，并且要延长该层段套管柱长度上下各 100m 左右。

⑤宜使用带顶部密封的尾管悬挂器。

⑥应确定合理的设计安全系数：

a. 应考虑腐蚀、磨损、疲劳、弯曲、经济和井寿命等因素的影响；

b. 应考虑温度升高引起的管材强度降低；

c. 生产套管应考虑接头效率（拉伸与压缩），并与套管进行等强度设计；

对于油管柱设计来说，其力学性能应符合 API 5C3、ISO 11960 及 ISO 10400 标准的要求。对于具有腐蚀工况的油气井，应按具体的腐蚀环境取合适的安全系数。在酸性油气井中，橡胶常用作胶筒，由于 H_2S 的渗入和应力的作用会导致材料发生硬化从而失去弹性密封性；由于 CO_2 的渗入会导致胶筒溶胀，当 CO_2 溢出时，胶筒遭到损坏，最终也会引起密封失效。另外由于腐蚀性介质的存在会在胶筒与套管接触处产生缝隙腐蚀，从而也会引起泄漏失效。

（2）油管螺纹密封选型及评价。

①气密封性要求。

a. 在复合载荷作用下密封面接触压力降低不会导致渗漏 / 泄漏，在试油或开采期之前往往会用氦气检测油管的气密封性，但之后仍会发现有地层流体渗漏或泄漏，这往往是由于密封面接触应力松弛及接触疲劳导致了渗漏。

复合载荷包括轴向拉力、内压力引起的附加轴向拉力、沿井眼弯曲或纵向压缩屈曲载荷、温度变化的温差应力以及振动导致疲劳载荷。

b. 应关注螺纹密封面的腐蚀泄漏。

油套管连接处往往处于复杂的服役环境，在服役环境下会受到应力引发的腐蚀、材料匹配不适宜导致的电偶腐蚀及由于流体流动导致的冲蚀等；密封面腐蚀是密封失效的主要原因，表现为较严重的环空带压。

②气密封检测。

高温高压、含 H_2S 或 CO_2 气井的油管应能通过 ISO 13679（Petroleum and natural gas industries—Procedures for testing casing and tubing connections）第Ⅳ级密封检测。其中第Ⅳ级密封检测不包括螺纹密封面的腐蚀泄漏。

③强度要求。

加工气密封螺纹的管子外径必须按正公差，即管子实际直径大于名义直径。此要求可满足螺纹抗拉强度大于管体名义抗拉强度。

目前对接箍强度的计算没有明确标准，实践中接箍纵向开裂或横向断裂事故时有发生。在高温高压及酸性气井中，应复查接箍临界截面处强度。接箍临界截面为接箍内螺纹大端第一扣扣根处，该位置处于复杂的应力状态，可能成为管柱的危险截面。应校核接箍在下述恶劣工况下的强度：

a. 管柱自重拉应力与井口装配拉应力叠加；

b. 注水泥过程水泥浆到达套管底端时的附加拉力；

c. 压裂或试压时转换到管柱的拉力；

d. 注入冷流体导致管柱冷缩的拉力；

e. 管内向下流动的拖拽力；

f. 考虑到上述接箍强度问题，在高温高压深井中不宜选用特殊间隙接箍的油套管。

（3）井筒的腐蚀完整性管理。

①井筒腐蚀完整性管理框架。

由于材料的腐蚀及老化造成的井筒完整性降低是不可避免的，但是不能因此而弃井。井筒腐蚀完整性管理的目的就是制定一些管理办法来降低管柱及其附件的腐蚀来延长井的服役时间。

井筒腐蚀完整性管理的策略如下：

a. 油气井设计阶段，就应该考虑到井筒所处环境进而设计选用相应金属材料等级。

b. 在获取地层详细腐蚀环境后，通过室内实验模拟地层环境评价材料的耐腐蚀性能，达到再设计评估的目的。

c. 基于 API 579 标准，在极限条件下对井筒材料进行适用性评价，以方便控制和管理开采的条件。

d. 设计选用的材料不允许有环境敏感开裂，可以允许有适当的失重腐蚀；应做相应的环境敏感开裂腐蚀实验评价。

e. 为了及时发现腐蚀状况及泄漏风险，井场应设置相应的腐蚀和泄漏监测系统，防止由此造成的严重事故。

f. 设置环空带压监测系统以便于环空带压管理，另外还要进行环空腐蚀管理。

②环境敏感断裂失效风险。

油套管在服役过程中实际上是处在应力、腐蚀介质及材料的匹配性是否适宜的状态中的，这些环境因素往往会改变材料本来的物性参数，有时会造成材料发生开裂或断裂，这种现象在学术上被定义为环境敏感断裂。

生产过程中由于地层中的硫化氢或是酸化作业中的酸分离出的氢离子渗入钢材，因而造成材料脆化。其实氢脆可以归结为应力腐蚀，因为氢脆的本质属于应力腐蚀的范畴。

另外，一般情况下卤族元素对油套管用钢也会产生诱导开裂，在高温及交变应力下会进一步加大开裂的倾向，但是卤化盐诱导应力开裂目前尚无标准可依，在设计阶段设计人员应考虑到这一点并实施相应的措施避免此种风险发生或降低此种风险发生的概率。

③电偶腐蚀失效风险。

当两种金属存在电位差并且浸没在腐蚀性溶液中，就构成腐蚀电偶。其中电位较低的金属即活泼金属发生阳极溶解，电位较高的金属即不活泼金属腐蚀很小或不发生腐蚀。

不锈钢与碳钢、碳钢与低合金钢、合金碳钢及合金与低合金钢接触，浸没在腐蚀介质中，氢聚集在不锈钢或合金中的组织缺陷中产生电偶诱发氢应力开裂。电偶腐蚀及电偶诱发的氢应力开裂常常夹杂有缝隙腐蚀、应力腐蚀等。因此在设计油套管柱时，应特别注意不同材料连接或接触而产生的电偶腐蚀或电偶诱导的氢应力开裂潜在风险。

（4）固井水泥环失效风险分析。

固井质量差往往会导致高温高压油气井发生安全事故。固井工艺、水泥浆性能、井筒状况等因素会影响固井的质量。在油气井开采期间由于各种载荷往往可能会造成水泥环与地层或水泥环与套管间产生微环隙，这种现象可能会造成层间窜流，从而导致形成环空带压及环空油套管腐蚀，最终对井筒造成危害；水泥屏障在井筒完整性中占据重要作用，因此在固井及后期作业中要注重保护水泥环。

生产过程中由于产量的变化往往会导致井筒压力及温度的变化，所形成的内压载荷及热载荷，可能会导致水泥环胶结面失效，造成井筒完整性失效。

水泥环质量检测和评价主要包括井温测井、声幅测井及声波变密度测井三种方法，通常采用声幅测井和变密度测井的方法检测水泥环第一界面和第二界面的胶结质量。

（5）地层因素。

生产过程中，地层的温度压力影响完井管柱的受力和变形，当地层温度过高时可能会造成井筒结构热屈曲破坏。套管损坏机理研究发现，在热应力及外载荷作用下套管应力大于套管屈服极限时将导致套管损坏，因此套管损坏的重要原因归结为热应力过大。由于套管的热膨胀系数与水泥环的热膨系数差异较大，当井筒温度升高时，水泥环限制套管的轴向变形，从而使得套管受到极大的压应力，当压应力大于套管材料屈服极限时可能导致套管的损坏。因此地层的温度压力、流体性质及构造的发育特征等对井筒的完整性影响较大。

2）水力屏障

水力屏障指井内环空中的液柱。生产过程中水力屏障的液柱压力应高于其覆盖的地层压力，防止地层流体流入。有时环空会因为温度的升高而形成热膨胀压力，此时液柱压力要加上热膨胀压力与管柱强度或地层压力相校核，避免挤毁内层套管或压破套管和地层。另外液柱往往具有一定的腐蚀性，水力屏障对油套管的腐蚀应在可接受范围之内，从而保证油套管的腐蚀完整性。

3）操作管理屏障

生产过程是油气井从勘探开发到最后弃井的主要过程，管理因素在该过程是一个重要的因素。系统的管理制度、高素质的管理人员、定期的风险预防教育与培训、熟练的操作技能等都关系到油气井能否安全高效的生产。

（1）管理制度及执行。

有一个系统且严格的管理制度并且严格执行，往往会达到事半功倍的效果，这会在很大程度上降低风险的发生。管理制度通常包括风险管理制度、安全责任制、操作及作业规程和制度执行情况等。

（2）管理人员。

为了达到安全管理的目标，有效减少风险事故的发生，应该配备充足的专业管理人员，这些管理人员各项技能应符合要求。

（3）风险预防教育与培训。

风险预防教育与培训就是为了降低风险事故的发生，同时提高操作人员和管理人员的安全意识，最终形成合格的安全技术人员。除了教育与培训外还应该多开展一些模拟事故演习来时刻提高职工的安全意识和预防风险的技能。

为了减少风险事故的发生，应定期对工作人员进行风险安全教育，让他们时刻了解油气井最新的风险信息，时刻保持提高安全意识的状态。

（4）技术人员的素质。

由于技术人员的技术水平参差不齐，这样会直接影响安全生产。对于一些复杂且较

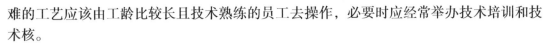

难的工艺应该由工龄比较长且技术熟练的员工去操作，必要时应经常举办技术培训和技术核。

（5）人员施工操作。

由于油气井生产工作人员对操作流程的不熟练及存在不合理的管理，因此避免不了出现操作失误，这样往往会导致风险事故的发生。

（6）环空带压管理。

在建井阶段，保证良好的井筒质量（科学合理的设计、安全可靠的固井、完井、射孔、改造等施工作业）是预防环空带压最有效的方法。在生产阶段，出现环空带压需采取必要的措施或手段来削减和控制风险。对出现环空带压的井，应对所有的环空进行实时监控。

对持续环空带压井管理，应确定持续环空带压的报警值和许可值。在对井泄漏的可能性和井的整体风险进行评估时，依据风险可接受准则，确定其风险是否可接受，并制定监控生产、修井等措施（按照井分级的要求处理）。

最大允许关井压力（MAASP）值的强度失效风险预测井筒完整性关键因素是对井的寿命周期内作用在油管内、A环空、B环空、C环空的压力进行控制，如果这个压力超过了关键结构（点）所能承受的压力，井筒完整性就会出现问题，需要对井口装置、井下安全阀等井筒各关键结构（点）的强度失效风险值进行预测。

关键结构（点）的强度失效风险值预测方法：通过比较关键结构（点）如井口装置、井下安全阀等能够承受的最大井口压力与实际井口压力（关井最大井口压力或生产过程中井口检测的压力），确定关键结构（点）的强度失效风险值。

三、增产潜力分析

国内外学者已对重复改造的选井进行了大量研究，选井方法主要有神经网络法、模糊识别法、生产数据分析法和灰色关联法[78-80]。

低孔隙度、低渗透、特低渗透储层物性差，自然条件下油气产能低，实施酸压和加砂压裂改造后，油井初期增产效果十分明显，但产量下降较快，有效期短，采出程度低。重复改造是主力油田进入中高含水期后老井挖潜和提高采收率的重要治理措施。影响重复改造效果的因素较多，重复改造选井存在着诸多不确定性和复杂性，因此可采用灰色关联理论研究低渗透砂岩储层重复改造效果的影响因素及其影响程度，采用多元回归法建立产能预测模型。利用产能预测模型对低渗透砂岩储层生产井进行产能预测，预测产能与实际产能的相对误差处于工程允许的误差范围内。运用该方法能够为低渗透油气藏的重复改造选井提供参考和借鉴，达到提质增效的目的。

与完井后的措施改造所不同的是重复改造的对象是针对同井同层，因此，重复改造目标井的选择除了考虑地质情况以外，初次改造状况及单井历史生产数据也是反映目标井重复改造潜力的影响因素。

对于重复改造井的效果而言，由于各种因素的影响，改造效果与各因素之间并没有显示出明确的映射关系，可将重复改造井的产能作为灰色系统，采用灰色关联法进行重复改造的效果预测。灰色关联法首先可以确定出各评价因素对重复改造效果的影响大小。

生产压差、渗透率、改造前累计产量、可采储量、生产时间、前期改造总砂量、有效厚度、重复改造前日产量、砂浓度和孔隙度是影响低渗透砂岩储层重复改造效果的主要因素。

第二节 异常环空压力处理技术

环空带压（SCP）指井口处的环空压力经过卸压后又重新恢复到卸压前压力水平的现象。油气井都是由很多层套管组成的，构成若干个环形空间。根据环空所处位置不同，可以将环空由内到外依次表示为A环空、B环空、C环空……A环空表示油管和生产套管之间的环空，B环空表示生产套管和与之相邻的上一层套管之间的环空。之后往上按字母顺序依次表示每层套管和与之相邻的上一层套管之间的环空。气井环空带压主要有四种原因：一是由于各种人为原因（包括气举，热采管理，监测环空压力或其他目的）导致的环空带压；二是套管环空温度变化及鼓胀效应导致流体和膨胀管柱变形造成环空带压；三是由于环空存在气体窜流导致环空带压；四是油套管柱失效尤其是螺纹连接和封隔器密封失效导致气体窜流形成的环空带压。作业施加的环空压力和受温度变化使环空流体膨胀引起的环空压力在井口泄压后可以消除，油套管串失效被诊断出后也可通过更换管柱消除，但气窜引起的环空压力在井口泄压后可能继续存在，具有永久性[81-85]。

一、气井环空带压路径判别

图4-2-1为某气井井身结构示意图，从现场实践来看，若井下油套管柱、安全阀、封隔器及固井水泥环出现密封失效，通常会导致地层流体进入各个环空，引起环空带压的发生。A环空里面填充有环空保护液，在环空保护液上部通常会形成一段气体柱。而当水泥环出现微裂缝或微缝隙时，地层气体会沿水泥环向上窜流，引起B、C环空出现环空带压。气井各环空气体可能的渗流途径如图4-2-1所示。

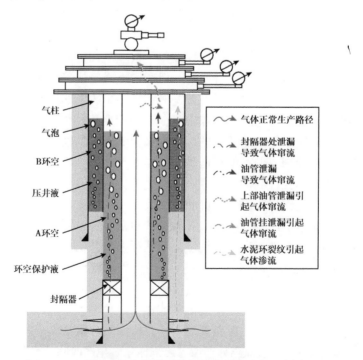

图4-2-1 某气井井身结构及气体潜在泄漏路径示意图

不同的环空其带压原因也不同，图 4-2-2 所示为 A 环空形成环空带压的潜在路径。A 环空带压可能是由于井下油管柱的接头发生漏失，井下油管柱腐蚀穿孔，井下安全阀和控制管线等井下组件失效而发生漏失，油管封隔器密封失效，尾管悬挂器密封失效，油管挂密封失效，采油树的密封件漏失、穿孔、接头漏失，生产尾管顶部完整性失效等引起的。

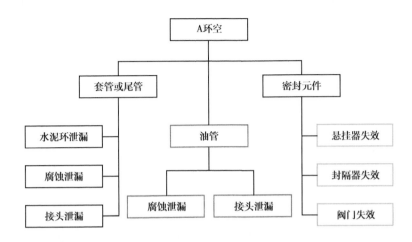

图 4-2-2　A 环空带压潜在泄漏路径

对于 B 环空、C 环空等其他环空，其可能带压路径包括：内外环空水泥环发生气窜，生产套管螺纹密封失效或套管管体腐蚀穿孔，固井质量欠佳或水泥环遭到破坏导致环空气窜；内外套管柱密封失效和套管头密封失效等（图 4-2-3）。

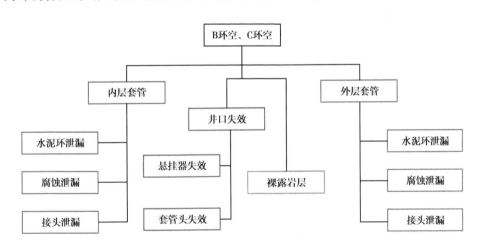

图 4-2-3　B 环空、C 环空带压潜在泄漏路径

二、气井环空带压典型模式

根据现场统计情况，结合国内外相关文献及标准，可将气井环空带压划分为五种典型模式，包括一种压力恢复模式和四种泄压模式。

1. 正常的压力恢复模式

图 4-2-4 是一口环空带压井的正常套压恢复情况。

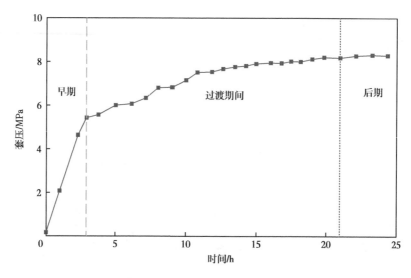

图 4-2-4　正常的压力恢复模式

在泄压过程后套管压力上升非常快，并且最终稳定在一定的压力水平上。中间的过渡阶段压力是逐渐上升的。最终稳定的套管压力值由工作液的密度和地层压力决定，而过程的转变时间由水泥和修井液液柱中运移的气体量决定。

2. "S"形压力恢复模式

如图 4-2-5 所示，在第一群气泡到达井口之前，套管压力没有明显的增加。随着气泡群的不断运移，套管压力逐渐增加。最终压力稳定在一定的水平，完成一个周期的压力恢复。

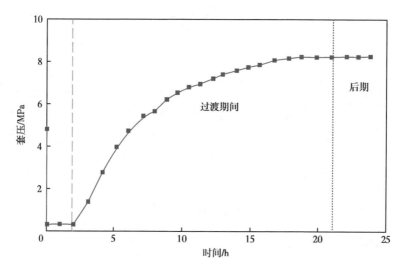

图 4-2-5　"S"形压力恢复模式

3. 不完全的压力恢复模式

如图 4-2-6 所示，即为一条不完全压力恢复特性曲线。泄压后，套管压力连续不断地增加。在测试期间（通常为 24h），没有出现前几个模型的后期稳定阶段。与正常的模型相比，套管压力在初始阶段增加是相对低的。

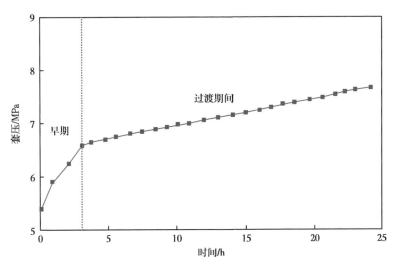

图 4-2-6　不完全的压力恢复模式

4. 瞬时泄压模式

图 4-2-7 是典型的瞬时泄压曲线。

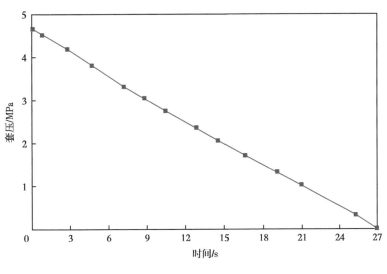

图 4-2-7　瞬时泄压模式

这种模式常见于泄压和修井作业中。通常取决于针型阀的开度和环空产出流体的数量。若在泄压过程中针型阀开到最大，在非常短的时间内放掉套管环空中少量的气体和液体，套压降低到 0，即为瞬时泄压模式。

5. 长时间的泄压模式

另一方面，如果控制针型阀的开度以使液体从套管环空内的流出量最少。泄压时间将会被延长。在泄压期间，环空压力可能不会降低到0，如图4-2-8所示。可以看出，套管压力下降曲线是非线性的，压力从9.13MPa下降到5.01MPa用了17min。

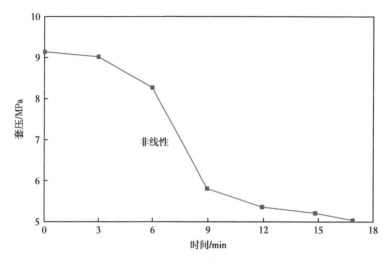

图4-2-8　长时间的泄压模式

从现场实践来看，失效比例较高的井筒屏障组件主要是油管、套管、井下安全阀、封隔器及固井水泥环等。

三、A环空压力异常

1.A环空潜在的漏失通道

通过对气井完井井身结构及气井屏障完整性的认识，总结得出造成A环空压力异常的潜在漏失通道。

（1）油管存在漏点或油管螺纹处微渗；

（2）油管挂渗漏；

（3）生产套管破损；

（4）封隔器密封失效；

（5）井下安全阀、控制线路出现漏失；

（6）采气树密封件、法兰连接部位出现漏失；

（7）由于B环空水泥封固失效，生产套管漏失。

2.A环空压力异常判断方法

通过对塔里木油田高压气井的整体认识，以及对各单井生产动态的跟踪分析，总结归纳出判断套压（A环空压力）异常的方法。

（1）正常生产：生产套压持续上升或持续下降，如图4-2-9（a）和图4-2-9（b）所示。

（2）调产：生产套压出现明显的骤变，如图4-2-9（c）所示。

（3）开关井：关井，生产套压下降；开井，生产套压上升；升高比降低的幅度大，如图4-2-9（d）所示。

（4）放压：泄压后，生产套压下降后缓慢上升，如图4-2-9（e）所示。

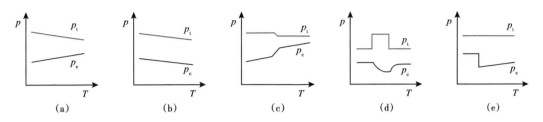

图 4-2-9　套压异常判断曲线

3. A 环空压力异常案例

A1 井于 2007 年 12 月 18 日至 2008 年 7 月 15 日全时率生产，气嘴开度为 27%+24%。生产过程中 A 环空压力与油压、A 环空压力与 B 环空压力呈现出相同的变化趋势，如图 4-2-10，图 4-2-11 所示。图 4-2-10 变化趋势与图 4-2-9（b）相同，因此该井 A 环空压力存在异常。气井正常生产，油压逐渐下降是正常的；通过对技术套管放压，放出的物质为咖啡色液体，结合投产初期放压频繁及观察相邻环空之间的压力变化，推测技术套压的压力来源是生产套压，即生产套管存在漏点或微渗，放出的液体是环空保护液。

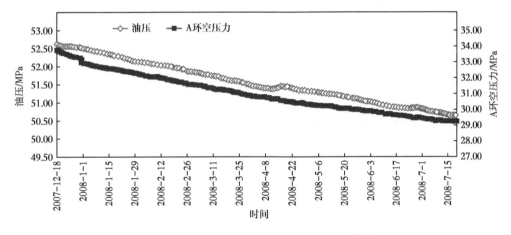

图 4-2-10　A1 井 A 环空压力、油压变化曲线

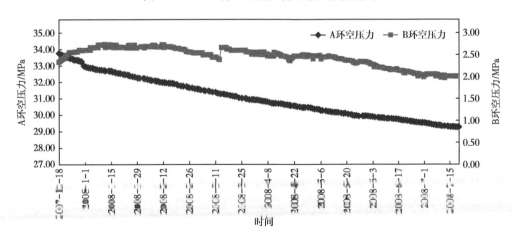

图 4-2-11　A1 井 A 环空压力、B 环空压力变化曲线

四、外层环空压力异常

1. 外层环空潜在的漏失通道

塔里木高压气井内层技术套管和外层技术套管固井过程中多采用分级固井，部分井出现分级箍无法正常工作的事件。技术套管封固的地层多为膏盐层或气层顶部地层，在钻井和固井过程中存在漏失情况。这些事故的发生为气体在水泥浆中的残存留下了机会，影响水泥环的密封性能。总结得出外层环空潜在的漏失通道有：

（1）水泥密封完整性失效；

（2）水泥未封固部分井筒；

（3）生产套管或内层技术套管泄漏；

（4）套管头密封部分泄漏。

2. 外层环空压力异常判断方法

通过日常生产动态曲线观察外层环空发生压力突变的时段。对于压力较高的情况，可以适当地放压，通过放压/压力恢复曲线情况初步判断发生异常的原因；对于压力较低的情况，可以先维持一段时间的生产，视其变化情况采取适当的技术措施。

结合油压变化情况，通过放压、补压、压力恢复手段将 A 环空压力与外层环空压力各自的变化情况相联系，并结合放出物的物理化学性质进一步判断导致外层环空压力异常的原因。

3. 外层环空压力异常案例

B1 井于 2010 年 2 月 5 日至 2010 年 3 月 2 日平稳生产，油压维持在 83.57MPa，A 环空压力维持在 45.00MPa，B 环空压力一直为 0MPa。2010 年 3 月 2 日 A 环空压力突然由 44.65MPa 下降至 7.40MPa，2010 年 3 月 5 日对 A 环空进行补压至 21.00MPa，但补压后 A 环空压力仍有下降趋势；与此同时，B 环空压力突然由 0MPa 上升至 14.20MPa。整个测试期间油压一直保持稳定。整个过程的压力曲线如图 4-2-12 所示。

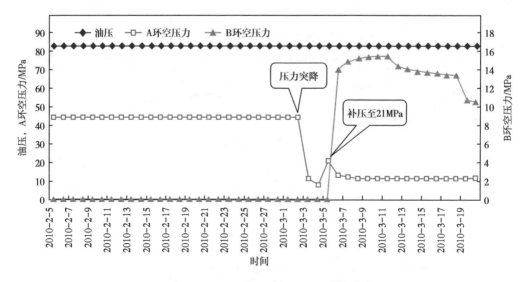

图 4-2-12　B1 井第一次环空压力测试曲线

2010 年 3 月 25 日对 A 环空进行放压测试。压力由 10.62MPa 降至 0.17MPa，B 环空压力由 12.01MPa 降至 9.90MPa，当 A 环空压力降至 0.20MPa 左右时，放压管线间歇性出液，B 环空压力逐渐降低，A 环空压力始终无法放尽。停止放压后进行压力恢复，A 环空压力上升到 0.80MPa，B 环空压力上升到 9.56MPa。对 A 环空补充压力到 19.70MPa，B 环空压力上升到 10.99MPa。2010 年 3 月 26 日观察 A 环空压力为 15.10MPa，B 环空压力为 18.80MPa，油压在测试过程中保持不变。压力测试曲线如图 4-2-13 所示。

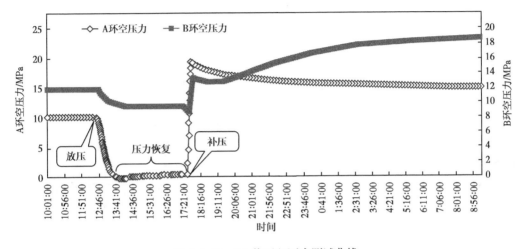

图 4-2-13　B1 井环空压力测试曲线

通过测试分析，在放压及补压过程中，油压一直保持稳定，说明完井管柱的完整性良好，没有出现向环空渗气的现象;B 环空压力随着 A 环空压力的变化而变化，且趋势一致，这表明 7in 生产套管存在漏点，结合放压及补压中压力变化情况，判断应该是微渗。

五、塔里木油田技术对策

1. 钻、完井方面

近年来塔里木油田对钻井井筒完整性进行了相应的技术研究和攻关，主要从套管柱完整性和水泥柱完整性两方面研究井完整性。

（1）井身结构优化方面采取专层专封的原则，即技术套管下至盐层顶部，使用高抗挤厚壁套管封固盐层，使用气密封套管封固目的层。

（2）管串结构优化方面存在的问题是分级箍存在关孔不严的安全隐患，同时胶皮密封在气密封性上存在问题;为保证管柱的完整性，生产套管不使用分级箍，采用先悬挂后回接的方法。

（3）在套管选择方面，按 SY/T 5322—2008《套管柱结构与强度设计》标准进行套管柱强度设计，完善订货技术标准，保障套管本身质量可靠性；对管材弯曲采用三轴应力分析校核。

（4）井斜控制方面，在钻上部地层时采用 Power-V 垂直钻井技术，防斜打快，确保井身质量。

（5）选用 Halliburton 防气窜水泥浆体系补偿水泥浆孔隙压力下降，增大孔隙内流动阻力；使用 Halliburton 膨胀式尾管悬挂器，靠悬挂器本体膨胀、胶皮密封，形成防气窜的防线；当水泥环出现封隔失效时，胶皮遇油气膨胀会自动封闭窜流通道。

（6）改善回接固井方式，生产套管回接使用纯 G 级水泥固井，提高水泥石质量。

2. 完井、修井方案及应急方案

在克拉 2 气田开发过程中，对生产套压或技术套压相对较高需要加强监测的井及需要修井作业的井，提出了各自的完井预案及修井方案。

1）完井预案

存在技术套压的井，建议先放压，如果可放至 0MPa 且不再上升，则证明这是由固井之后井口附近环空液体温度升高引起的，不会有安全隐患。如果不能放至 0MPa，且放压后技术套压仍继续上升，则需要进一步分析化验放出流体的成分并开展腐蚀研究，同时加装压力变送器以便实时监控压力变化；一旦出现超过安全值、无法控制的情况则应启动技术套压异常起压应急方案。

产套压较高的井，建议先试生产，录取动态生产资料进一步证实。如果套压仅由温度引起并能稳定在某一压力值，这样可以继续生产同时加强监控即可；如果套压是因封隔器密封失效引起，并且不断上升，则循环压井，挤水泥分段固井后，继续保持生产。

2）修井方案

（1）油套已经窜通的井，已严重影响到气井的安全生产，必须进行修井作业，来达到更换完井管柱目的。更换管柱的具体措施是：用加重钻井液进行挤压井后，下入 Halliburton 油管堵塞器封堵油管，采用切割法把油管从封隔器上部切割开，实现管柱剥离，再用 Halliburton 专用工具钻磨打捞永久式封隔器，最后重新下入完井生产管柱完井投产。

（2）对技术套压较高（高过生产套压值）的井，修井目的是实现对产层顶部的技术套管与生产套管之间环空进行挤水泥封堵。具体措施是：用高密度工作液循环压井后，采用切割法把管柱从封隔器上部切割开，再下入挤注式管柱对两级套管之间的产层部分进行精细水泥封堵，最后重新下入完井生产管柱完井投产。

（3）对井口采气树存在完整性失效的井，修井目的是更换井口采气树。具体措施是：关闭井下安全阀，观察井口的漏气情况，如果漏气量少，在地面做好一切安全措施的条件下直接更换井口；如果井口漏气量较大，不能直接更换井口，可先往井筒中挤满清水，再关闭井下安全阀后进行井口的更换作业。

3）应急方案

（1）生产套压异常应急技术方案。

①在安全的前提下打开套管阀门放套压，并详细记录套压变化，根据放压情况初步判断套压上升的原因及采取何种措施。

②如果套压能放至 0，且套压起压缓慢、时间长，在井口设备达到安全的条件可暂时不予处理，平时密切观察套压变化，若压力超过设定值则采取放压措施。

③如果套压不能放至 0 或虽能放至 0 但再次起压的时间间隔短暂，则进行修井作业，执行第④—⑤程序。

④采用高密度工作液压井。

⑤井压稳后进入正常修井程序，按作业设计要求进行修井（图 4-2-14）。

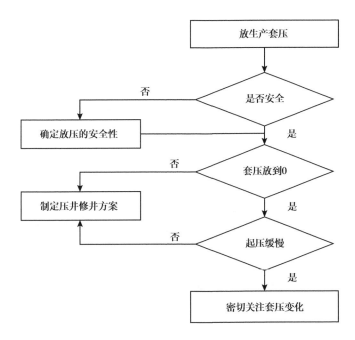

图 4-2-14　生产套压异常应急技术方案

（2）技术套管异常起压应急技术方案。

①在安全的前提下打开技术套管阀门进行放压，提前接好放喷管线并做好压力记录，根据放压情况及压力下降和油压、套压对比，初步判断技术套管异常起压的原因。

②若因套管头不密封导致技术套管异常起压，应先注密封脂、换密封件，观察套压变化；如注密封脂无法成功，则用加重钻井液压井，确保井压稳后，按维修或更换套管头设计进行修井。

③若因生产套管外固井质量不合格，高压气窜或水窜导致技术套管异常起压，应先根据地层情况、钻完井情况、多次放压/压力恢复的情况、放出物的性质论证是否具有实施注水泥浆补救固井质量的必要性和可行性，如具备，则执行第⑤—⑥步程序；如不具备则平时密切观察技术套管压力，若压力过高则采取放压降压措施。

④若由生产套管螺纹不密封（或生产套管破损）加之油套固井问题导致技术套管异常起压，则执行第⑤—⑥步程序。

⑤用高密度工作液压井。

⑥井压稳后进入正常修井程序，按高压气井挤水泥补救套管、固井质量修井程序进行修井（图 4-2-15）。

3. 环空压力管理推荐作法

塔里木油田针对高压气井环空压力异常问题在国内首次开展了单井风险评估工作。在借鉴 API-RP90 等相关技术标准的基础上，参考国际大石油公司高压气井的管理经验，根据克拉 2 气田单井的实际情况，通过先静态后动态的评估程序完成了克拉 2 气田的单井风险评估，形成了《克拉 2 气田环空压力推荐做法》。参考克拉 2 气田管理模式，不断完善和健全环空压力管理推荐做法，最终形成了《迪那2凝析气田超高压气井环空压力管理推荐做法》及《大北气田超高压气井环空压力管理推荐做法》。这些推荐做法的形成很大程度上规范了塔里木高压气井的生产管理及安全作业章程，保障了气井的安全生产。

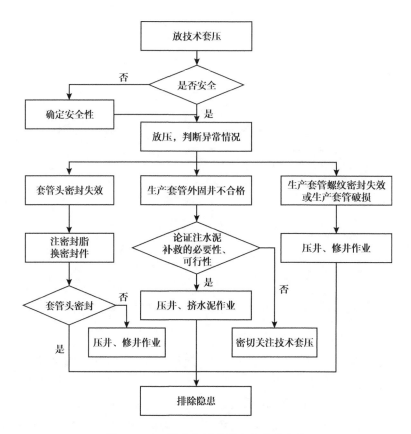

图 4-2-15　技术套压异常应急技术方案

近年来，针对塔里木盆地、四川盆地、松辽盆地的环空带压问题，国内大量学者和工程技术人员进行了持续研究和实践，形成了各具特色的环空压力管理技术。塔里木盆地库车山前气井具有超深、超高压、高温、低孔隙度、低渗透率等特点，井况、工况条件均接近井下管柱和工具的极限，同时，为保证气井的经济开发，部分入井管柱和工具设计上无法直接满足最极端工况要求。国内外应用广泛的几种环空压力管理技术直接应用于塔里木油田超深层高压气井几乎不具备可操作性，无法满足环空压力管理要求，急需一套适合塔里木油田超深层高压气井的环空压力管理技术。

因此，以国内外现有环空压力管理技术与实践为基础，针对塔里木油田超深层高压气井特点，兼顾安全性和可操作，综合考虑高压气井各环空对应所有井屏障部件的安全性，创新形成了一套环空压力控制范围计算方法，同时，针对传统环空压力管理技术存在的不足，为便于现场操作和管理，探索了一套高压气井环空压力管理标准化图版，并在塔里木油田所有高压气井推广应用。

1）A 环空压力控制范围计算

针对不同油压下的生产工况和关井工况，对 A 环空对应的所有井屏障部件开展强度校核，从而得出不同油压下的 A 环空最大允许压力曲线和 A 环空最小预留压力值曲线，A 环空对应的井屏障部件如图 4-2-16 所示。

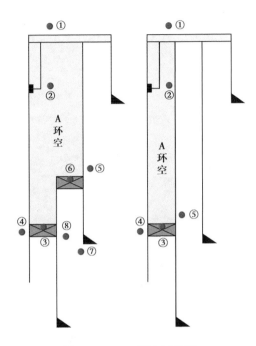

图 4-2-16　A 环空示意图

①油管头；②井下安全阀；③封隔器；④油管柱；⑤生产套管；⑥尾管悬挂器；⑦地层；⑧尾管

（1）A 环空最大允许压力曲线计算。

①油管头校核。

根据油管头额定压力值的 80% 与试压值中的较小值，得出油管头校核对应 A 环空最大允许压力 $p_{\text{Am-wh}}$。

②生产套管和尾管校核。

根据生产套管和尾管剩余抗内压强度，开展生产套管和尾管抗内压强度校核，生产套管和尾管校核对应 A 环空最大允许压力计算公式为：

$$p_{\text{Am-c}} = \frac{\delta_{\text{c1}}}{S_{\text{c1}}} + (\rho_{\text{c}} - \rho_{\text{a}}) gh \times 10^{-3} \tag{4-2-1}$$

式中　$p_{\text{Am-c}}$——生产套管和尾管校核对应 A 环空最大允许压力，MPa；

δ_{c1}——生产套管 / 尾管抗内压强度，MPa；

S_{c1}——抗内压强度校核安全系数，1.25；

ρ_{c}——考虑最恶劣的固井环境低密度值，1.03g/cm³；

ρ_{a}——环空保护液密度，g/cm³；

g——重力加速度，m/s²；

h——危险点深度，m。

③尾管悬挂器校核。

尾管悬挂器强度校核对应 A 环空最大允许压力计算公式为：

$$p_{\text{Am-th}} = \delta_{\text{th}} \times 80\% + (\rho_c - \rho_a) gh_{\text{th}} \times 10^{-3} \tag{4-2-2}$$

式中　$p_{\text{Am-th}}$——尾管悬挂器校核对应 A 环空最大允许压力，MPa；

δ_{th}——尾管悬挂器额定工作压力，MPa；

h_{th}——尾管悬挂器下深，m。

④地层破裂压力校核。

地层破裂压力校核对应 A 环空最大允许压力计算公式为：

$$p_{\text{Am-ff}} = p_{\text{ff}} \times 80\% + \rho_a gh_f \times 10^{-3} \tag{4-2-3}$$

式中　$p_{\text{Am-ff}}$——地层破裂压力校核对应 A 环空最大允许压力，MPa；

p_{ff}——地层破裂压力，MPa；

h_f——生产套管管鞋深度，m。

⑤安全阀、封隔器和油管校核。

针对不同生产工况和关井工况，根据井下安全阀和封隔器信封曲线（envelop curve）开展井下安全阀和封隔器强度校核，得出不同油压下的井下安全阀校核和封隔器校核对应 A 环空最大允许压力曲线。针对不同生产工况和关井工况，开展油管抗外挤强度和三轴应力强度校核，得出不同油压下的油管校核对应 A 环空最大允许压力曲线。

对比 $p_{\text{Am-wh}}$、$p_{\text{Am-c}}$、$p_{\text{Am-th}}$ 和 $p_{\text{Am-ff}}$，取其中最小值作为综合考虑油管头、生产套管、尾管悬挂器、尾管和地层的 A 环空最大允许压力 $p_{\text{Am-z}}$。

对比不同油压下的井下安全阀校核、封隔器校核和油管校核对应 A 环空最大允许压力曲线，取不同油压下的最小值得出综合考虑井下安全阀、封隔器和油管的 A 环空最大允许压力曲线，并同 $p_{\text{Am-z}}$ 比较，得出不同油压下 A 环空最大允许压力曲线。

（2）A 环空最小预留压力曲线计算。

对于超深层高压气井，由于井况、工况条件均接近设备极限，为保证气井的经济开发，井下管柱设计和工具设计通常无法直接满足最极端工况要求，部分工况下需要对 A 环空预留一定压力来提高井下管柱和工具的安全系数。因此，创新性地提出了一套不同油压下 A 环空最小预留压力曲线计算方法，针对不同工况条件设置合理的最小预留压力值来保证井筒安全。

A 环空最小预留压力曲线计算需要充分考虑 A 环空对应的所有井屏障部件，油管头和地层破裂压力对应的最小预留压力为 0。因此计算 A 环空最小预留压力曲线时不需要考虑。生产套管、尾管悬挂器和尾管校核方法同相应的 A 环空最大允许压力计算方法类似，但套管外部流体压力梯度不再是考虑最恶劣的固井环境低密度取值，而应根据理论最大压力梯度（特别是盐膏层）开展管柱抗外挤强度校核和尾管悬挂器校核来得出对应的 A 环空最小预留压力。A 环空最小预留压力曲线计算对应的井下安全阀、封隔器和油管校核方法同 A 环空最大允许压力曲线计算时类似，在此不再赘述。

将油管头、生产套管、尾管悬挂器、尾管和地层校核对应 A 环空最小预留压力与不同油压下的井下安全阀校核、封隔器校核和油管校核对应 A 环空最小预留压力曲线进行对比，选取油管头、生产套管、尾管悬挂器、尾管和地层校核对应 A 环空最小预留压力和三个曲线对应不同油压下 A 环空最小预留压力中的最大值，得出不同油压下 A 环空最小预留压力曲线。

2）B、C、D 环空最大允许压力计算

B、C、D 环空最大允许压力计算时，应考虑以下因素，如图 4-2-17 所示。

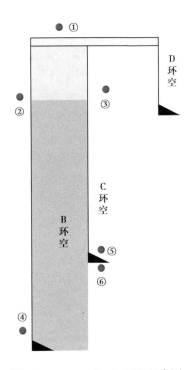

图 4-2-17　B、C、D 环空示意图

①井口装置；②内层套管上部；③外层套管上部；④内层套管下部；⑤外层套管下部；⑥地层

（1）环空内层套管校核：根据环空内层套管最小剩余抗外挤强度的 80%，得出环空内层套管校核对应环空最大允许压力 p_{m-ci}。

（2）环空外层套管校核：根据环空外层套管最小剩余抗内压强度的 80%，得出环空外层套管校核对应环空最大允许压力 p_{m-co}。

（3）套管头校核：根据套管头额定压力值的 80% 与试压值中的较小值，得出套管头校核对应环空最大允许压力 p_{m-ch}。

（4）地层破裂压力校核：根据环空外层套管下部地层破裂压力进行地层破裂压力校核，地层破裂压力校核对应环空最大允许压力 p_{m-ff} 计算见式（4-2-3）。

对比 p_{m-ci}、p_{m-co}、p_{m-ch} 和 p_{m-ff}，取其中最小值作为综合考虑环空内层套管、外层套管、套管头和地层破裂压力的环空最大允许压力值。

3）环空压力管理图版设计

针对塔里木油田超深层高压气井特点，形成了一套环空最大允许压力计算新方法和 A

环空最小预留压力计算新方法。为方便现场操作和管理，探索了一套高压气井环空压力管理技术图版。

（1）A环空压力管理图版设计。

A环空压力管理图版（图4-2-18）设计方法如下所述。

A环空最大允许压力控制区域设计：以综合考虑相关井屏障部件安全系数后得出的A环空最大允许压力曲线为基准曲线（图4-2-18中上部黄色区域顶界），以A环空最大允许压力的80%作为A环空推荐工作压力上限曲线（图4-2-18中绿色区域顶界），以综合考虑相关井屏障部件额定值得出的A环空最大允许压力曲线作为A环空最大极限压力曲线（上部橙色区域顶界）。

A环空最小预留压力控制区域设计：以综合考虑相关井屏障部件安全系数后得出的A环空最小预留压力曲线为基准曲线（图4-2-18中下部黄色区域底界），以A环空最小预留压力的1.25倍作为A环空推荐工作压力下限曲线（图4-2-18中绿色区域底界），以综合考虑相关井屏障部件额定值得出的A环空最小预留压力曲线作为A环空最小极限压力曲线（图4-2-18中下部橙色区域顶界）。A环空最小预留压力低于0.7MPa时取0.7MPa（图4-2-18中下部黄色区域底界），A环空推荐工作压力下限小于1.4MPa时取1.4MPa（图4-2-18中绿色区域底界）。

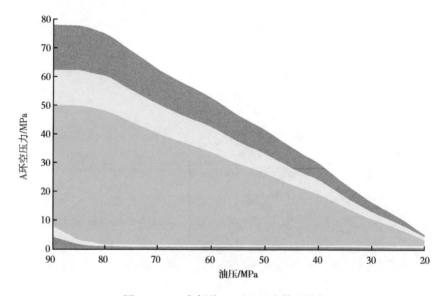

图4-2-18　实例井A环空压力管理图版

（2）B、C、D环空压力管理图版设计。

B、C、D环空压力管理图版参见图4-2-19、图4-2-20和图4-2-21。B、C、D环空压力管理图版中环空最大允许压力控制区域设计方法同A环空设计方法类似，B、C、D环空最小预留压力为0.7MPa（图4中下部黄色区域底界），B、C、D环空推荐工作压力下限为1.4MPa（图4-2-19中绿色区域底界），B、C、D环空最小极限压力为0（图4-2-19中下部橙色区域顶界）。

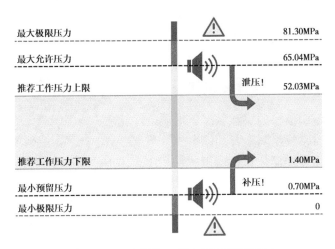

图 4-2-19　实例井 B 环空压力管理图版

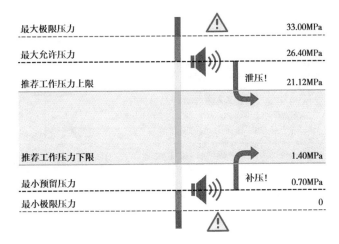

图 4-2-20　实例井 C 环空压力管理图版

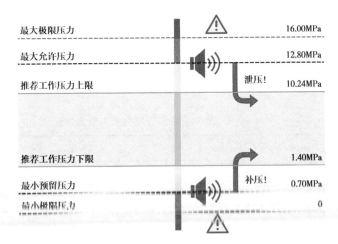

图 4-2-21　实例井 D 环空压力管理图版

第三节　修井液技术

一、塔里木库车山前修井液现状

塔里木油田库车山前目的层埋藏深、地质条件复杂、施工困难，导致该地区的井在完井、生产等过程中时常发生漏失及其他事故，严重影响生产。需要研发适合当前该地区的修井液，修复井，恢复产能。目前塔里木油田库车山前使用的主要修井液见表4-3-1。塔里木油田库车山前使用的修井液主要是暂堵型修井液、固化水修井液和无固相盐水修井液。这些修井液价格昂贵，没有建立回收重复利用的配套技术或密度、耐温、腐蚀等性能不能满足这些地区高温、超高压、超深井、高矿化度的工程地质条件和施工要求。因此迫切需要开发一套能够满足要求的修井液来恢复产能、提高产量。

表4-3-1　塔里木油田库车山前修井液技术

类型	配方/主要成分	密度/g/cm³	温度/℃	油田
暂堵型	净化地层水+1%DG-NW1+2%JMP+0.3%XC+1%PRD+1%NaCOOH+0.3%HTB+1%DG-HS1	—	120	雅克拉—大涝坝凝析气田
暂堵型	净化地层水+1%XF黏土稳定剂+0.01%TF-280助排剂+0.7%EDTA二钠铁离子络合剂+1.0%KY-6S增黏降滤失剂+4%油溶性暂堵剂+0.030%AES分散剂	—	93	柯克亚凝析气田
固化水	淡水+1.0%~2.0%SW-13A固化剂+0.2%~0.5%固化引发剂+0.1%~0.2%胶体保护剂	1.15	120	牙哈凝析气田
清洁盐水	清水+NaCl+CaCl₂+1%XH-F3（黏土稳定剂）+0.5%XH-WS-1（盐水缓蚀剂）	—	—	—
无固相	清水+0.7%SX-1（增稠剂）+1%BCS-851（黏土稳定剂）	—	—	—

二、常用修井液处理剂

目前，各油田常用的修井液处理剂及主要用途见表4-3-2。这些处理剂主要是卤族盐、甲酸盐和有机聚合物。卤族盐、甲酸盐用于配置基液，有机聚合物主要用于提高体系黏度。

表4-3-2　修井液常用处理剂及主要用途

通称或主要成分	中文名称或代号	主要用途与说明
NaCl	氯化钠	配制密度1.2g/cm³以下的修井液
KCl	氯化钾	配制密度1.17g/cm³以下的修井液
CaCl₂	氯化钙	配制密度1.39g/cm³以下的修井液和高密度混合溴盐修井液
CaBr₂	溴化钙	配制1.40g/cm³以上的修井液和高密度混合溴盐修井液

续表

通称或主要成分	中文名称或代号	主要用途与说明
ZnBr₂	溴化锌	配制 1.80g/cm³ 以上的修井液和高密度混合溴盐修井液
HCOONa	甲酸钠	配制密度 1.35g/cm³ 以下的完井/修井液
HCOOK	甲酸钾	配制密度 1.6g/cm³ 以下的完井/修井液
HCOOCs	甲酸铯	配制密度 2.30g/cm³ 以下的完井/修井液
Weigh2	—	配制密度 1.31g/cm³ 以下的修井液
Weigh3	—	配制密度 1.5g/cm³ 以下的修井液
羟乙基纤维素	HEC	盐水修井液增黏
生物聚合物	黄原胶	盐水修井液增黏
有机胺类缓蚀剂	CA101	盐水修井液防腐
氰基无机化合物缓蚀剂	—	高密度盐水修井液防腐
超细 CaCO₃	QS-2，OCX-1	酸溶性桥堵剂，用于配制酸溶性暂堵修井液
油溶性树脂	JHYPP-BPA	油溶性桥堵剂，用于配制油溶性暂堵修井液
微粒盐	—	水溶性桥堵剂，用于配制水溶性暂堵修井液
酸溶性加重剂	碳酸钙粉，碳酸铁粉	CaCO₃ 粉可加重盐水密度 1.6g/cm³，FeCO₃ 粉可加重盐水密度 2.1g/cm³
黏土稳定剂	PTATDC15	水基修井液抑制黏土颗粒的膨胀和分散
NaOH	氢氧化钠	调节 NaCl、KCl 盐水修井液的 pH 值
pH 缓冲剂	PF-PTS	调节 CaCl₂ 盐水修井液的 pH 值
亚硫酸钠除氧剂	PF-OSY	防止盐水修井液的氧腐蚀
除硫剂	碱式碳酸锌	防止盐水修井液的 H₂S
杀菌剂	有机酚，有机醛	防止修井液的细菌腐蚀
消泡剂	XBS-300，GB-300	防止修井液起泡
降滤失剂	羟乙基淀粉	控制水基修井液的滤失量

三、常用修井液盐水

目前，各油田常用的各种清洁盐水的成分、密度范围和特点见表 4-3-3。氯化钾、氯化钙、氯化钠组成的盐水密度最高都不超过 1.39g/cm³，这无法满足库车区块高压力系数的要求。溴盐中的溴化钙、溴化锌及其与其他盐的混合盐水密度能够达到库车区块储层的要求，但是溴化钙不仅价格高，而且对环境和人均有毒性。所以溴盐不是最佳的选择。

表 4-3-3 各种清洁盐水的成分、密度范围和特点

序号	成分	密度 / (g/cm^3)	特点
1	NaCl	1.01~1.20	来源广泛，价格低廉，配制简易
2	KCl	1.01~1.17	抑制性好，配制简易
3	$CaCl_2$	1.01~1.39	价格低廉，配制简易
4	$NaCl+CaCl_2$	1.20~1.39	价格低廉，配制简易
5	$NaCl+KCl+CaCl_2$	1.01~1.39	价格低廉，配制简易
6	$CaBr_2$	1.01~1.84	价格较高
7	NaBr	1.01~1.53	价格较高
8	$CaCl_2+CaBr_2$	1.40~1.81	价格较高
9	NaCl+NaBr	1.21~1.49	价格较高
10	$ZnBr2$	2.30~2.60	价格昂贵，对人体和环境有害
11	溴化锌 / 溴化钙 / 氯化钙	1.80~2.30	价格昂贵，对人体和环境有害
12	甲酸钠	1.35	价格较高，配制简易
13	甲酸钾	1.60	价格较高，配制简易
14	甲酸铯	2.30	价格较高
15	乙酸盐	1.40~2.00	价格较高
16	Weigh2	1.31	价格较高
17	Weigh3	1.51	价格较高

四、常用修井液优缺点

有机盐，特别是甲酸盐近年来被广泛应用于完井修井中。表 4-3-4 简要比较了目前常用的修井液优缺点。表 4-3-5 简要比较了目前常用的几类高密度钻完井液体系。从表中可以看出，甲酸铯，溴盐和油基修井液的密度均可以达到 1.80g/cm^3 的要求，而且具有很好的抗温性能，其中甲酸铯的性能最好，但是价格比较高，矿产资源有限，塔里木库车山前也没有建立回收利用甲酸铯的配套技术。

表 4-3-4 常用修井液优缺点对比

主要分类	亚类	配制	适用情况	优点	缺点
水基修井液	清洁盐水	无固相盐水 + 处理剂	普通油气层	抑制性好，储层伤害小，密度可调节	无固相、滤失较高
	暂堵型盐水	无固相盐水 + 暂堵型桥堵剂 + 处理剂	高渗透或裂缝性油气层	封堵性好、抑制性强、岩心渗透率恢复值 80%~90%	需有相应解堵措施
	改性钻井液	原钻井液 + 各种处理剂	—	简单、价格低	固相含量、储层伤害可能性大

续表

主要分类	亚类	配制	适用情况	优点	缺点
水基修井液	隐形酸	盐水+隐形酸螯合剂+处理剂	普通油气层	能够改善储层渗透率	无固相、滤失较高
	固化水	清水+固化剂+处理剂	低压衰竭砂岩或低压裂缝性油气层	封堵性好、滤失量低；切力高，携砂能力强	密度和耐温性能有限
油基修井液	原油油包水型乳状液	—	低压层或水敏地层	无水敏、储层伤害小	成本高、环境污染大、易发生火灾
气基修井液	泡沫类、氮气	—	低压井	密度低、不伤害储层、易返排	需配套设备，泡沫类不稳定

表 4-3-5　国内外常用高密度修井液性能对比

类型性能	钻井液	卤族盐水	甲酸钠钾	甲酸铯	溴盐类	油基钻井液	HWJZ 盐
密度	高	≤1.4	≤1.6	≤2.3	≤2.6	≤2.3	≤1.8
固相含量	高	无	无	无	低	高	无
抗温性	中等	高	高	高	高	高	高
黏度	高	低	低	低	低	高	中等
腐蚀性	低	高	低	低	高	无	低
储层保护	差	差	好	好	差	差	好
工艺	复杂	简单	简单	简单	复杂	复杂	简单
矿源供应	有	有	有	不足	有	有	有
毒性	无	无	无	有	无	无	无
价格	高	低	高	极高	极高	高	较高

五、高压气井完/修井液体系优化

甲酸钾体系是目前在用的一种完/修井液体系，该体系具有腐蚀性低，现场配制简单，环境友好等优点，但是也存在着一些缺点：

（1）可加重密度不高，在一定温度下一般只能做到 $1.55g/cm^3$。

（2）该体系无固相，增黏效果不理想。

（3）在一定 pH 值下，体系容易在高温下发生氧化，生成二氧化碳，会生成酸性气体腐蚀井下管柱。

因此，需要对甲酸钾体系的抗氧化性和增黏效果进行优化。主要通过开展加重实验、缓冲体系配伍性实验、增黏实验、防水锁剂筛选评价、凝点评价、地层水配伍性评价、防气侵实验、腐蚀评价等工作，对甲酸钾体系进行优化。

（1）通过实验发现，使用工业级的甲酸钾和自来水，该体系最高密度可以到 $1.58g/cm^3$。但是在现场实际配制过程中，发现密度超过 $1.55g/cm^3$ 以后，甲酸钾溶解非常困难，配制时间很长，可能由于现场施工作业中使用水达不到自来水的清洁程度。

（2）通过甲酸钾缓冲体系配伍性实验，发现由于碳酸钠/碳酸氢钠或碳酸钾/碳酸氢钾对甲酸钾完井液有缓冲作用，在具体应用时，可起到如下作用：缓冲剂可以排除少量 CO_2 侵入对甲酸盐盐水造成影响；缓冲剂可以克服硫化氢侵入对甲酸钾完井液造成影响。

（3）通过甲酸钾修井液增黏实验，筛选出 ZN-PH 可作为甲酸钾修井液的增黏剂，随后进行抗温实验后，依旧是 ZN-PH 增黏效果最好。加入 ZN-PH 后可以有效地增加体系的黏度，长时间老化后虽然黏度有所降低，但是加入 ZN-PH 的干粉处理后，黏度能得到很好的恢复，且长时间老化后，性能良好，满足现场施工需求。

（4）通过甲酸钾完/修井液防水锁剂的筛选与评价实验后，筛选出 TY-Wpa 和甲醇的效果较好，随后开展二者复配评价试验，TY-Wpa 和甲醇在甲酸钾完井液中的配伍性良好。说明甲醇和 TY-Wpa 都可以在甲酸钾完井液中使用。

（5）在甲酸钾完井液中加入不同的处理剂后进行表面张力测试，评价后发现 TY-Wpa 的加量在 0.3% 处出现了拐点，从经济的角度来说，TY-Wpa 的最佳加量为 0.3%。

（6）对甲酸钾完井液的凝点进行评价，不同密度的甲酸钾完井液凝点均在 -30℃ 以下，说明甲酸钾完井液具备在新疆冬季施工的基本条件。常温下用地层水配制甲酸钾完井液会出现白色沉淀，160℃ 恒温静置 16h 后沉降更明显，说明甲酸钾与地层水配伍性差，不能使用地层水来配制甲酸钾完井液。甲酸钾修井液与地层水配伍性较好，但是在地层水含量较高时候会有轻微沉淀。当地层水占比低时，无明显沉淀产生，地层水占比高时，甲酸钾修井液体系底部会出现白色沉淀。

（7）甲酸钾完井液和甲酸钾修井液在摇动后气侵值低，说明防气侵效果良好。

（8）甲酸钾完/修井液对超级 13Cr 钢片的腐蚀速率为 0.0055mm/a，甲酸钾修井液体系的腐蚀速率为 0.0047mm/a，达到标准要求（腐蚀速率 ≤ 0.076mm/a）。

六、油基修井液体系优化

油基修井液为有固相体系，在修井作业过程中，可能存在沉降稳定性不好，对储层伤害大等情况。因此，需要对现有重晶石的沉降稳定性进行优化。主要通过开展油基修井液基础性能评价、沉降稳定性评价实验、超微加重剂评价、超微加重剂对油基修井液性能影响评价实验、HTHP 沉降稳定性评价实验等工作对油基修井液体系进行优化。

（1）配制不同密度（1.5~2.0g/cm³）的油基修井液，经不同老化温度（150℃、180℃）热滚后，各项性能可达到一般修井液性能要求。

（2）对现场使用过的油基钻井液进行性能调整后，采用高温加压方式对不同加重剂加重后的修井液静恒温 3 天后，测试油基修井液稳定性。加入微锰粉配制的修井液上下密度差最低，沉降稳定性最好，但黏度较高；5000 目微重粉配制的修井液上下密度差最大，沉降稳定性最差，可能和润湿性不足有关。微铁复合加重黏度最低，沉降稳定性一般。

（3）单独使用超微加重剂加重，油基修井液的单方成本过高；同时由于其固相颗粒数量和表面积大幅度增加，将引起体系黏度也大幅度升高，难以调整。使用普通重晶石和超微加重剂复合加重，因不同粒径固相之间的镶嵌和"轴承"作用，能改善高密度修井液的流变性，更有利于提高沉降稳定性。建议由普通重晶石加重至一定密度，再用超微加重剂复配加重至所需密度，可有效降低成本。另外，考虑现场使用老浆进行调整（老浆一般用普通重晶石加重），所以也不建议使用单一超微加重剂加重。

（4）分别用微锰粉、微铁粉、3000 目微重粉和微锰粉 MT-9 采用混合加重的方法配制油基修井液，通常油基修井液的性能都会随这些超微加重剂的加量变化而呈现有规律的变化，破乳电压（ES）一般随超微加重剂的加量增加而降低，黏度随超微加重剂的加量增加而提高，修井液的沉降稳定性也随超微加重剂的加量增加而提高。

（5）微锰粉、微铁粉、3000目微重粉和微锰粉MT-9这四种超微加重剂，对油基修井液的沉降稳定性影响各不相同，用微锰粉MT-9配制的油基修井液沉降稳定性最差，而全部采用微锰粉进行加重的油基修井液，沉降稳定性最好。

（6）油基修井液采用不同油水比配制对沉降稳定性也有一定影响，例如采用微锰粉加重，油水比越高，修井液稳定性越好。

（7）性能调整后的油基修井液，使用沉降稳定仪在160℃、40MPa的条件下，静恒温31天，开罐后无沉降、无析水，上下密度差很小，仅0.03g/cm³，体现出了调整后的油基修井液良好的沉降稳定性。

（8）为进一步探索体系能达到的最高密度，开展了高密度修井液体系实验。实验结果表明，经过超微粉FW-1（5000目的密度为4.82g/cm³）加重后的修井液体系，密度最高能达到2.65g/cm³，在此密度条件下，流变性能较好，破乳电压较高，静恒温老化后，无沉降无析水。

七、耐高温高密度无/低固相修井液

1. 耐高温高密度无/低固相修井液体系

水基完井液和油基完井液固相高，存在伤害地层的风险。目前能配制无固相完井液的主要有氯盐类、溴盐类、甲酸盐类及复合盐等加重剂。

从表4-3-6可知，在高温高压井的测试和完井中，目前使用的高密度低自由水钻井液体系对储层损害大，价格也不菲，不适合在完井测试作业使用。卤族盐水因密度达不到要求和腐蚀严重，不适合高温高压井。而甲酸盐的钠盐和钾盐密度达不到要求，铯盐密度能达到要求，但价格高昂，限制了甲酸铯的使用。溴盐密度可以达到要求，但腐蚀最为严重，因此不能使用。

表4-3-6 不同完/修井液体系特性对比

类型性能	水基完井液	油基完井液	氯盐类	溴盐类	甲酸盐类		无固相完井液
					钠，钾	铯	
密度（g/cm³）	高	≤2.4	≤1.4	≤2.3	≤1.6	≤2.3	≤1.8
固相含量	高	高	无	低	无	无	无
抗温性	中等	高	高	高	高	高	高
黏度	可调	可调	低	高	低	低	可调
腐蚀性	低	无	高	高	低	低	低
储层保护	差	较好	差	差	好	好	好
沉降稳定性	差	较好	好	好	好	好	好
工艺	复杂	复杂	简单	复杂	简单	简单	简单
价格	高	高	低	极高	高	极高	高

因此，考虑选用复合盐加重剂来配制高密度无固相完井液体系。通过开展一系列实验对修井液体系进行了优化。

（1）通过无固相完 / 修井液研制实验，筛选出了可使用的复合盐加重剂，完成了配制无固相加重液的配方表（表 4-3-7），该表可指导现场配制无固相完 / 修井液。

表 4-3-7　配制 1m³ 不同密度无固相完井液配方表

密度（25℃）/ g/cm³	配制 1m³ 无固相完井液		密度（25℃）/ g/cm³	配制 1m³ 无固相完井液	
	复合盐加重剂 /kg	水 /L		复合盐加重剂 /kg	水 /L
1.03	33.23	996.77	1.53	710.36	819.64
1.05	65.63	984.38	1.54	729.47	810.53
1.10	100.00	1000.00	1.56	753.10	806.90
1.11	130.59	979.41	1.57	771.69	798.31
1.13	161.43	968.57	1.58	790.00	790.00
1.18	196.67	983.33	1.60	813.11	786.89
1.20	227.03	972.97	1.61	830.97	779.03
1.21	279.23	930.77	1.62	848.57	771.43
1.24	310.00	930.00	1.63	865.94	764.06
1.27	340.73	929.27	1.65	888.46	761.54
1.29	368.57	921.43	1.66	905.45	754.55
1.31	396.05	913.95	1.67	922.24	747.76
1.33	423.18	906.82	1.68	938.82	741.18
1.35	450.00	900.00	1.69	955.22	734.78
1.36	473.04	886.96	1.70	971.43	728.57
1.38	499.15	880.85	1.71	987.46	722.54
1.40	525.00	875.00	1.72	1003.33	716.67
1.42	550.61	869.39	1.73	1019.04	710.96
1.43	572.00	858.00	1.74	1034.59	705.41
1.45	597.06	852.94	1.75	1050.00	700.00
1.47	621.92	848.08	1.76	1074.29	685.71
1.48	642.26	837.74	1.77	1089.23	680.77
1.50	666.67	833.33	1.78	1104.05	675.95
1.51	686.36	823.64	1.79	1118.75	671.25
			1.80	1133.33	666.67

（2）通过缓蚀剂筛选与评价实验，筛选出了 TY-lnh 缓蚀剂的缓蚀效果最好。由于该缓蚀剂在生产保供方面存在问题，进一步筛选了 TY-lnh 的同类型产品 CPF，并对 CPF 进行了评价。缓蚀剂 CPF 与缓蚀剂 TY-lnh 都可以用于现场作业。

（3）通过防水锁剂筛选与评价实验，初步筛选出了甲醇与防水锁剂 TY-Wpa 效果较好，加入甲醇和防水锁剂 TY-Wpa 后体系的表面张力在老化后均明显降低。在无固相完 / 修井液中随防水锁剂加量增加，表面张力降低，表面张力在防水锁剂 TY-Wpa 加量为 0.3% 时出现拐点。推荐防水锁剂 TY-Wpa 的加量为 0.3%~0.5%。

（4）通过无固相完 / 修井液综合评价实验，发现无固相完 / 修井液随密度增加，表观黏度增加，但结构黏度很低，携砂功能弱，需优选增黏剂。无固相修井液遭遇少量地层水侵入时，不会影响其沉降稳定性。对 13Cr 钢片的腐蚀为均匀腐蚀、无点蚀，缓蚀剂和分散剂相互作用能明显减少腐蚀点，同时降低腐蚀深度，缓蚀剂对腐蚀表面有延缓作用。能有效地抑制储层中的黏土膨胀，对储层有保护作用；高搅后密度变化小防气窜效果良好。

（5）通过复合盐无固相修井液增黏实验，对比了 AS-200、MEA 和其他增黏剂，MEA 增黏效果明显，确定其作为无固相完 / 修井液的增黏剂；增黏剂加量在 4% 以上，加重液表观黏度和结构黏度都明显增加，且无分层和沉降，结构黏度满足现场施工的基本需要。

2. 耐高温高密度无 / 低固相修井液现场应用

1）作业背景

大北 20× 井设计井深 6320.00m，完钻井深 6170.00m。目的层为白垩系巴什基奇克组。该井于 2010 年 5 月 6 日开钻，2011 年 8 月 2 日完成地质任务提前完钻，完钻层位为白垩系巴西改组。原始地层压力为 95.04MPa，压力系数为 1.64；近期地层压力为 78.84MPa，压力系数为 1.34；气层温度为 132.88℃。天然气中不含 H_2S 气体，CO_2 含量为 0.4636%；地层水性质见表 4-3-8。

表 4-3-8　地层水理化性质

地层		密度 / g/cm³	氯离子 / mg/L	总矿化度 / mg/L	水型
系	组（段）				
白垩系	巴什基奇克组	1.14	95340.44	—	氯化钙

大北 20× 井于 2011 年 12 月 11 日完井，对 K_1bs 气层（5917~6038m）进行酸化测试，产气 84.57×10⁴m³，折日产液 8.23m³。

2014 年 7 月 13 日投产，投产初期日产气 17.28×10⁴m³，日产油 1.15t。2014 年 8 月 1 日见水，2017 年 4 月 20 日转为低压排水井。2016 年 10 月油压 32MPa 时，产水量达到峰值 186.37m³，但伴随压力的下降，排水量不断降低。至 2019 年 8 月 31 日，累计排水量为 9.05×10⁴m³。目前自喷能力不足，日排水量仅 16.05m³，远低于水侵量，边水将继续向构造高部位上窜，导致构造高部位井有水淹停产风险。

井筒可能存在结垢、出砂等问题。

2）修井目的

分析认为，见水原因为边水沿断层、裂缝上窜所致。计算得出，大北 20× 井水淹后地层水封闭的天然气储量为 30×10⁸m³。经过论证，该井强排水，不仅具有解放水封天然气的潜力，而且能抑制边水进一步上窜，提高大北 1 气藏采收率 1%~2%。

依据大北区块开发调整方案和综合治理方案，该井排水量达到 160m³/d 才能满足排水需求。鉴于目前大北 20× 井采用低压自喷排水远不能达到方案排水要求，亟须以人工能量方式介入提高排水量。因此设计《大北 20× 井强排水措施作业》，以期更换成电泵完井管柱，主动排水，加大排水量，以抑制边水上窜。

3）增黏型无固相修井液现场工艺

按照《大北 20× 井修井工程压井 / 修井液工艺设计》，采用压井液—修井液一体化体系。在修井过程中，为增强压井液 / 修井液的悬浮固相，携带沉砂、杂垢及套铣钻磨所产生的铁屑，净化井眼，防止起下钻挂卡复杂情况和卡钻事故发生，确保施工安全，设计使用增黏型无固相修井液体系（以下简称"修井液"），并配合完成《耐高温高密度无固相完 / 修井液体系研究》的现场应用试验工作。表 4-3-9 是大北 20× 井增黏型无固相修井液性能设计。

表 4-3-9　大北 20x 井增黏型无固相修井液性能设计

密度 / (g/cm³)	漏斗黏度 /s	表观黏度 /Pa	动切力 /Pa	10s 初切力 /Pa	10min 终切力 /Pa	pH 值
1.34~1.42	≥ 50	≥ 30	≥ 6	≥ 0.5	≥ 1.5	8~9

井眼容积计算见表 4-3-10。全井筒容积为 128.26m³。切割原井油管在封隔器上面部位。切割后，从切割点以上循环修井液进行半压井，切割点以上井筒容积为 121.05m³。

表 4-3-10　井筒容积表

套管直径 /mm	套管壁厚 /mm	套管内径 /mm	井眼井段 /m	单位容积 /L/m	容积 /m³	累计 /m³	备注
196.85	12.7	171.45	0~5068.99	23.09	117.04	117.04	
139.7	12.09	115.52	5068.99~5451.51	10.48	4.01	121.05	半压井容积
139.7	12.09	115.52	5451.51~6140.00	10.48	7.22	128.26	全井筒容积

按照《塔里木油田公司井下作业井控实施细则（试行）》（2019 年）的要求，修井液准备量为 190~252m³（井筒容积 1.5~2.0 倍），并储备 100t 无固相加重剂 HWJZ-1 满足井控要求，100m³ 储备加重钻井液依托邻井泥浆站。

4）修井液配制

配制前，清洗、检查、保养钻井液罐、搅拌系统、配制混合系统和钻井液净化系统，确保设备完好。振动筛网使用 200 目。

开工前，静态压力测试地层流体压力已进一步降低，压力系数为 1.27，本井修井液密度确定为 1.38g/cm³。现场按照确定的密度，再次进行复核实验，见表 4-3-11。

表 4-3-11　增黏型无固相修井液现场复核实验

配方	密度 /g/cm³	漏斗黏度 /s	表观黏度 /mPa·s	动切力 /Pa	10s 初切力 /Pa	10min 终切力 /Pa	pH 值
5.5% 提切剂 MEA+3% 环空保护剂 CPF+ 无固相加重剂 HWJZ-1	1.38	53	35	18	6	6	9
4.85% 提切剂 MEA+3% 环空保护剂 CPF+ 无固相加重剂 HWJZ-1	1.38	50	30	10	3	3	9

由此确定修井液现场配方：清水 +5% 提切剂 MEA+3% 环空保护剂 CPF+ 无固相加重剂 HWJZ-1。

配制方法：先配制 5% 的提切剂 MEA 胶液，地面养护搅拌 48h，使其充分分散溶解。加入 3% 环空保护剂 CPF，搅拌均匀，再用无固相加重剂 HWJZ-1 加重至 1.38g/cm³，充分搅拌使其完全溶解，测量密度、黏度等性能。修井液配制量为 205m³。新配修井液性能：密度为 1.38g/cm³，漏斗黏度为 65s，表观黏度为 30mPa.s，塑性黏度为 20mPa.s，动切力为 10Pa，pH 值为 9。

压井前，油管环空为密度 1.40g/cm³ 有机盐环空保护液，油管内为气田水。油管切割后，从切割点井深 5445.75m 处反循环修井液压井，并循环至进出口液性一致。此时测试修井液性能为：密度为 1.38g/cm³，漏斗黏度为 55s，表观黏度为 30mPa.s，塑性黏度为 20mPa.s，动切力为 10Pa，pH 值为 9.5。

5）修井液性能维护

（1）修井液固相净化。

修井液固相含量要求低于 1%，必须有效控制固相含量。根据需要使用固控设备，对有害固相进行清除，振动筛网使用 200 目。本井主要使用振动筛清除固相，净化修井液，未使用除砂器和离心机，以减少修井液的固控损耗。

（2）修井液污染防治。

保持钻井液罐和循环系统清洁，罐面整洁；确保固控设备性能良好，使用效率高；钻井液罐系统必须加盖雨棚，防止雨水侵入；钻台操作时，防止各种油污混入修井液中。

（3）修井液密度调整。

随着原井油管打捞不断向下延伸，原井内流体（环空保护液和地层水）不断混入修井液中，而无法分离出来。原井流体的污染可能引起修井液密度变化。4 月 24 日在铣齿母锥循环划眼清洗鱼头时，发生漏失，漏失密度 1.38g/cm³ 修井液 4.2m³。26—27 日，考虑本井在钻井期间产层井段发生过 5 次漏失；投产前，射孔段经过酸化解堵；近期测试，地层压力系数为 1.27MPa/100m，经研究决定将修井液密度降至 1.34g/cm³，密度附加值为 0.07g/cm³，见表 4-3-12。降密度后，井内压力平稳，无溢漏现象。

表 4-3-12　大北 20× 井无固相修井液密度调整记录

时间 / 配方	密度 / g/cm³	漏斗黏度 / s	表观黏度 / mPa·s	塑性黏度 / mPa·s	动切力 / Pa	10s 初切力 / Pa	10min 终切力 / Pa
实验：400mL 钻井液 +50mL 提切胶液 + 无固相加重剂 HWJZ-1	1.34	58	27.5	15	12.5	3.0	5.0
降密度前：4 月 25 日修井液	1.38	55	24	16	8	2.5	3.5
降密度后：4 月 27 日修井液	1.34	52	22	14	8	2.0	2.5

降低密度，是通过加入 26m³（计算量）预先配制好的含有环空保护剂 CPF 和提切剂 MEA 的胶液调整。不能直接加入清水降密度，以免降低 pH 值和黏度。

（4）黏度调整。

受原井流体污染，性能变化最大的是黏切（钻井液的黏度和切向力组合）降低；一次打捞出的钻具越多，混入原井流体越多，黏切下降越快。尤其是 5 月 22 日捞获 450.95m 落鱼后，打捞速度加快，黏切下降明显。黏切下降主要原因是修井液中的提切剂 MEA 被原井流体稀释，含量降低所致。为此，现场做了多组小型实验，一方面验证修井液与原井环空保护液的配伍性，尽可能利用回收的原井环空保护液配制修井液，减少无固相加重剂的使用量，降低修井液成本；另一方面，开展恢复黏度的试验。实验表明，在保持本井修井液密度下，修井液和原井环空保护液配伍性良好，可以利用；修井液混入环空保护液等原井流体黏切降低后，可以通过提切剂 MEA 胶液调整，恢复修井液黏度。

提高黏度的方法是先配制较高浓度的提切剂 MEA 胶液，同时加入设计配方浓度的环空保护剂。将配好的提切剂 MEA 胶液缓慢加入修井液中，并补加无固相加重剂恢复密度。不能直接向修井液中加入提切剂 MEA，以免提切剂 MEA 分散溶解不好，降低提高黏度的使用效果。本井预配提切剂 MEA 胶液浓度为 25%，用于修井液配制和性能调整。

本井共进行了 2 次性能维护和修井液补充。分别是 2020 年 5 月 7 日和 6 月 5 日，分两次加入 15m³ 和 25m³ 提切剂 MEA 胶液，提高黏切，并补充修井液消耗。

6）现场应用效果

修井工期从 4 月 12 日 12∶00 验收合格开工，至 7 月 19 日 10∶00 下封隔器电泵完井管柱至 2546.72m 坐封，并试压合格转试抽结束，周期 98 天；修井期间无停待，无事故和复杂时间，生产时效达到 100%。生产组织管理到位。

整个修井作业和二次完井作业过程中，增黏型无固相修井液携带性能良好，循环带出大量的杂垢、地层砂等杂物，并及时将钻磨铁屑、胶皮带出井口，确保井眼净化良好，摸鱼顺利无阻，有效避免了因沉屑（垢、砂和铁屑）引起的起下管柱不到底，管柱挂卡、埋卡等复杂和事故的发生。使用该修井液施工长达 98 天，没有出现钻具的明显腐蚀和应力破坏，保障了修井和完井作业的安全、顺利进行，体现了修井液的安全可靠性。

增黏型无固相修井液具有本身无固相、无沉淀、无结晶、无析水特点；具有黏度较高、且可调、携带能力强的特点；具有抗高温高压，性能稳定的特点；具有一定的抗污染能力，与原井环空保护液和一定比例的地层水有配伍性；具有腐蚀性低，对作业管柱无伤害的特点；具有配方简单，现场配制和维护处理方便的特点。新型修井液——增黏型无固相修井液，为大北 204 井修井和二次完井作业提供了良好的技术服务，保障了施工过程的安全。

第四节　环空保护液技术

一、管柱失效原因分析

塔里木油田气藏集中在天山南坡条带状的构造上，是世界上少有的超高压气藏的富集区域。气井地层压力为 100~125MPa，地层温度为 150~180℃，储层埋藏为 6000~8100m，多数井为典型的超深超高温超高压气井（"三超"气井），同时产层流体含二氧化碳（0.3%~1.5%），且产层水矿化度较高，Cl⁻ 含量约为 130000mg/L。按国际上广泛认可的高温高压气井分级标准，上述地区已进入超高温超高压级（Ultra HTHP）。高温高压气井除自身井况复杂苛刻外，由于自然产能低，普遍需要进行大排量的酸压或加砂压裂增产改造措施，导致气井工况更加恶劣复杂。因此，实现高温高压井安全高效开发面临重大技术挑战，特别是井筒的完整性。目前在世界范围内可借鉴的成功经验较少，为了勘探开发需要，塔里木油田高温高压气井生产套管多采用特殊螺纹接头套管，而完井管柱普遍采用超级 13Cr 特殊螺纹接头油管，常用的螺纹类型多为国际先进的气密封螺纹，如 TSH563、BEAR、FOX、VAM TOP 等，但是在高温高压气井生产过程，仍然存在管柱失效而导致环空压力异常的情况。针对上述现象，对高温高压气井环空压力异常情况进行了深入调研和系统分析，为降低高温高压气井环空压力异常失效概率提供重要技术依据[86-88]。

对塔里木油田 143 口高温高压气井环空压力进行统计分析，发现 31 口井环空压力异常，其中因油管柱渗漏或油管和套管连通导致环空压力异常井有 27 口，占已投产井的 18.9%。对管柱渗漏导致环空异常压力井完井管柱螺纹类型进行了统计分析，其中采用 FOX 和 BEAR 特殊螺纹接头油管的气井发生环空压力异常 19 起，环空压力异常比例为 73.1%；采用 TSH563 和 VAM TOP 特殊螺纹接头油管的气井发生环空压力异常 7 起，环空压力异常比例为 26.9%。进一步分析发现，FOX 和 BEA R 特殊螺纹接头油管的压缩效率（油管接头压缩效率定义为管体承受压缩能力的百分数）分别为 60% 和 80%，而 TSH563 和 VAM TOP 特殊螺纹接头油管的压缩效率为 100%，说明不同类型螺纹的压缩效率与高温高压气井环空异常压力有一定的关联，压缩效率高的特殊螺纹接头油管不易发生渗漏，气井环空异常压力发生的概率低。

为了进一步分析环空压力异常原因，对 DN2-B 井起出油管进行逐根检测。该井 2009 年 8 月投产，在 2015 年 4 月 18 日关井检修过程中发现 A、B、C 环空压力均快速上升，2015 年 8 月进行修井作业，对取出的 501 根 HP1-13Cr 油管（FOX 和 BEAR 两种接头）进行了全面的腐蚀检测和失效分析。已知该井地层温度为 132.4℃，原始地层压力为 107MPa，井底压力为 88.2MPa（预测），CO_2 含量为 0.35%。起出油管后发现油管管体最大壁厚偏差均在 ±10.0% 公称壁厚以内，壁厚减薄不明显，仅发生轻微均匀腐蚀，但发现螺纹接头部位均存在腐蚀现象，腐蚀形貌如图 4-4-1 和图 4-4-2 所示，其中 397 根油管接头发生了台肩面腐蚀，164 根油管接头发生内倒角腐蚀，134 根油管接头台肩面与内倒角结合处腐蚀，134 根油管接头内倒角与管体过渡处腐蚀，两种螺纹密封面均发生严重点蚀，最大点蚀深度为 201μm。从图 4-4-2 可以看出，正常情况下，高压气体在油管内由下往上流动，但图 4-4-2 中的腐蚀形貌表明，台肩面和密封面已有腐蚀痕迹，说明高压气体已通过密封面，油管接头已发生泄漏，油管和套管连通造成环空压力升高。

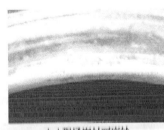

（a）现场密封面腐蚀　　　　　　（b）现场端台肩面腐蚀　　　　　　（c）台肩部位严重点蚀

图 4-4-1　FOX 螺纹油管接头密封面点蚀形貌

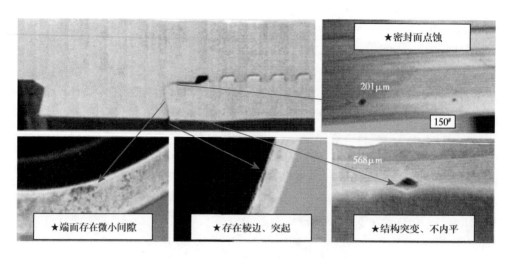

图 4-4-2　BEAR 螺纹油管接头密封面点蚀形貌

经过统计分析，环空压力异常井占总高温高压气井的 1/4，环空压力异常气井比例较高，是目前高温高压气井的主要事故形式。由于塔里木油气田均采用国际主流的特殊螺纹接头油管，不同扣型的气井环空压力异常比例不同，当油管接头螺纹压缩效率低于 100% 时，气井就容易出现环空压力异常；当油管接头螺纹的压缩效率为 100% 时，气井出现环空压力异常的概率就比较低，说明油管接头螺纹的压缩效率与高温高压气井环空压力有一定的关联性。因此，在预防高温高压气井环空压力异常方面需要试验分析接头的压缩效率及接头的振动性能。现场应用统计表明选择压缩效率 100% 扣型后环空异常压力井比例由原来 18.9% 降为 3.3%。为了预防高温高压气井管柱失效导致环空压力异常，建议高温高压气井所选油管接头螺纹应满足压缩效率为 100% 的要求，且应通过 CAL Ⅳ 试验和补充振动试验。

二、环空保护液密度优化

塔里木盆地的主力气田普遍具有埋藏深、地层压力高、压力系数高等特点。完井时一般采用密度较高的环空保护液，通常采用密度为 1.4g/cm³ 甚至更高的有机盐液体，采用密度较高的环空保护液可以降低油管和环空之间的压差，缓解储层改造时油管承受的高压。但对于特低孔低渗透储层，关井时井口油压高，开井生产时油压低，采用的环空保护液密度过高会降低 A 环空最大许可带压值，给后期的开发生产带来难题，不利于气井长期安全生产。因此，以超高压低孔低渗透气井油管安全性评价为基础，针对超高压低孔低渗透气井，开展环空保护液密度优化研究，通过优化计算方法，增大 A 环空的最大许可工作压力值，以保障气井后期生产安全。

1. A 环空最大许可带压值的确定方法

借鉴 API RP 90 行业标准，以气井环空部件构成和实际工况为基础，通过校核构成 A 环空的 4 个主要部件，即套管头、油管柱、套管柱及封隔器的安全性能，根据短板原则确定高压气井 A 环空许可压力范围，计算流程如图 4-4-3 所示。

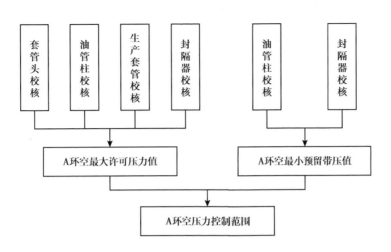

图 4-4-3　高压气井 A 环空压力计算方法流程图

当 A 环空中的压力为最大值时，受力情况如图 4-4-4 所示。此时组成 A 环空的套管头、生产套管、封隔器和油管这 4 个主要部件均有向外扩张的趋势。因此，能满足这 4 个部件设计安全系数的值即为 A 环空最大许可压力值。

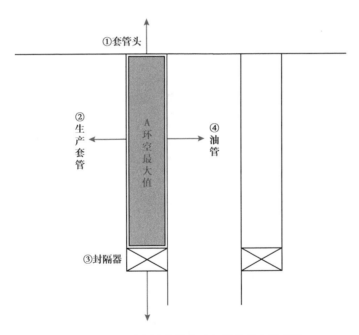

图 4-4-4　A 环空压力最大时各部件受力示意图

目前，塔里木油田高温高压气井油套管安全系数取值见表 4-4-1 所示。在油气田开发生产过程中，一般油管头和封隔器的压力等级都比较高，因此，一口井的 A 环空最大许可压力值通常取决于生产套管的抗内压强度和油管的抗外挤强度。而生产套管的抗内压强度和油管的抗外挤强度一定时，环空保护液密度将影响其 A 环空的最大许可带压值。

表4-4-1 油管、套管安全系数取值表

油管				套管	
相当应力强度 安全系数	抗外挤强度 安全系数	抗内压强度 安全系数	抗拉强度 安全系数	抗外挤强度 安全系数	抗内压强度 安全系数
1.5	1.3	1.3	1.6	1.13	1.25

2. 环空保护液密度对 A 环空最大许可带压值的影响

气井在正常生产、油套窜通、关井工况下，环空内流体密度应不小于油管内流体密度，因此，只考虑油管抗外挤强度的 A 环空最大许可工作压力（油管柱抗外挤强度危险点在封隔器处）即可。A 环空最大许可工作压力 p_A 由式（4-4-1）计算：

$$p_A = \sigma_{外}/S + p + \rho_{气}gh - \rho_{保护液}gh \qquad (4-4-1)$$

式中 p_A——A 环空最大许可工作压力，MPa；

$\sigma_{外}$——油管抗外挤强度，MPa；

p——油压，MPa；

S——油管抗外挤强度安全系数；

$\rho_{气}$——油管内气体密度，g/cm³；

$\rho_{保护液}$——环空保护液密度，g/cm³；

g——重力加速度，m/s²；

h——危险点深度，m。

针对正常生产、关井工况，利用式（4-4-1）开展油管柱载荷分析，结合静态和动态状况下油管三轴应力安全系数许可值，通过各工况下油管柱三轴应力校核计算得出对应的 A 环空最大许可工作压力值。

在超高压低孔低渗透井中，由于关井油压高，开井油压低，环空保护液密度过高会导致油管柱承受的内外压差大，A 环空最大许可带压值小，给后期的开发生产带来难题。在开关井时，若没有合理控制油压，甚至可能导致油管被挤毁的后果。大北 X 井为典型的高压低孔低渗透井，该井井深为 7072m，井底压力为 121MPa，完井时采用密度为 1.68g/cm³ 的环空保护液。放喷求产时为防止用小油嘴测试产生的冻堵，故改用大油嘴放喷，油压控制较低，由于环空液柱压力高，导致油管被挤扁（图4-4-5）。

图 4-4-5 大北 X 井油管被挤扁图

3. 环空保护液密度优化现场应用及效果

克深 3X 井是塔里木盆地库车坳陷克深区带上的一口评价井，储层岩心平均孔隙度为 7.4%，平均渗透率为 0.065mD，属于低孔低渗透储层。为了避免该井生产过程中油压低导致油管及封隔器受力过大，在完井前从以下几方面开展了环空保护液密度优化：（1）由于该井完钻井深达 7080m，环空保护液密度应考虑完井后封隔器及封隔器处生产套管的受力；（2）考虑替液时的井口最大泵压；（3）考虑放喷求产及生产时油管所受的外挤力；（4）考虑投产后 A 环空的最大许可工作压力值。

在满足封隔器、生产套管、油管受力及替液要求后继续对环空保护液密度进行优化。克深 3X 井预测投产后日产气量为 $20 \times 10^4 m^3$，分别选取密度为 $1.4g/cm^3$ 和 $1.3g/cm^3$ 的环空保护液，对 A 环空的最大许可工作压力值进行计算对比（表 4-4-2）。通过计算结果对比，认为该井采用 $1.3g/cm^3$ 的环空保护液既能满足替液泵压的要求，又能减小油管受力，增大 A 环空的许可工作压力范围（图 4-4-6），方便后期生产管理。

表 4-4-2　克深 3X 井 A 环空的最大许可工作压力值对比表

井口油压 /MPa	A 环空最大允许带压值	
	环空保护液密度为 $1.3g/cm^3$ 条件下	环空保护液密度为 $1.4g/cm^3$ 条件下
45	33	25
45	33	25
40	28	20
35	23	15
30	18	10
25	12	5
20	6	0
15	0	0
10	0	0
5	0	0

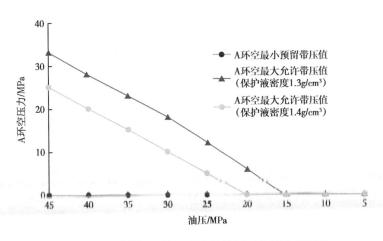

图 4-4-6　克深 3X 井 A 环空的许可工作压力范围图

克深 3X 井投产后油压为 39.65MPa，产气量为 $15.6 \times 10^4 m^3/d$，关井油压为 81.5MPa，A 环空压力为 25MPa。计算油管抗外挤安全系数最低为 1.41，大于标准规定值 1.30，油管安全；若完井时采用密度为 $1.40g/cm^3$ 的环空保护液，计算得油管抗外挤安全系数最低为 1.28，小于标准规定值 1.30，在后期的生产过程中，油管将存在安全风险。

通过计算选择合适的环空保护液密度可以减小油管柱内外压差和封隔器的受力，提高气井井筒安全性，保证气井长期安全生产。

对于超高压低孔低渗透气井，通过环空保护液密度优化，能有效增大 A 环空的最大许可工作压力值及提高 A 环空许可带压值范围，使该类气井环空压力管理具有可操作性，有利于提高气井的寿命，减少修井作业工作量。

第五节　清洁完井技术

塔里木油田高温高压油气井普遍地层压力系数较高，油气井钻井过程中，为保证井控安全，需采用高密度工作液压井。后期完井和生产阶段井筒出现钻井液污染导致油管柱出现应力腐蚀开裂，带来经济和产量损失。

现阶段国内外完井工艺存在替液充分与改造效果相矛盾的现象，当完井管柱下深至产层射孔顶界以上或产层中部时，可充分提高改造效果，但是将出现替液不充分现象，导致产层中下部原井钻井液无法充分替出，仍然有部分钻井液残留，污染井筒；当通过带压裂滑套来实现充分替液时，压裂滑套由于结构设计原因，过流面积小，导致改造不充分，影响单井产量[89-91]。

针对此现状，塔里木油田根据国内外高温高压气井井完整性要求，同时结合塔里木现有常规完井工艺管柱特点，研发了一种清洁完井工艺管柱。

一、清洁完井工艺管柱结构及特点

高温高压油气井清洁完井管柱，主要包括油管挂、油管、封隔器、丢手短节、可溶筛管等，相对于塔里木油田现用完井管柱，清洁完井管柱的丢手短节通过销钉进行连接，可溶筛管上配置有可溶结构，两者相结合可使一趟管柱充分替出加重钻井液，实现清洁完井及后期高效修井的目的。

它具有以下四方面的特点：

（1）清洁完井管柱可下至人工井底，依靠人工井底提供轻度支撑；

（2）安装好采油树后，经油套之间的环形空间注入完井液，反循环替换出油套环空及油管内部的重钻井液，此工艺管柱能够将油套环空及油管内部的加重钻井液完全替出，实现清洁完井；

（3）油管正打压注入酸性液体，在设定时间之内将可溶筛管可溶部件溶蚀掉，此时可溶筛管的孔眼内外连通，形成增产改造及生产通道；

（4）清洁完井管柱可以在不进行倒扣的情况下实现分段打捞，减少作业量并降低作业风险，同时减小修井作业对套管磨损的影响。

1. 可溶孔塞筛管结构

可溶孔塞筛管是在常规打孔筛管结构的基础上，通过在筛管打孔处使用一种具有选择性腐蚀的金属螺栓＋耐高温橡胶密封件的组合形式，使其在钻井液和完井液中具有优异的结构完整性和密封完整性，实现清洁完井；同时在酸化改造液中可溶孔塞材质快速腐蚀溶解，可溶孔塞筛管变成常规筛管，实现酸液充分改造储层，提高单井产量的目的。

可溶孔塞筛管外径与内径与封隔器下部油管外径和内径相同，长度为 5~6m，筛管孔密度为 16/m，孔径为 M16×1 的密封型螺纹孔。为了保证筛管的屈服强度和抗拉强度，孔眼之间的距离为 62mm，相位角为 90°，如图 4-5-1 所示。

图 4-5-1　可溶孔塞筛管

塔里木油田高温高压气井高含 CO_2，属于严重腐蚀环境，因此筛管本体材料选择超级 13Cr，孔眼直径为 M16×1 的细牙螺纹孔，筛管孔密度为 16 孔 /m，筛管两端为直连型双级螺纹，入井前筛管安装可溶孔塞，完井时替出井底高密度工作液，改造前挤入酸性液体将筛管安装的可溶孔塞全部溶解，与产层连通。

可溶孔塞材质选择 MgAl 合金，其结构最大密封直径为 19mm，孔塞安装螺纹为 M16×1，在可溶孔塞上安装耐高温密封件，与可溶筛管本体实现密封，见图 4-5-2。根据油管壁厚，可溶孔塞可选择为 8~12mm 的不同厚度。

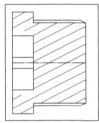

图 4-5-2　可溶孔塞结构＋橡胶密封

2. 丢手短节结构

丢手短节是通过将部分油管由螺纹连接变更为销钉连接，可实现在不进行倒扣的情况下分段打捞，从而提高修井效率。

丢手短节外径和内径与封隔器下部油管外径和内径相同，总长 1.96m，接头为机械提拉式，销钉绕圆周 4 等分，三排 12 只（图 4-5-3）。可根据下入井下深度所挂筛管的重量及设计的安全系数调整脱手销钉的数量。

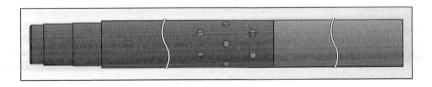

图 4-5-3　丢手短节结构

二、可溶孔塞筛管性能试验

可溶孔塞筛管在清洁完井工艺中的主要作用是在替液阶段，完井液可以将钻井液全部替换干净，这就需要它在替液前具有一定的结构完整性，替液过程中具有一定的密封性能；同时在后期酸化改造阶段，可溶孔塞材质能够在酸液中快速溶解，为酸液改造地层提供通道。

1. 可溶孔塞材质耐蚀性试验

考虑到塔里木油田库车山前高温高压气井现场工况特点，可溶孔塞材质在工作液中的腐蚀试验条件如表 4-5-1 所示。

表 4-5-1　可溶孔塞材质在工作液中的腐蚀试验条件

式样数量及尺寸	3 个平行式样，ϕ15mm×5mm	3 个平行试验，ϕ15mm×5mm
温度 /℃	170	110、150
压力 /MPa	25（N_2）	25（N_2）
介质	现场所取钻井液	1.3g/mL 甲酸盐
用量	≥ 20mL/cm²	≥ 20mL/cm²
试验时间 /h	48	1h
试验判定标准	耐腐蚀	耐腐蚀

表 4-5-2 为可溶孔塞材质（MgAl）在模拟现场高温高压气井工况下工作液环境下的腐蚀率。从表中可知该试样在工作液环境腐蚀后，其质量有一定的增加，这是因为试验后试样表面附着固体颗粒（图 4-5-4）。这表明该材质在工作液中具有优异的耐腐蚀性能，可溶孔塞筛管能够保持一定的结构完整性。

表 4-5-2　可溶孔塞材质在工作液中腐蚀率统计

腐蚀环境	试样编号	实验温度 /℃	平行样			平均腐蚀率 /%
			实验前质量 /g	实验后质量 /g	腐蚀率 /%	
钻井液	C1-1	170	1.6514	1.6567	+0.32	+0.35
	C1-2		1.4805	1.4861	+0.38	
	C1-3		1.5380	1.5435	+0.36	
完井液	C2-1	110	2.3293	2.3620	+1.40	+1.75
	C2-2		2.4575	2.4938	+1.48	
	C2-3		2.3294	2.3988	+2.37	
	C3-1	150	2.3367	2.4080	+3.05	+2.28
	C3-2		2.3349	2.3752	+1.73	
	C3-3		2.3298	2.3778	+2.06	

图 4-5-4　可溶孔塞在 150℃ 甲酸盐环境下的腐蚀前和后宏观形貌

2. 可溶筛管密封性能试验

为了能够顺利实现替液功能，不仅需要可溶筛管在工作液中具有一定的结构完整性，同时也需要它具有一定的密封性能。

图 4-5-5 为可溶孔塞筛管密封性能试验管串，结构为：试压接头 + 可溶孔塞筛管 + 丝堵，压力介质为柴油。图 4-5-6 为可溶孔塞筛管在保压 15min 内的压力变化，从图中可知该可溶孔塞筛管在 15min 保压时间内，压力由 15.3MPa 降为 15.2MPa，压降为 0.6%，满足替液时压差的要求，可顺利实现替液功能。

图 4-5-5　可溶孔塞筛管密封性能试验管串

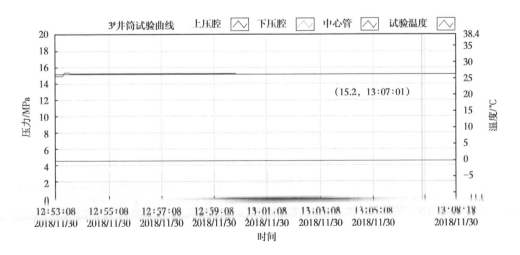

图 4-5-6　可溶筛管压力与时间的关系

3. 可溶孔塞筛管酸溶性能试验

塔里木油田高温高压气井一般会经历酸化改造增产，需要对产层段进行酸化，因此对应产层段的可溶孔塞筛管中的可溶孔塞材质在酸液中应能够快速溶解，为酸液进入储层提供通道。

为了模拟酸液是在高温条件下与可溶孔塞材质发生反应，在储存酸液的丢手短节上端和下端分别安放了上堵头和下堵头，当酸液温度升高到目标温度时，通过加压的形式推动上下堵头移动，使酸液进入到可溶筛管内。试验管串结构为丝堵＋可溶孔塞筛管＋丢手短节＋变扣接头＋试验工装（图4-5-7）。

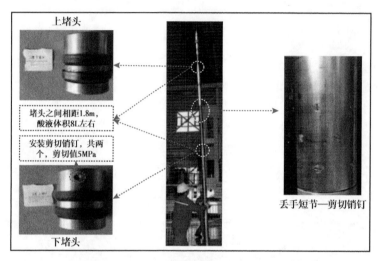

图4-5-7　模拟可溶孔塞筛管酸溶试验管串

图4-5-8为可溶孔塞筛管从升温到酸液溶解可溶孔塞后的试验曲线，从图中可知，当试验管串升高到120℃时，储存酸液的油管内的温度和压力也随之增加，当压力增加到一定值时，下堵头剪断，酸液进入可溶孔塞筛管内与可溶孔塞材质接触，并开始迅速溶解，大约35min后压力突然降低，表明溶解完全。

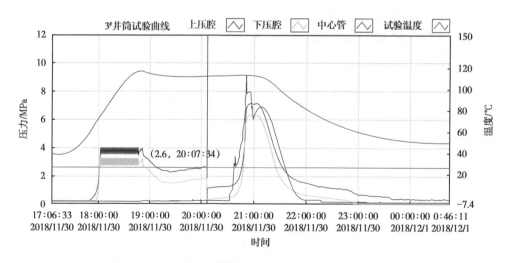

图4-5-8　可溶孔塞筛管试验压力温度与时间关系曲线

图 4-5-9 为酸液与可溶孔塞筛管反应后的宏观形貌，从图中可知可溶孔塞材质在酸液中腐蚀速率极高，能够快速溶解，为下步酸化改造储层提供通道。

图 4-5-9　可溶孔塞筛管与酸液反应后宏观形貌

三、丢手短节剪切性能试验

丢手短节可通过设定不同数量的剪切销钉，从而实现在设定剪切值下出现剪切，实现丢手功能。为了验证丢手短节能够在设定的剪切值下，顺利实现丢手功能，进行丢手短节剪切试验，丢手短节剪切试验条件见表 4-5-3。

表 4-5-3　丢手短节剪切试验条件

序号	试验项目	试验条件	验收标准
1	丢手短节剪切试验	12 个剪切销钉，14t 条件下销钉剪断	顺利丢手

图 4-5-10 为可溶孔塞筛管酸溶试验管串在酸溶试验后继续开展丢手功能试验的拉伸试验曲线，从图中可知该丢手短节在拉力为 21.4t 时发生突变，表明丢手短节剪切销钉发生断裂，该实验系统摩阻为 6.9t，因此丢手短节剪切值为 14.5t，达到试验设计要求，表明丢手短节可实现丢手功能。

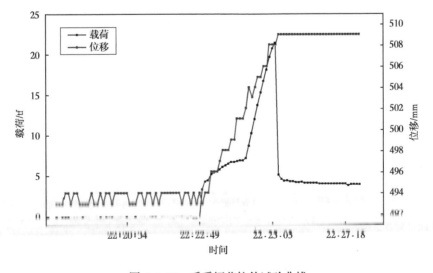

图 4-5-10　丢手短节拉伸试验曲线

四、现场应用案例

1. 可行性分析

迪那 2 气田 D1 井属于老井利用，地层压力为 79.3MPa，压力系数为 1.70，地层温度为 136℃。储层具低孔低渗透特征，需要酸化改造。设计要求：射孔井段为 4732.5~4774.0m，射开厚度为 30.5m；人工井底在 4779m；井底预留口袋为 5m；依据地质和工程设计要求分析，D1 井井身结构及井筒清理都完全符合清洁完井工艺的实施条件。

可溶塞管每根长为 4.39m，在 5in 尾管内完井，为了保证筛管的屈服强度和抗拉强度，采用塞管外径为 ϕ88.9mm，材质为超级 13Cr110，孔眼之间的距离为 62mm，相位角为 90°。孔眼直径为 M16×1 的细牙螺纹孔，16 孔 /m；同时要保证可溶塞管下入 5in 尾管时的安全，因此采用 HKS 双级直连扣塞管，可消除接箍入井可能带来的遇卡风险。

2. D1 井清洁完井施工方案

D1 井清洁完井施工方案：（1）根据测井解释资料确定生产层段位置并完成射孔；（2）地面配置清洁完井管柱，管柱下至人工井底坐油管挂，装采油树；（3）利用打孔筛管反循环替换出井筒及油管内部的重钻井液；（4）按照封隔器操作规程坐封封隔器；（5）油管正打压注入酸性液体，将可溶筛管的可溶部件溶蚀脱落，形成增产改造及生产通道；（6）储层需要改造时，通过油管将改造液经可溶筛管挤入储层；完成改造后，通过筛管即可实现自喷生产（图 4-5-11）。

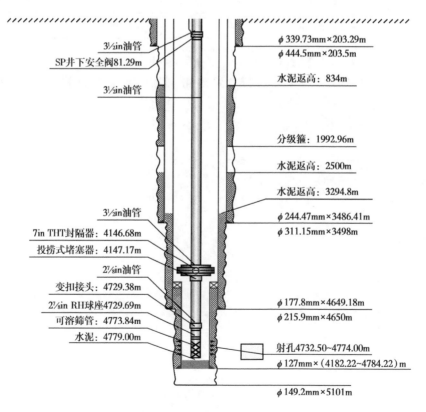

图 4-5-11　D1 井清洁完井管柱图

D1 井井筒清理后，人工井底 4779m，射孔段 4732.5~4774m，口袋仅有 5m，根据井筒实际情况，现场仅下人 10 根可溶筛管（4.39m/ 根），即可满足清洁方案的工艺要求；考虑到 D1 井清洁完井筛管仅 43.9m，若后期修井，可直接下人专用打捞工具整体打捞，因此未下直联型提拉式丢手接头。

3. 清洁完井工艺在 D1 井的应用要点分析

D1 井完井后，从钻杆传输射孔后清洁完井管柱开始下入井筒，到酸化结束的工艺流程及清洁管柱力学参数要点做如下分析。

1）可溶筛管抗内压及抗拉载荷实验

（1）可溶筛管抗内压实验。

①安装。孔眼直径为 M16×1 的细牙螺纹孔，孔塞安装螺纹为 M16×1，耐高温密封件安装在可溶孔塞上，可溶孔塞用扭矩扳手按照 3~4N/m 的扭矩上扣，保证用力均衡。与可溶筛管本体实现密封。

②试压。可溶筛管的孔塞抗内压为 17MPa，满足 15MPa 的密封设计要求。双级扣的强度密封为 50MPa。

（2）可溶筛管抗拉载荷实验。

液动拉伸机打压实验。①打压 68.41MPa 稳压 15min，无降压现象，压力数据曲线显示 68.25MPa；②筛管的试验抗拉载荷为 650kN。测量筛管的密封孔为 19.1mm，无变形；③ 3½ in 平式油管的实测线重为 13.84kg/m，抗拉安全系数满足施工要求。D1 井现场射孔后各工序施工数据表明，D1 井下入的清洁完井筛管，在抗内压、抗拉载荷及可溶孔塞与密封孔密封方面都达到设计要求，清洁完井塞管完整性良好。

2）液体体系对可溶孔塞腐蚀数据对比评价

加重钻井液、主体酸腐蚀实验数据由西安摩尔实验室提供；有机盐完井液腐蚀实验数据由塔里木油田实验检测中心提供；实验室所取不同类型液体的配方比与 D1 井在射孔后井筒内所用液体体系配比相近。可溶孔塞材质类型选取与 D1 井下入井筒内一致。

（1）可溶孔塞耐高密度工作液腐蚀分析。

实验选取高密度工作液性能。库车山前 K1 井现场高密度工作液密度为 1.72g/cm³；氯离子含量为 36000g/L；D1 井射孔后循环油基高密度工作液密度为 1.80g/cm³，塑性黏度为 63mPa·s，现场实测氯离子含量为 25000~35000g/L。由表 4-5-4 实验数据分析可知，相同直径不同厚度的可溶孔塞在 170℃ 温度下高密度工作液腐蚀介质环境中，48h 无明显腐蚀。D1 井射孔后循环压井的油基高密度工作液腐蚀介质氯离子含量比实验用高密度工作液氯离子含量低，且 D1 井产层温度为 136℃，由此判断，可溶孔塞在下入清洁完井管柱至替浆之前的 4 天的油基高密度工作液环境中，D1 井井筒内可溶孔塞不会产生明显腐蚀。

表 4-5-4　170℃、48h 试验清洗后试样的重量测量结果表

试样编号	直径 /mm	厚度 /mm	前重 /g	后重 /g	增重 /g
X2	15.03	1.91	0.6421	0.6444	0.0023
X3	15.06	2.74	0.9366	0.9392	0.0026

续表

试样编号	直径 /mm	厚度 /mm	前重 /g	后重 /g	增重 /g
X4	15.04	3.77	1.2826	1.2847	0.0021
X5	15.07	4.49	1.5380	1.5435	0.0055

注：编号 X 为可溶孔塞材质类型（实验材质与 D1 井相同）；2~5 代表选材厚度。

（2）可溶孔塞耐甲酸盐完井液腐蚀分析。

实验所用完井液配方与 D1 井完井液配方相同，都是淡水＋甲酸钾；由表 4-5-5 数据可知，可溶孔塞在甲酸盐完井液中实验后质量有所增加，无明显腐蚀。因此判断，D1 井井底完井液温度不超过 136℃ 的状态下，可溶孔塞不会被腐蚀。D1 井井筒容积为 83.73m³，塞管下深位置为 4773.84m，现场替液施工数据：采用密度为 1.508/cm³ 过渡液 7m³＋密度为 1.02g/cm³ 隔离液 10m³＋密度为 1.20g/cm³ 有机盐 92m³ 返替出井内油基工作液，泵压为 4.553~35.824MPa，控制回压为 0~35.270MPa，排量为 200~250L/s，回收油基钻井液为 74m³，排混浆为 34m³，计算可知井筒内高密度工作液全部替出，证实了可溶塞物在高密度工作液及甲酸盐完井液内无腐蚀脱落，清洁完井管柱完整性良好，达到设计要求工况。

表 4-5-5　不同温度下（3h）试验清洗后试样的重量测量结果表

试样编号	实验温度 /℃	直径 /mm	厚度 /mm	前重 /g	后重 /g	溶蚀率
X5	110	15	5	2.3294	2.3988	2.37%
X5	150	15	5	2.3298	2.3778	2.06%

（3）可溶孔塞耐酸腐蚀分析。

实验选用主体酸主要配方为：12.0%HCl+3.0%HF+5.1% 酸化缓蚀剂（3.4% 缓蚀主剂 A+1.7% 缓蚀辅剂 B），实验时间为 30min；由不同温度实验数据所绘制曲线图（图 4-5-12）腐蚀趋势分析，相同材质、相同直径、不同厚度的可溶孔塞的酸溶材料在温度为 110℃ 时 30min 内全部溶解；由曲线图（图 4-5-13）趋势分析不同材质相同直径、相同厚度的酸溶材料及钢体在 150℃ 的实验条件下，30min 内可溶孔塞酸溶材料全部溶解，不同材质钢体仅有微量腐蚀。

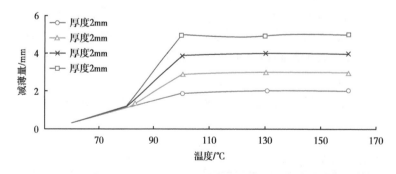

图 4-5-12　可溶孔塞（直径 15mm）酸溶材料减薄量随温度变化趋势图

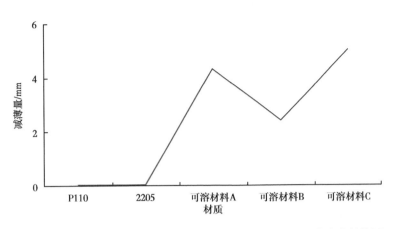

图 4-5-13　（直径 15mm）酸溶材料及不同钢体减薄量随温度变化趋势图

D1 井所用主体酸主要配方为：9.0%HCl+1.5%HF+4.5% 酸化缓蚀剂（3.0% 缓蚀主剂 A+1.5% 缓蚀辅剂 B），其中 HF 浓度较实验所采用的浓度低一半，而且少量用来溶解可溶材料的主体酸在 30min 内完全能在井底地层温度的影响下达到 110℃，由此判断 D1 井井筒内可溶材料在少量主体酸正替到可溶筛管位置后，30min 内可以完全溶解，为下步大量主体酸顺利均匀挤入地层打开通道。酸化现场施工数据显示：当 5.0m³ 主体酸挤到可溶筛管位置，停泵反应 30min 后，泵压由 36.6MPa 降至 28.3MPa；说明可溶孔塞内可溶材料已完全溶解脱落至井底，同时也证明了在射孔后，下完井管柱至酸化前的这段时间，可溶孔塞与筛管本体之间密封良好，清洁完井管柱完整。

D1 井完井后放喷测试，日产天然气量为 48.6×10⁴m³，日产油量为 46.7m³，远超地质设计要求指标，D1 井清洁完井工艺的实施获得成功。清洁完井管柱酸化前的完整性在施工中完全达到设计要求，为塔里木油田库车山前超深高温高压气井清洁完井工艺的进一步推广应用提供了坚实的技术基础。

D1 井射开厚度为 30.5m，三段射开层的顶底界跨度仅为 41.5m，对于产层厚度大，射孔层段多的山前井的清洁完井工艺，针对带丢手短节的完井管柱的修井打捞，后期还需深入开展研究。

考虑到要降低后期开发动态监测及修井打捞的风险，应该拓展思路，在管体材质、力学结构及射孔后井筒内不同液体体系化学腐蚀方面加大可溶筛管整体酸溶的可行性研究。

第六节　油／套管找漏堵漏技术

一、油／套管找漏技术概况

随着油田开发时间的延长，油水井受固井质量变差、腐蚀、酸化、压裂等因素影响，出现管漏和管外窜槽状况，不仅严重影响到油水井的正常生产，还会破坏环境，造成很大的经济损失。

目前，国内外常用找漏、找窜的方法主要包括多臂井径仪测井、同位素测井、水泥胶结测井和氧活化测井等。经过长期的实践，这些方法在找漏、找窜方面的局限性也逐渐暴露出来。多臂井径测井仪是检测套损的主要手段，多用于检测套管内径变化，受机械测量原理的局限，对于套管内壁损坏不严重而外壁损坏严重的套漏井测量效果不佳，不能检测套管外表面的异常状况，同时内壁检测受使用仪器接触臂数量的影响测量准确性差，无法识别管外窜流。同位素测井作为一种有效的油田开发动态监测技术得到普遍推广，但由于受到沾污、沉淀、地温分布及大孔道等问题影响，使得测井结果具有多解性，有时不能反映真实井壁漏失情形，同时存在污染油层的风险。流量测井可以找漏，但不能反映管外流体窜槽。扇区水泥胶结测井（SBT）能够检测套管井水泥胶结质量，当角度小于45°时对径向窜槽的分辨率下降，其测井结果受微环影响比较严重，并且不能很好地判断Ⅱ界面水泥胶结。氧活化测井成本很高，而测漏时需要很长时间，另外由于其活化距离限制，在水泥环外较远距离，很难准确探测。

频谱分析噪声测井仪克服了以上测井方法的缺点，通过对流体在管外水泥环孔道或地层流动时产生的噪声幅度和频率谱的测量来判断流体的类型和位置，并根据噪声频率对地层结构进行判断；结合井温、流量等仪器大大提高了找漏、找窜的精度和成功率，准确定位油套管漏失点位置[92-97]。

1. 机械井径测井找漏技术

机械井径测井主要运用多臂井径仪 MIT 和 MTT 完成，通过测量臂和电磁效应来研究套管内径和壁厚的变化情况。

MIT 测井仪的测量臂与套管内壁接触，将套管内壁的变化转化为井径测量臂的径向位移，再通过井径仪内部的机械设计及传递，变为推杆的垂直位移，并带动线性电位器的滑动键垂直位移或是通过钢丝绳和滑轮组带动拉杆电位器变化，通过机械设计使电位差或频率的变化与井径的变化成一种线性关系，通过相关软件输出三维视图，可直观看到套管内壁结垢及损伤情况。MTT 是根据套管缺陷引起的电磁效应研究套管状况，使用电磁学的方法测量井下管柱壁厚。

其次，方位井径测井也可检查套管损伤部位，主要是通过井径仪测量井径臂方位，得到套管变形井段的变形程度和变形方位。

2. 静温梯度测试找漏技术

静温梯度测试是测量井身剖面的温度变化趋势。静温梯度找漏法原理：在油井关井（或井口不出液）条件下，生产层一般无液体产出，此时井筒内压力和温度应保持相对平衡。如果存在套损，套损处地层流体与井内流体压力、温度场不同，发生套管渗漏和向产层倒灌，打破原有平衡，导致渗漏点压力上升、温度梯度下降，温度梯度在渗漏点会出现明显拐点。静温梯度测试仪器下入井中（现场一般同时测试静压、静温），从上向下（或从下向上）选择不同深度点停留并自动记录该点压力和温度，处理资料时，通过计算两测点之间压力、温度的变化率，即可获得该处的压力梯度和温度梯度。

3. 套管试压找漏技术

套管试压找漏技术就是将封隔器及配套工具下入井内，利用封隔器将可能漏失的井段与产层分隔，根据找漏目的从油管或套管内打压，通过压力变化来确定套管漏失情况。在目前的技术条件下，套管试压找漏施工简单，结论准确可靠，成功率高，是一种有效的找漏方法。结合井况及油气井寿命，通常采用加长胶筒封隔器作为主要工具进行找漏（简称封隔器找漏，以下均用此名称）。首先通井、刮壁确保井筒通畅，考虑储层保护，下可取式复合机桥至油层顶部，将产层与井筒封隔，保护油层不被伤害，再下加长胶筒 RTTS 封隔器进行全井段分段打压找漏。受井深的影响，封隔器找漏施工时间长，因此常用工程测井和静温梯度测试初步确定可能漏失点，再用封隔器找漏，确定具体漏失段。

4. 噪声测井找漏技术

噪声测井找漏是利用噪声测井仪测量井筒中流体流动产生的噪声，通过对噪声数据的处理和分析，并结合井温、流量等参数，准确定位井筒管漏和窜槽位置的技术。

井眼内流体的动能在阻流部位转换成热能和声能，因此在阻流位置附近产生噪声。噪声强度的大小随着流体流速的变化而变化。通常流体变化可以发生在流体产出口、泄漏口、注水位置、窜槽或套管缩径等处。通过对井内这种非人工激发的、由流体流动产生的自然声场进行测量，并研究其频率和幅度特征，同时结合井筒管柱、射孔位置等相关信息，就可以确定地质参数和井筒的工况。

井下噪声源主要包括四类：（1）油/套管振动及流体流过油/套管时产生的噪声；（2）完井因素引起的噪声，如流体经过射孔、配水器、封隔器、套管靴、气心轴、喇叭口等产生的噪声；（3）漏失、管外窜槽产生的噪声；（4）储层流体流动产生的噪声。

噪声测井仪记录井下流体流动产生的噪声，通过数据信号处理和压缩，在地面高保真还原井内噪声。获取的井下噪声数据是噪声幅值随时间的变化，属于离散信号，利用离散傅里叶变换（DFT）方法，将时域内噪声信号转换为幅值随频率变化的频谱图。

从噪声振幅和频率表征的特征可以得出：（1）振幅与流体类型有关，气相与液相相比，产生的噪声幅度大；与频率无关；（2）振幅与流速有关，流速越大，噪声幅度就越大；与频率无关；（3）频率与流体通道的特性有关，通道越小，所产生的噪声频率就越高。

噪声仪器的接收频率范围能够达到 0.1~40kHz，一般 2kHz 以内的噪声信号为通道内大空间流动产生的噪声；2~6kHz 内的噪声信号由管外地层裂缝、窜槽等产生；6 kHz 以上的噪声信号为地层流体流动噪声。

利用噪声测井，可以得到井筒中连续深度噪声振幅和频率的关系图，通过噪声频谱与噪声源的对应关系，可以分辨出噪声源自于管内、窜槽断裂或者储层内部。再结合流量、温度测井数据，能够得到准确的管道漏失位置。

5. 电磁探伤测井找漏技术

电磁探伤测井属于磁测井系列，理论基础是电磁感应定律。给发射线圈通以直流电，在螺线管周围产生一个稳定磁场，这个稳定磁场在油管和套管中便产生感生电流。当断开直流电后，该感生电流在接收线圈中便产生一个不随时间而衰减的感应电动势，即在直流脉冲时间段内，仪器周围将产生一定强度的磁场强度，在套管或油管中所产生感生电流的大小是由套管或油管的形状、位置及其材料的电磁参数决定的。

其纵向探头 A、B 测量的是平行于管柱轴线方向管壁的感应电动势时间衰减曲线，用于探测多层管的管柱结构，计算第 1 层管和第 2 层管的厚度及识别纵向裂缝及套管断裂，特点是径向探测深度大。其独特的扫描探测头测量的是垂直于管柱轴线方向管壁的感应电动势时间衰减曲线，用于探测横向损伤及辅助判断纵向裂缝及断裂、确定管子是否存在对称性损伤，特点是可以增加损伤部位在探测范围内的权重，能识别井周不同方向上较小的损伤。

目前国内也有生产厂家生产一些电磁探伤类仪器，但是都跟机械井径测井一起测量，起一个辅助判断的作用。国内专用的电磁探伤测井仪器主要有 MID-K 和 MID-S，都是俄罗斯地球物理测井研究院的第三代和第四代产品。MID-S 电磁探伤成像测井仪，相对于 MID K 测井，增加了井周扫描功能，在测量精度上有了较大的提高。它独特的井周扫描技术可以更准确判断沿井周不同区域上的套管变形、腐蚀、损伤、穿孔等情况。

通过以上测井系列的介绍，如何进行有效组合，形成合理的设计方案体系，以最少的成本投资获取最高的利益收获，是业界关注的重点问题。

6. 自然伽马测井找漏技术

自然伽马测井是在井内测量岩石中自然存在的放射性核数在核衰变过程中放射出来的伽马射线强度的一种测井方法。井下仪器沿井身自下而上移动测量，连续记录的沿井身剖面上岩层的自然伽马强度曲线，称为自然伽马测井曲线。

由于岩石的吸附作用，放射性元素在套漏井段地层逐渐累积结垢，导致套漏井段自然伽马明显上升。同时，受固井质量影响，当套漏井段固井质量较差时，套管外存在窜槽，自然伽马变化的井段不局限于套管漏失井段。

7. 流量测井找漏技术

流量测井系列主要包括同位素测井、涡轮流量计测井和氧活化测井等。放射性同位素测井将放射性同位素以一定的方式吸附或结合于固相载体的物质上，再与水配制成一定浓度的活化悬浮液注入井内，井壁上附着的载体带有放射性同位素，测井仪探测器通过检测这些同位素释放的信号，以某种差值的形式反映给地面系统，这种差值的大小就反映了地层的吸水能力。

涡轮流量计在流量测井中应用较多，是一种速度式流量计。利用悬置于流体中带叶片的转子或叶轮感受流体的平均流速而推导出被测流体的瞬时流量和累计流量，转子响应与流速关系。

氧活化测井主要通过井下中子发生器产生 14Mev 的高能中子来活化水中的氧，被活化后的氧原子处于不稳定状态，释放出具有强穿透能力的高能快中子和伽马射线，可穿过油管、套管甚至水泥环，通过对伽马射线时间谱的测量来反映油管内、环套空间、套管外含氧物质的流动状况，通过管子参数进一步算出水流量。

通过以上测井系列的介绍，如何进行有效组合，形成合理的设计方案体系，以最少的成本投资获取最高的利益收获，是业界关注的重点问题。

二、油／套管堵漏技术概况

针对高温高压气井，主要采用挤堵剂封堵、双封卡堵、跨隔堵漏工具等堵漏技术。对于挤堵剂封堵效果较差的井，在挤堵剂施工后再下双封卡堵套管漏失点；其次是采用套管补贴技术堵漏，该技术使用后对后期采油气工艺选择影响较大，使用范围较小。跨隔堵漏是利用钢丝连接 PEAK 跨隔堵漏工具，可实现油套管中任何深度的坐封和跨隔堵漏。

1. 挤水泥（堵剂）封堵

通过对套管漏失井段挤入固井水泥或化学堵剂进行堵漏。第一种方法是若漏失点上部无第二漏失点，在漏失点以下井筒内下入复合桥塞，将挤堵管鞋上提至漏失点以上

50~100m，油管正挤使水泥进入漏失段，候凝后起到封堵作用。另外一种挤堵剂方法是漏失点上部有第二漏失点，在第一漏失点之上下可取式挤注封隔器（或 RTTS）加长胶筒封隔器），挤高强度耐温抗盐堵剂封堵套管漏失点。

2. 自验封双封隔器卡堵

在套管漏失井段下入自验封双封隔器堵漏管柱（SVS 自验封封隔器 + 油管 +SVS 自验封封隔器），上封隔器下至漏失井段上部位置，下封隔器下至漏失井段下部，中间使用油管连接，达到封堵套管漏失井段的目的。自验封封隔器下至设计位置后，投球打压至封隔器启动压力，封隔器活塞启动使上下胶筒实现密封油套环形空间，此时锁定活塞实现坐封；油管内继续打压，下封隔器剪短验封销钉，验封活塞移位进而连通出液孔，压力不降则下封隔器验封合格；环空反打压验证上封隔器密封，压力不降证明上封隔器验封合格。自验封双封隔器的使用，实现了液压双封隔器管柱下封隔器自行验封的功能，较大提高了超深井封堵效果。

3. 跨隔堵漏工具

PEAK 跨隔堵漏工具由钢丝或电缆配合下入，可作用于油管或套管，在保持上下通道连通的情况下实现漏点的封堵。跨隔堵漏工具主要由三部分组成：底部中通桥塞、跨隔管和顶部中通桥塞。

底部中通桥塞本体内部为内通径设计，保留流体流通通道，外部为定位卡瓦和胀封胶皮。定位卡瓦能够在油管内任意位置进行定位、锁定，从而支撑整套跨隔工具，并通过内部联动结构进行机械压缩胀封胶皮实现密封。通过井口操作解除机械压缩，可实现整套跨隔工具的回收。

跨隔管内部保留流体流通通道，可以插入底部中通桥塞或其他跨隔管的顶部，实现锁定、密封，并可通过钢丝作业进行分步回收。

顶部中通桥塞结构与底部中通桥塞相近，可以插入跨隔管的顶部实现锁定、密封，分步组合成整套跨隔堵漏工具，如图 4-6-1 所示。

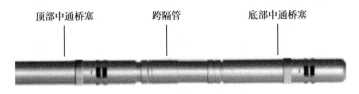

图 4-6-1 PEAK 跨隔堵漏工具结构示意图

跨隔堵漏技术的优点在于：（1）可通过钢丝进行安装和回收，能够实现后期的维护；（2）可堆叠跨隔管，能够完成漏失点或长漏失段的封堵；（3）机械操作胀封，不受井下流体介质的影响；（4）操作快速简便，呈现效果快。

三、套损井堵剂堵漏修复机理

堵剂是一种由多种功能材料加工而成的产品。在配制堵剂时，以水和化学填充物为连续相，活性组分为分散相；在搅拌或流动状态下，各组分均匀地分散于连续相中，具有较好的流动性能；当静止后，快速形成立体网状结构，具有很好的滞流作用，对封堵漏层极为有利。在形成网状结构过程中，大量无机活性剂与有机高分子聚合物中的离子基团结合，充分充填网状结构空间，在一定时间内，无机活性物质相互间产生离子化学反应，形成较坚硬的骨架结构，增强了有机高分子交联体的整体强度。该堵剂具有较好的流动性能，不仅能够进入大裂缝、大溶洞，也可以进入渗透性漏失地层；在井下温度和压力作用下，堵剂在设计的控制时间内逐渐稠化、固结，从而达到封堵漏层的目的。

1. 堵剂能满足套损井堵漏修复的三要素

（1）堵剂能顺利进入漏层；

（2）并能在漏层保持滞留，有效隔断漏层通道；

（3）在一定条件下发生化学固结，提高强度，有效封堵漏层，提高地层承压能力。

堵剂经过精细加工后，其黏度和滞流能力随剪切速率的降低而升高，具有特殊的流动性。进入漏层后，堵漏液优先从阻力小的大孔道中流入，随注入量的增加，漏失孔道积聚的堵漏液体积不断增大，大孔道中堵漏液流动阻力随之升高，流速降低，迫使堵漏液向较小孔隙中流动。利用剪切与黏度的变化关系。来调整堵漏液对漏层的封堵剖面；其次，该堵漏液的密度可在 $1.45\sim1.70\text{g/cm}^3$ 范围内调节，满足不同压力地层的堵漏要求；最后，该堵剂由超细材料及有机高分子化合物组成，颗粒有级配，既能顺利进入高渗透地层，也能进入低渗透地层，同时达到封堵低渗透和高渗透地层的目的。

2. 套损井堵漏修复机理

（1）堵剂进入套损井封堵层后，能够通过特殊的机制，快速形成互穿网络结构，有效地滞留在封堵层内，具有很好的抗窜能力。

用于油水（气）套损井的堵剂，在压差的作用下，组分中的结构形成剂迅速将堵剂的其他组分聚凝在一起，挤出堵液中的自由水（部分），从而快速形成具有一定强度的互穿网络结构，增大了封堵剂在漏失层中的流动阻力，限制了封堵剂往漏失层深部的流动。随着封堵剂的间断挤入，互穿网络结构的空隙不断地被充填，挤入压力不断上升，相邻的吸水较差的漏失层得以启动和封堵，保证了堵漏修复的可靠性和成功率。

（2）在井下温度和压力的养护条件下，通过有机和无机组分的协同效应和化学反应，能够在封堵层位形成抗压强度高、韧性好、微膨胀和有效期长的固化体。

施工结束后，挤注过程中形成的封堵层中的胶凝材料在井下温度压力作用下，通过微晶材料、增韧剂和活性微细填充剂的协同增效作用，使界面上的水化反应产物，不再是造成界面强度薄弱晶体，而是具有高强度的水化产物，改变了界面过渡层的性质，增强了界面硬度和强度。由此形成了本体强度和界面胶结强度高的固化体，将周围介质胶结为一个牢固的整体，从而有效地进行油水气井封堵。

（3）在各种油水气井堵漏工况下，都能将周围介质胶结成一个牢固的整体，与所胶结的界面具有较高的胶结强度，从而大大提高施工有效期。

堵剂中的微膨胀活性组分在与胶凝材料形成高强度水化产物的同时，通过自身的微膨胀作用进一步增强了界面胶结的紧密程度，在封闭性的内压力作用下使堵剂微粒紧密接触，形成的水化产物结构细密，水化反应充分，促进了固化体本体和界面胶结强度的提高。

（4）再生自愈合机理。

在地层动态条件下养护的堵剂固化体中，主要的水化产物是 CSH 凝胶，在与钢管的界面处仍然存在溶蚀现象，但溶蚀速率小于油井水泥浆，其另一个机理可能是在堵剂液体的溶蚀表面可发生能够不断持续的再水化过程，新生成的 CSH 凝胶具有修补受损界面的"自愈"作用（称之为再愈合能力），使堵剂液体与钢管的黏结作用得以维持，从而延长堵剂的有效使用期。

（5）封堵剂固化体的本体强度优于油井水泥。

结构形成剂本身是一种多孔微细材料，能吸附大量的水分，在水化反应过程中能不断形成水化产物充填空隙，并放出吸附水，保证了界面水化反应的顺利进行。随着水化产物的不断发育，水化产物不断壮大，形成的本体结构不断增强，在封堵剂完全固化后，其本体强度优于油井水泥。

四、现场应用

成都西南石大石油工程技术有限公司基于化学封堵作用机理，成功地研发出高强度的化学堵剂（LTTD 堵剂），堵剂稠化时间不低于 480min（可调），封堵强度不低于 35MPa（180天以上），堵剂抗温达 180℃，抗盐不低于 $27×10^4$mg/L。解决了下列问题。

（1）具有可驻留性的问题。

在堵剂中引入经特殊处理的带有活化基团的无机微孔结构材料，使堵剂进入封堵层后能在压差的作用下快速形成弱胶凝结构强度的互穿网络结构，避免地层水对堵剂的稀释和破坏，具有驻留性和抗窜能力，从而大幅度提高了封堵成功率，解决了普通水泥浆难以解决的技术难题。

（2）提高堵剂与周围介质的界面胶结强度问题。

突破了把精力放在提高封堵层本体的抗压强度方面的传统技术思路，堵剂中引入超细微晶聚合物材料（亚纳米），形成非常致密的高强度封堵层，改善堵层的韧性和胶结强度，使界面过渡层硬度和强度大大提高，在各种堵漏修复工况下，都能将周围介质胶结成一个牢固的整体，提高了施工后的封堵井的承受能力，堵剂的"自愈合"作用，从根本上提高了施工有效期。

（3）提高堵漏施工安全性的问题。

通过重点解决堵浆的悬浮稳定性和结构形成时间控制的可靠性问题，实现了停留在井筒内的堵液在预定的较长时间内能够保证良好的流动性，不会沉淀和凝固，而堵剂一旦进入漏失地层就能够快速形成结构和强度，提高了施工的安全性和可靠性。

2012 年 12 月至 2013 年 11 月，LTTD 堵剂在塔里木油田实施了 13 井次的套损井堵漏修复现场试验，1 次未试压，1 次试压不合格，其他试压合格，施工成功率 92.3%（表 4-6-1）。

试压：施工井最低试压 15MPa，最高试压 20MPa；

举深：施工井最低气举举深 2500m，最高气举举深 3000m；

温度：施工井段最低温度 95℃，最高温度 135℃；

井深：施工最浅井深 3157.5m，最深井深 5830.35m，

矿化度：施工井总矿化度最低 $1.962×10^4$mg/L，最高 $2.56×10^4$mg/L；

稠化时间：施工井最短稠化时间 486min/70Bc，最长稠化时间 1080min/70Bc。

表 4-6-1　套损井堵漏修复现场实验统计

序号	施工日期	井位号	封堵井段/m	封堵类型	工艺措施	试压情况	备注
1	2012/12/5	LN39-1	3153~3278.39m	堵套漏	笼统封堵	20 MPa 试压合格	
2	2012/12/18	LN39-1	3280~3374.3m	堵套漏		20 MPa 试压合格	气举举深 2500m
3	2012/12/27	LN39-1	3275~3406.86m	堵套漏		20 MPa 试压合格	
4	2013/1/8	TZ4-7-52	3689/5~3695m 与 3674.0~3681.0m 窜通	封窜	补孔并笼统封堵成隔板 3684.5~3688.5m	20 MPa 试压合格	气举举深 3000m
5	2013/3/3	英买 35	5579~5585.0m 与 5595/0~5610m 窜漏	封窜	水泥承留器封窜	20 MPa 试压合格	气举举深 2500m
6	2013/4/4	LN2-24-3	3350~3373m	堵套漏	笼统封堵	未试压	
7	2013/4/17	LN2-24-3	2845.3~3014.4m	堵套漏		15 MPa 试压合格	
8	2013/5/6	LN2-24-3	3157.5~3366.1m	堵套漏		15 MPa 试压合格	
			3367~3498.4m			15 MPa 试压不合格	
9	2013/5/17	DH1-15H	5522~5716.61m	堵套漏	1. 凝胶—水泥浆成人工井底 2. 笼统封堵	15 MPa 试压合格	
10	2013/5/31	DH1-15H	5717~5726.22m	堵套漏		15 MPa 试压合格	
11	2013/6/7	DH1-15H	5727~5830.35m	堵套漏		15 MPa 试压合格	
12	2013/8/16	轮古 8	4900.0~4902.0m 与 4894.0~4896.0m 窜通	封窜	水泥承留器封窜	15MPa 试压合格	气举举深 3000m
13	2013/9/25	LN2-23-4	4733.0~4735m 与 4727.0~4731.0m 窜漏	封窜	水泥承留器封窜	15MPa 试压合格	气举举深 2899.12m

第七节　二次完井管柱设计技术

塔里木油田高温高压气井完井工艺的发展主要经历了三个阶段。第一阶段：以牙哈、英买和克拉 2 气田为代表，井深 4000~5500m，地层压力 55~74MPa，地层温度 110~130℃，主要采用负压射孔一次完井工艺。第二阶段：以迪那 2 气田为代表，井深 5500m，地层压力 105MPa，地层温度 135 ℃，主要采用射孔—改造（酸压）—完井联作的一次完井工艺。第三阶段：以克深 2、大北、克深 9 区块为代表，井深 6500~7500m，地层压力 120~128MPa，地层温度 160~180℃，主要以先射孔、后改造—完井联作的二次完井工艺。

一、射孔—改造—完井联作的一次完井工艺

1. 管柱结构

一次完井工艺是将射孔、改造、完井采用一趟管柱完成的完井工艺，包括丢枪、不丢枪和全通径射孔 3 种工艺。主体管柱结构由油管、井下安全阀、永久式封隔器、投捞式堵

塞器、球座、筛管与射孔枪等工具组成，如图 4-7-1 所示。

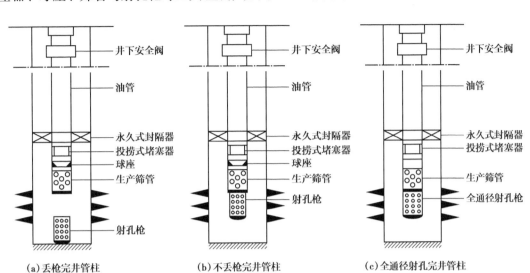

(a) 丢枪完井管柱　　　　　(b) 不丢枪完井管柱　　　　　(c) 全通径射孔完井管柱

图 4-7-1　一次完井工艺管柱结构示意图

2. 技术原理

下入完井管柱，校深，调节好管柱长度，坐油管挂，安装采油树；替入环空保护液，将井筒中压井液顶替干净；投球打压，坐封封隔器，再加压打掉球及球座套；加压点火射孔（延时液压引爆点火方式）；射孔后，挤注酸液进行储层改造；放喷投产。其中，丢枪一次完井工艺射孔后，将射孔枪丢入井底口袋；不丢枪一次完井工艺射孔后，射孔枪仍连接在完井管柱下端；全通径一次完井工艺是采用全通径射孔枪，射孔后整个射孔枪串形成近似油管内径的通径。一次完井工艺可进行负压射孔，具有作业周期短、安全性高、不对储层产生二次污染的特点。

3. 应用现状

一次完井工艺首先在牙哈气田进行了先导性试验，后经过不断完善，逐步在英买力、克拉 2、迪那 2 区块推广应用。在 2010 年以前，塔里木油田高温高压气井主要以一次完井工艺为主，1998—2009 年共计完成 62 口，其中一次完井工艺占 77%；2010 年以后，随着勘探开发的不断深入，勘探开发对象日益复杂，储层品质越来越差，井况、工况越来越恶劣，井越来越深，温度压力越来越高，并在射孔测试联作过程中多次出现了封隔器和管柱失效问题，一次完井逐渐被二次完井工艺替代。

二、先射孔，后改造—完井联作的二次完井工艺

1. 管柱结构

二次完井工艺是先采用钻杆传输射孔，后下入完井、改造一体化管柱的完井工艺，常用的管柱配置有两种：常规完井管柱和分层压裂完井管柱（如图 4-7-2 所示）。常规完井管柱由油管、井下安全阀、永久式封隔器、投捞式堵塞器、球座等工具组成；分层压裂完井管柱在常规完井管柱基础上，增加了分层压裂阀和封隔器。

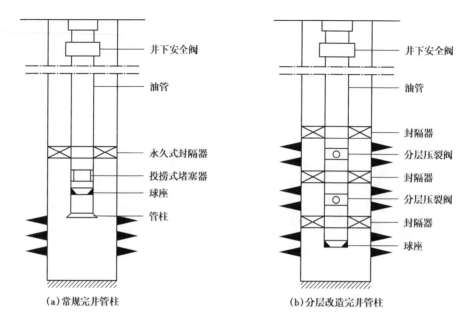

（a）常规完井管柱　　　　　　（b）分层改造完井管柱

图 4-7-2　二次完井工艺完井管柱示意图

2. 技术原理

采用钻杆下入射孔管柱，射孔后再起出射孔管柱；下入完井、改造一体化管柱，下完后校深，调节好管柱长度后，坐油管挂，安装采油树；替入环空保护液，将井筒中压井液顶替干净；投球打压，坐封封隔器，再加压打掉球及球座套；进行酸压或加砂压裂改造；放喷投产。其中，对于分层压裂完井管柱，需要逐级投球，打开分层压裂阀，对储层段进行逐级分段改造。二次完井工艺可实现管柱全通径，满足后期动态监测需求；可满足酸压、加砂压裂等特殊工艺；有效避免射孔对封隔器及完井管柱的破坏。

3. 应用现状

二次完井工艺在大北、克深及后续开发区块的超深、超高压、高温气井中大规模应用。2010 年至今完成的高压气井，二次完井工艺占 89%，是目前塔里木油田深层高压气井主要完井工艺技术。在实际应用过程中，二次完井工艺逐渐暴露出关键问题：由于该工艺在射孔后才进行替液作业，压井液（重钻井液）替液不彻底，易造成储层二次伤害和井筒堵塞。这种情况在塔里木油田库车山前区域的高压气井中（如克深 10 井、克深 134 井等井）普遍存在，是目前急迫需要解决的生产问题。

三、可溶筛管二次完井工艺

结构可溶筛管采用超级 13Cr 油管作为管体，管体上钻取 M16×1 的细牙螺纹孔，孔密为 16 孔 /m，筛管两端为直连型双级扣，入井前筛管孔眼中安装可溶孔塞（图 4-7-3），完井时替出井底加重钻井液，改造前挤入酸性液体将筛管安装的可溶孔塞全部溶解，与产层连通。同时，为避免可溶筛管后期砂埋修井打捞的难题，在 5 根筛管之间设计一个直联型提拉式丢手接头，在后期修井作业起管柱遇卡时，可将直联型提拉式丢手接头提开，然后采用套铣打捞一体化技术分段打捞出尾管。

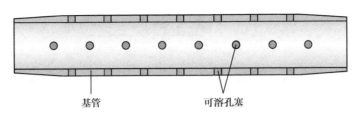

基管　　　　　　可溶孔塞

图 4-7-3　可溶筛管结构示意图

可溶筛管二次完井工艺关键技术包括筛管管体、可溶孔塞和丢手接头。

（1）筛管管体：筛管管体外径 88.9mm，筛管孔密度 16 孔 /m，孔径为 16mm 的密封型螺纹孔。为保证筛管的屈服强度和抗拉强度，孔眼之间的距离为 62mm，相位角为 90°。

（2）可溶孔塞。可溶孔塞采用酸溶材料加工而成，直径 16mm，厚度 7mm，安装在螺纹孔中。在可溶孔塞上安装耐高温密封件，与可溶筛管本体实现密封。

（3）丢手接头。丢手接头外径为 88.9mm，内径为 70mm，总长 1.96m，接头为机械提拉式，销钉绕圆周 4 等分，三排 12 只，每只销钉承重 21kN，共 252kN。可根据下入井下深度所挂筛管的重量及设计的安全系数调整脱手销钉的数量。

施工时先采用钻杆传输射孔；射孔完后下入带可溶筛管的完井管柱（完井管柱自上而下：井下安全阀 + 油管 + 永久式封隔器 + 球座 + 可溶筛管 + 丢手接头 + 打孔油管），将可溶筛管下至射孔段底部；采用无固相完井液替出全井加重钻井液；投球打压，坐封封隔器；然后挤注酸液将可溶筛管上的可溶孔塞溶解，形成流动通道，避免管柱砂埋；放喷、投产（图 4-7-4）。

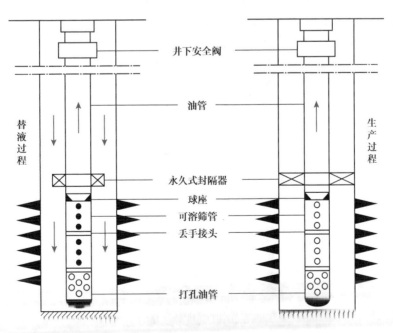

井下安全阀

油管

替液过程　　　　　　　　　　　　　　　　　　　　　生产过程

永久式封隔器

球座

可溶筛管

丢手接头

打孔油管

图 4-7-4　带可溶筛管的二次完井工艺技术原理

第八节 特色工具及工艺技术

一、小井眼修井关键工具优选

对于井内落物来说,处理方法一般分两种,一种是以内捞、外捞工具辅助套铣、磨铣、切割及震击器等辅助工具及工艺将井内落物打捞出来,另一种是用磨鞋类工具直接消灭在井内。塔里木库车山前井套管尺寸及井内工具参数优选,主要是进行内外捞工具及套磨铣工具设计选取,主要包括油管、封隔器套磨铣及打捞处理工具优选,见表4-8-1。

表4-8-1 针对性套磨铣工具设计加工程序

程序	示例图	技术标准
井内工具尺寸及套管拟合		(1)考虑返屑通道; (2)考虑套铣位置; (3)不破坏工具结构
最优尺寸设计		(1)考虑返屑通道; (2)考虑套铣位置; (3)考虑循环冷却通道; (4)可实现性评价
摆动模拟		(1)套铣自然摆动时不损伤落鱼整体结构; (2)不会对下步打捞鱼头造成损伤

续有

程序	示例图	技术标准
根据磨铣对象的针对性特殊合金及布齿设计	内切削齿设计 内水槽设计 下部平底设计 新型合金 一体式	（1）考虑托压合理水槽设计； （2）合理布齿结构保证合金强度； （3）选用高效合金提高施工效率； （4）侧边光滑设计保护套管
根据套管工具尺寸及井况一体或分体式设计		（1）常规 7in 及顶部鱼头较长使用分体式结构； （2）小井眼建议满足长度要求时采用高强度一体式设计

1.5½in 小井眼内油管及封隔器打捞工具优选

1）油管打捞工具优选

5½in 套管内常见油管参数见表 4-8-2。

表 4-8-2 常见油管参数表

油管参数	接箍外径 /mm	本体外径 /mm	内径 /mm
ϕ93.02mm×10mm 直连油管	93.02	93.02	73
ϕ88.9mm×6.45mmBGT 油管	108	88.9	76
ϕ73.02mm×7.01mmTSH563 油管	88.9	73	59

（1）非固化油管打捞。

如果落鱼为 ϕ73.02mm×7.01mmTSH563 油管，可以采用 ϕ92mm 可退式卡瓦捞矛（配装 62mm 卡瓦）内捞或 ϕ98mm 公锥（MZ45×70）+ϕ89mm 安全接头内捞，鱼头为油管本体时也可使用 ϕ102mm×2A10 母锥（打捞范围 40~80mm）打捞。

如果落鱼为 ϕ88.9mm 油管不带接箍时，应优先选用可退可倒扣的筒类打捞工具，其次选用母锥。鱼顶带接箍时，应优先选用可退可倒扣的矛类打捞工具，除非确有把握落鱼是自由落物才选用不可退式捞矛打捞工具；但如果井内为 93.02mm×10mm 直连油管，仅能实现内捞。

（2）固化油管打捞。

油管固化时打捞推荐钻具为反扣钻具，如果落鱼为 ϕ73.02mm×7.01mm 油管，建议使用 ϕ91mm 大头公锥倒掉接箍后，可以使用 ϕ102mm×84mm 整体式接铣齿接套铣单根后打捞，由于该规格套铣管抗扭及抗拉性能较低，在套铣过程中务必精心操作，防止发生二次事故。如果尾管理卡不居中或套铣处理困难，建议磨铣处理。

针对储层连通性好的井，根据修井后投产情况来看，砂埋段落鱼管柱对产能的影响可能有限，可考虑不处理下部落鱼。

2）THT 封隔器处理

Halliburton 5½in THT 封隔器是一种液压坐封可磨铣式永久性封隔器（图 4-8-1）。通过对管柱打压液压坐封。此款封隔器通过内外卡瓦机械性定位在坐封位置。外卡瓦确保此封隔器可承受来自上方及下方的力，功能设置上有以下几个特点。

图 4-8-1　THT 封隔器示意图

（1）封隔器上卡瓦有止转销，正常处理至封隔器上部油管时，此时封隔器是一个整体，无论对封隔器用磨鞋钻磨还是套铣，止转销起到防转效果，可以保证磨铣或套铣作业正常进行。

（2）718 材质的封隔器本体，其合金钢材无磁性（除卡瓦），不能被磁性材料吸附。

（3）倒扣处理时，由于其上部芯轴与下端为正扣连接方式，特殊情况下会从此扣处倒开，由于卡瓦胶筒会形成假鱼顶，封隔器无法判断是否下落，对下步打捞方案制定造成干扰。

（4）在 φ139.7mm×12.09mm 规格套管内，处理 5½in THT 封隔器，由于封隔器上部提升短节外径 88.9mm，扣连接处外径为 103mm，封隔器芯轴为 86mm，铣鞋设计时应考虑金刚石铣鞋根据套管间隙推荐尺寸外径为 112mm，考虑不使封隔器抽芯及套铣时损坏芯轴，铣鞋内径设计应大于等于 90mm；考虑铣鞋强度及套铣时内齿对油管的剥皮损伤，铣鞋内径应大于等于 90mm；使用 112mm 铣鞋套铣时，必然会损坏提升短节与封隔器连接扣，需两次打捞。

（5）推荐处理工具。

①套铣提升短节钻具组合：φ112mm 套铣鞋 +φ108mm 捞杯 +3½in 钻铤 1 根 +φ108mm 扶正器 +3½in 钻铤 17 根 + 组合钻具至井口。

②打捞提升短节钻具组合：φ105mm 可退式加长捞矛 ×2A10（根据提升短节选配合适矛瓦）+ 组合钻具至井口。

③套铣处理封隔器钻具组合：φ112mm 套铣鞋 +φ108mm 捞杯 +3½in 钻铤 1 根 +φ108mm 扶正器 +3½in 钻铤 17 根 + 组合钻具至井口。

④φ105mm 可退式加长捞矛 ×210（配装 φ61mm 矛瓦）+ 组合钻具至井口打捞封隔器。

2. 5in 小井眼内油管及封隔器处理工具优选

1）油管打捞工具优选

5in 套管内常见油管参数见表 4-8-3。

表 4-8-3　常见油管参数表

油管	接箍外径 /mm	本体外径 /mm	内径 /mm
ϕ93.02mm×10mm 直连油管	93.02	93.02	73
ϕ73.02mm×7.01mmFOX 油管	88.9	73	59
ϕ73.02mm×7.01mmBEAR 油管	88.9	73	59

（1）非固化管柱处理。

如果落鱼为 ϕ73.02mm×7.01mm 油管，可以采用 ϕ92mm 可退式卡瓦捞矛（配装 62mm 卡瓦）内捞或 ϕ90mm 公锥（MZ45×70）+ϕ89mm 安全接头内捞，鱼头为油管本体时也可使用 ϕ102mm×2A10 母锥（打捞范围 40~80mm）打捞；但如果井内为 ϕ93.02mm×10mm 直连油管，仅能实现内捞。

（2）管柱固化时打捞。

推荐打捞管柱为反扣钻具，如果落鱼为 ϕ73.02mm×7.01mm 油管，建议使用 ϕ91mm 大头公锥倒掉接箍后，可以使 ϕ102mm×84mm 整体式接铣齿接套铣单根后打捞，由于该规格套铣管抗扭及抗拉性能较低，在套铣过程中务必精心操作，防止铣管发生二次事故，使用反扣 ϕ98mm 母锥倒扣打捞，下步油管具备打捞条件下依次重复进行打捞处理完井内油管，如果尾管埋卡不居中或套铣处理困难，建议磨铣处理。

针对小井眼管柱埋卡，处理难度大，周期长，作业成本大幅度增加。针对储层连通性好的井，根据修井后投产情况来看，砂埋段落鱼管柱对产能的影响可能有限，可考虑不处理下部落鱼。

2）THT 封隔器处理

Halliburton 5in THT 封隔器是一种液压坐封可磨铣式永久性封隔器，通过对管柱打压液压坐封。在处理 5in THT 封隔器时，只能进行磨铣处理，由于其结构的特殊性，容易发生抽芯、假鱼顶等多种问题，抽芯造成胶筒、锥体、卡瓦等圆形部件成为活鱼，磨铣处理时，可以和磨鞋一起转动，造成磨铣低效，所以后期打捞时应仔细分析、认真诊断确定入井工具。图 4-8-2 中 A 为水眼无堵塞，B、C、D 为圆形部件活鱼顶不同位置示意图。

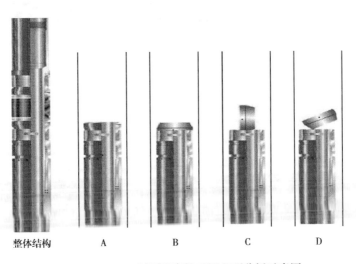

整体结构　　A　　　B　　　C　　　D

图 4-8-2　THT 封隔器磨铣后活鱼顶分析示意图

在 φ127.00mm×9.50mm 规格套管内，处理 5in THT 封隔器，建议处理步骤及管柱组合。

①磨铣封隔器至中胶，建议钻具组合：φ102~104mm 金刚石磨鞋或进口合金高效磨鞋 + 变扣 +φ98mm 捞杯 +3½ in 钻铤 1 根 +φ100mm 扶正器 +3½ in 钻铤 + 变扣 + 组合钻具至井口。

②打捞封隔器，建议钻具组合：高强度反扣公锥（打捞范围 40~60mm）+φ89mm 安全接头 + 变扣 + 反钻杆至井口。

③如果发生抽芯，使用特制鱼刺捞矛打捞封隔器附件后，再进行打捞处理，鱼刺捞矛尺寸应结合封隔器芯轴外径加工。

④如果芯轴内有铁屑或杂物堵塞水眼，可以使用长引杆磨鞋通水眼后尝试进行打捞，具体尺寸应结合公锥入鱼长度要求以及封隔器内径实际情况。

二、套磨铣打捞关键类工具优选

套磨铣类工具是在修井作业中应用较多的一类工具，根据处理对象不同可分为磨鞋、铣鞋和套铣鞋三大类。磨鞋类工具主要处理底部落物、换鱼头等，一般磨鞋为平底、凹底、锥形等结构，在常规工况下应用较为广泛，但是由于库车山前井况的特殊性，各个专业打捞公司在库车山前修井过程中，根据遇到的诸多复杂工况和工艺，针对一些特殊工况处理设计了一些特殊的磨铣工具。

1.套磨铣类关键工具优选

（1）小井眼内防卡磨鞋。

库车山前小井眼套管内磨鞋磨铣处理时，由于套管间隙小，磨鞋底部排屑困难，传统的磨鞋存在重复磨铣。在磨铣过程中由于较大碎块的碎屑容易在磨鞋体和本体的过渡段堆积无法返出，所以传统磨鞋的另一缺陷是容易卡钻，这是由于鱼头是由多部件构成的（封隔器卡瓦、破裂变形的油管等），在钻磨时更容易形成大块的碎屑，因此常常造成卡钻。在 KS2-2-3 井使用的防卡磨鞋（图 4-8-3），由于其特殊的结构设计，从磨鞋底部到磨鞋体均设计有大块物上返通道，只要有循环，只要碎屑能通过磨鞋体，铁屑基本能顺利返至磨鞋上部，而且在磨铣工况下，特殊的排屑结构，可以形成涡流，较利于碎屑的返排。

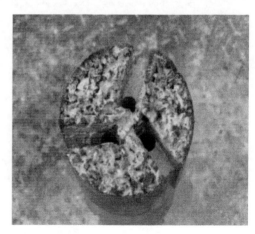

图 4-8-3　KeS 2-2-3 井使用的防卡磨鞋

（2）小引子磨鞋。

对于磨铣固化油管时，其中间小凸起在磨鞋磨铣时（图4-8-4），可以使磨鞋较好地对准油管中心水眼，可以较好地防止在磨铣时顶芯同时可以防偏磨，保证磨鞋作用最大化。

（3）短引杆磨鞋。

短引杆磨鞋（图4-8-5），对于磨铣THT封隔器时，其中间引杆可以保证磨铣封隔器时，扶正磨鞋作用，可以使磨鞋较好的对准封隔器中心水眼，同时保证在磨铣作业过程中封隔器水眼内不进入大块铁屑。

图4-8-4　小引子磨鞋

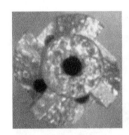

图4-8-5　短引杆磨鞋

（4）长引杆磨鞋。

长引杆磨鞋（图4-8-6），可以磨铣THT封隔器或者因水眼被堵导致内捞工具无法入鱼的油管，其中间引子可根据磨铣物水眼情况定制，起到小磨鞋的作用，小引鞋用于清理水眼内部堵塞，其长度可满足一般内捞工具捞获的距离，同时上部大铣圈也可以完成对鱼顶的再次磨铣清理，为下步打捞创造条件。

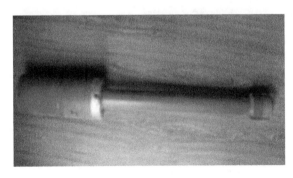

图4-8-6　长引杆磨鞋

（5）套子磨鞋。

套子磨鞋由于有裙边的存在（图4-8-7），可以将落鱼罩入裙边之内，以保证落鱼始终置于磨鞋磨铣范围之内，用底部切削齿对落鱼进行磨削。这种铣锥既可以靠裙边铣入环形空间，又可以对鱼顶磨削，用它可以磨削各种摇晃的管类及喇叭口附近及大套管内晃动的落鱼，不但可以磨铣油管、修鱼顶，而且套子结构可以防止因钻具长度误差磨铣喇叭口。

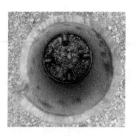

图 4-8-7　套子磨鞋

（6）空心磨鞋。

在博孜 102 井打捞施工过程中，由于油管完全破裂，造成磨鞋顶芯（磨鞋内捞出的铁块顶在捞杯和磨鞋连接的外螺纹处），从而导致磨铣无进尺，造成 5 趟磨鞋和后期所有磨鞋磨铣无进尺，分析井下铣筒残体碎屑相互切削，由于磨鞋中心线速度为零造成顶芯。分析可能由于磨鞋压着套铣筒残体顶在油管下接箍上，导致磨铣过程中自由旋转，造成磨铣困难。现场人员设计出空心磨鞋，最终出井磨鞋中间空心处磨痕明显，最终将顶芯铁块带出（图 4-8-8）。

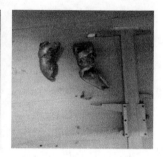

图 4-8-8　空心磨鞋及取出顶芯

（7）新型星型齿合金磨鞋。

在 KeS 2-2-12 井施工过程中，引进国外新型 16 边齿合金磨鞋（图 4-8-9）。在磨铣油管时，该类特殊合金耐磨性等到了验证，在磨铣井下小套管内磨铣直连油管作业中，累计磨铣时间长达 98h，对于该类型合金齿及磨鞋对油管磨铣能力具有一定优势。

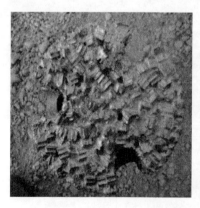

图 4-8-9　KeS 2-2-12 井 16 边自锐磨鞋

（8）孕镶磨鞋。

在博孜 102 井施工中，下孕镶八角齿平底磨鞋磨铣，井段 6413.15~6415.77m，进尺 2.62m，出口返出铁屑约 19.8kg 及杂物约 2kg，起平底磨鞋磨铣管柱完，磨鞋轻度磨损，裙边几乎无磨损，孕镶类高效磨鞋磨铣能力具有一定优势（图 4-8-10）。

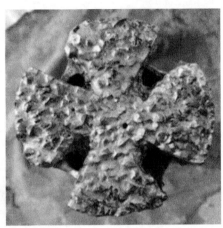

图 4-8-10　孕镶磨鞋

（9）长杆空心磨鞋。

THT 封隔器抽芯后，卡瓦碎块和破碎的胶筒散落在封隔器鱼顶，由于封隔器外径较大，只能采用内捞的方式进行打捞。水眼堵塞造成内捞工具入鱼遇阻，为此技术人员设计出进口合金齿长杆空心磨鞋（图 4-8-11），接头部分采用大外径设计，在下入的过程中可以保护长杆部合金，同时在引杆磨鞋进入落鱼的中心管后，辅助扶正作用，有利于打通落鱼水眼，为下步内捞创造条件。

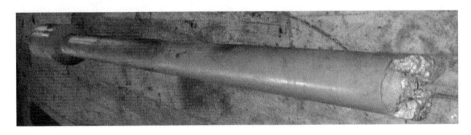

图 4-8-11　长杆空心磨鞋

（10）铣齿接头。

在库车山前井，工作液沉淀和地层出砂造成井内管柱环空被埋卡，在处理时需要进行套铣作业。由于在套管内作业、埋卡段较长的客观原因，需要进行长时间的套铣作业。虽然常规套铣鞋敷焊合金内，具有一定的磨铣切削能力，但长时间套铣作业可能造成对套管的损伤，所以现场打捞技术人员设计出铣齿接头（图 4-8-12），接头被加工成齿状，对于钻井液沉淀和沉砂类环空埋卡物具有较好的处理能力，同时铣齿接头采用比套管钢级小的钢材制作，满足功能的前提下可以保证不对套管造成损伤。

图 4-8-12　铣齿接头

（11）整体式金刚石铣鞋。

中秋 102 井使用针对库车山前设计的 ϕ112mm×90mm 整体式特殊定制金刚石铣鞋（图 4-8-13），仅用 4 趟钻完成对 5½in THT 封隔器及全部尾管的打捞，创造了山前此类封隔器打捞井的最快新纪录。

图 4-8-13　整体式金刚石铣鞋

2. 特殊打捞类工具优选

5½in 及 5in 套管完井主要集中在克深、大北、博孜区块，由于区域井深 6800~8000m、井温 166~190℃、地层压力 112~136MPa，井内管柱变形、断裂、埋卡问题相对复杂。总体来看，常规配套修井工具配套程度低，很难找到合适的打捞工具，导致处理效率不高，常规打捞工具几乎都需要定制，捞矛类设计最大强度及打捞长度，公锥、母锥根据施工井具体井况定制尺寸，下面介绍一些特殊设计的工具，在库车山前小井眼打捞中效果较好的特殊设计工具。

（1）小井眼套管内用 ϕ100mm×2A10 反扣捞矛（图 4-8-14），打捞封隔器芯轴，芯轴加粗加长设计。

图 4-8-14　ϕ100mm×2A10 反扣捞矛

（2）小井眼套管内用 ϕ100mm×2A10 正扣捞矛（图 4-8-15），打捞封隔器芯轴，芯轴加粗加长设计。

图 4-8-15　ϕ100mm×2A10 正扣捞矛

（3）长杆公锥（图 4-8-16），打捞抽芯后的封隔器芯轴，加长杆设计。

图 4-8-16　ϕ98mm×2A10 长杆公锥

3. 辅助工具优选

（1）强磁钻杆。

通过调研发现，国外专业打捞公司对保持井筒清洁较为重视，强磁钻杆接在磨铣钻具中随钻清理井底铁屑，采集回收作业中的铁屑，记录采集率，配合使用"高黏"定时清理井下铁屑。当采收率过低，建议使用反循环打捞工具清理井眼，带出大块铁皮，一般强磁工具使用时建议强磁钻铤磁铁应选用耐高温钕铁硼稀土强磁或更加耐高温的磁铁，如42EH 系列（200℃）、40TH（250℃）系列，应满足耐温要求；磁铁硬且脆，磁铁四周（除底部接触面外）必须有防撞保护装置，保护强磁块，避免强磁杆在使用过程中因管柱摆动导致强磁块碎裂，如图 4-8-17 所示。

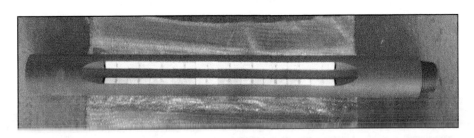

图 4-8-17　种强磁钻杆工具

5in、5⅜in 套管内推荐强磁钻杆最大外径 89mm，应选用优质合金钢制造，一般推荐参数见表 4-8-4，一般磁铁选用参见表 4-8-5。

表 4-8-4　一般强磁钻杆推荐参数

规格型号	最大外径 /mm	内径 /mm	长度 /mm	工作温度 /℃
4½ in	80	20	1050	180、200、250
5 in	89	25	1100	180、200、250
5½ in	105	32	1100	180、200、250
7 in	135	55	1150	180、200、250

表 4-8-5　一般强磁参数

材料牌号	矫顽力 / kA/m	最大磁能积 / kJ/m³	工作温度 / ℃	温度系数 / %/℃	表面处理方式
45UH	≥ 1990	342~366	≤ 180	-0.110	镍磷镀环氧树脂
42EH	≥ 2388	318~350	≤ 200	-0.115	镍磷镀环氧树脂
40TH	≥ 2786	302~326	≤ 250	-0.115	镍磷镀环氧树脂

（2）高强捞杯。

捞杯在小井眼井中的磨铣和套铣作业中起着非常重要的作用，因为套、磨铣产生的较大铁屑、皮子很难在正常套、磨铣中随着洗井液正循环携带出来。随钻打捞杯主要用于打捞井下碎块落物，一方面可以减少套磨铣作业时卡钻，另一方面提高采收率减少重复磨铣，提高磨鞋磨铣效率及总进尺。推荐芯轴跟接头采用整体式设计；芯轴水眼 30~38mm；杯筒壁厚 5~6mm；杯筒下端采用销钉固定并焊接牢靠。

（3）扶正器。

钻铣磨管柱连接了扶正器，在套磨铣处理时可以有效保护捞杯，也可以防止套磨铣时损伤套管或造成套管开窗。

三、小井眼修井关键工具选用建议

对井内落鱼认真分析，精确会诊，可以设计出特殊的工具来满足特殊的打捞要求，所以应该遵循可进可退的打捞原则，结合井内的具体情况，科学地选择合理的入井工具。

（1）如修鱼顶等，建议使用合适的磨鞋，可以快速磨出磨痕，有利于分析。

（2）磨铣长井段油管、封隔器及桥塞、扒皮等，建议需要使用优质的磨铣工具。

（3）管类落鱼鱼顶不带接箍时，应优先选用可退可倒扣的筒类打捞工具，其次选用母锥。

（4）管类落鱼鱼顶带接箍时，应优先选用可退可倒扣的矛类打捞工具，除非确有把握落鱼是自由落物才选用不可退式捞矛打捞工具。

（5）可退捞矛打捞前卡瓦必须处于打捞状态（最高部位），并且固定好。打捞未捞获时，可反转管柱 3~5 圈。

（6）公锥造扣时切忌在落鱼外壁与套管内壁的环形空间造扣，以避免造成严重后果。

（7）无论是正扣公母锥还是反扣公母锥，一般不得轻易使用；在不清楚落鱼是否卡死

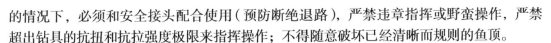

的情况下，必须和安全接头配合使用（预防断绝退路），严禁违章指挥或野蛮操作，严禁超出钻具的抗扭和抗拉强度极限来指挥操作；不得随意破坏已经清晰而规则的鱼顶。

（8）不管是深井、直井还是斜井打铅印作业，要求在铅印上部必须连接一只扶正器（外径大于铅印外径 2~3mm）。

（9）用卡瓦捞筒打捞油管接箍时，在捞筒内腔务必放置限位器（限位器内径要合适，切割弹可以通过），防止接箍穿越卡瓦导致无法退鱼的被动局面。

（10）无论是起钻还是下钻，井口都要坚持装刮泥器，预防落物。

四、小井眼井打捞工艺控制

1. 捞筒打捞工艺控制

1）下钻前及下钻工艺要求

（1）召开施工前技术交底会，参与人员应有甲方代表、现场专业打捞工程师、井队技术人员及司钻、相关配合方，对施工中要求及注意事项进行交底，确保施工在安全、沟通良好的条件下进行，并由专业打捞公司出具下钻注意要求等技术文件。

（2）入井工、用具丈量准确，尺寸标注清楚并绘制草图，所有入井工具钻具必须用标准规通过。

（3）新入井钻具要求用标准的通径规通径，要求丈量准确，仔细检查各连接螺纹是否完好并按照各类钻具标准扭矩紧扣。

（4）整个下钻过程中，清理干净钻台上杂物，检查液气大钳固定销钉，工具入井后装好刮泥板，严防井下落物。下钻要求司钻要控制下放速度，尤其在进入喇叭口处严格注视悬重变化，遇阻不超过 2tf，不能强压通过，严禁猛提、猛放，防止顿钻和其他事故。

（5）工具出入井时必须有人扶正，防止工具磕碰挂井口装置，工具入井后，要求安装刮泥器，严防井下落物。

2）打捞作业要求

（1）操作前要对指重表、提升系统、扭矩表等仔细检查校准，发现问题应及时整改，确保设备正常安全运行。

（2）下钻至落鱼鱼头 0.5~1m 左右大排量循环冲洗 10~20min，上提管柱，分别停泵、开泵称重。

（3）降低钻井泵排量，下探落鱼打捞。泵压一旦升高立即停泵，加压 3~4tf 试提管柱，悬重增加，则说明捞获落鱼，继续下放管柱加压 8~10tf，上提管柱，在原悬重的基础上过提 40~50tf 活动管柱 2~3 次。

（4）上提活动管柱解卡无效，则下放管柱过提 3~4tf 进行反转倒扣作业。

（5）倒扣成功后，起钻操作一定要平稳，卸扣时一定要打好背钳，转盘锁死，不得随意转动管柱，防止下部管柱倒扣脱落。

（6）记录打捞参数，严格按照操作规程操作，确保时效和人员安全。

（7）作业过程中要严密监测好钻井液液面、性能，要做好防漏、防喷工作，发现异常及时报告现场监督。

3）捞筒打捞推荐步骤

（1）冲洗落鱼鱼顶。离理论落鱼鱼顶 5~10m 开泵，泵压正常后，下放管柱至离鱼顶

0.5m 大排量冲洗鱼顶 10~20min，冲洗泵压 18~20MPa，排量 8~10L/s 以上。

（2）称重。分别开泵、停泵称重（测上提、下放、静止悬重），同时以 20r/min 转动管柱记录好悬重，先期可设置好顶驱扭矩，可根据后期倒扣情况来增加倒扣扭矩。

（3）下探落鱼鱼顶。开泵正转下放管柱探鱼（10~20r/min），泵压 10MPa 以内，排量 3~5L/s，泵压一旦升高或有钻压，立即停泵及停止下放管柱，进行打捞作业。

（4）打捞下放管柱。加压 3~4tf，上提管柱试提，在原悬重的基础上增加 5~6tf，则继续下放管柱加压 8~10tf 后上提管柱。

（5）活动管柱。缓慢上提管柱，在原悬重的基础上增加 40~50tf 活动管柱 2~3 次（活动管柱时下放至原悬重），活动解卡无效则进行倒扣作业。

（6）倒扣。在原悬重的基础上过提 3~4tf 反转倒扣，倒扣时可根据倒扣圈数及倒扣扭矩相结合，最大倒扣圈数定在 30 圈，若倒扣不成功，则下放管柱加压 10~20tf，上提至原悬重，进行正转退出落鱼。

（7）起钻。倒扣成功起钻操作一定要平稳，卸扣时一定要打好背钳，转盘锁死，不得随意转动管柱，防止下部管柱倒扣脱落。

2. 捞矛打捞工艺控制

1）下钻前及下钻工艺要求

（1）召开施工前技术交底会，参与人员应有甲方代表、现场专业打捞工程师、井队技术人员及司钻、相关配合方，对施工中要求及注意事项进行交底，确保施工在安全、沟通良好的条件下进行，并由专业打捞公司出具下钻注意要求等技术文件。

（2）入井工、用具丈量准确，尺寸标注清楚并绘制草图，所有入井工具钻具必需用标准规通过。

（3）新入井钻具要求用标准的通径规通径，要求丈量准确，仔细检查各连接螺纹是否完好并按照各类钻具标准扭矩紧扣。

（4）整个下钻过程中，清理干净钻台上杂物，检查液气大钳固定销钉，工具入井后装好刮泥板，严防井下落物，下钻要求司钻要控制下放速度，尤其在进入喇叭口处严格注视悬重变化，遇阻不超过 2tf，不能强压通过，严禁猛提、猛放、防止顿钻和其他事故。

（5）工具出入井时必须有人扶正，防止工具磕碰挂井口装置，工具入井后，要求安装刮泥器，严防井下落物。

2）打捞作业要求

（1）操作前要对指重表、提升系统、扭矩表等仔细检查校准，发现问题应及时整改，确保设备正常安全运行。

（2）下钻过程中，喇叭口处循环顶通水眼一次（避免进入小套管水眼无法顺利顶通），过喇叭口注意观察悬重，有无挂卡。

（3）打捞封隔器芯轴。钻压 0.5~4tf，可根据现场操作需要转动管柱，稳定低泵压后入鱼打捞，观察有无入鱼显示，加压入鱼后试提管柱，确认捞获落鱼。

（4）大范围上提下放活动管柱。捞获落鱼后，若封隔器管柱有挂卡，要求活动解卡后，正常起钻；若无法解卡需退出捞矛，由华油指挥退出打捞工具。具体活动范围由现场确定、指挥。

（5）作业过程中要严密监测好钻井液液面、性能，要做好防漏、防喷工作，发现异常及时报告，封隔器活动后有可能发生井控事件，需提高警惕。

3. 公锥打捞工艺控制

1）工具组合要求

必须配合合适尺寸及螺纹类型的安全接头使用，并卸开安全接头后进行数据测绘。

2）下钻前及下钻工艺要求

（1）召开施工前技术交底会，参与人员应有甲方代表、现场专业打捞工程师、井队技术人员及司钻、相关配合方，对施工中要求及注意事项进行交底，确保施工在安全、沟通良好的条件下进行，并由专业打捞公司出具下钻注意要求等技术文件。

（2）入井工、用具丈量准确，尺寸标注清楚并绘制草图，所有入井工具钻必须需用标准规通过。

（3）上扣时，螺纹擦洗干净，外螺纹涂匀密封脂用标准扭矩上紧每道扣。清理钻台杂物，检查吊卡、吊卡销子、钳牙等是否完好和固定，发现问题及时整改。

（4）起下钻时，清理钻台杂物，做好防落物工作，严禁井下落物；起钻操作一定要平稳，卸扣时一定要打好背钳，防止倒扣，若扣紧则使用 B 型大钳卸扣。

（5）加强钻井液工坐岗，密切观察液面的变化，发现异常及时报告。起钻时按要求灌入压井液，并记录准确。

3）打捞作业要求

（1）操作前要对指重表、提升系统、悬吊系统，扭矩表等仔细检查校准，发现问题应及时整改，确保设备正常安全运行。

（2）下钻到位小排量 5~6L/s 顶通水眼探鱼，确认鱼顶后上提鱼顶 0.5m 大排量冲洗鱼顶 30min（排量以泵压为准，泵压 18~20MPa）。

（3）钻具称重开泵、停泵分别测量静止、上提、下放管柱悬重做好记录。

（4）造扣打捞，保持造扣钻压 1tf，反转 8~10 圈造扣，释放扭矩记录回转圈数；（如悬重增加则缓慢下放保证加压 1tf），重复 2~3 次造扣，释放扭矩，记录回转圈数，确认造扣成功后试提。

（5）试提，在原悬重基础上过提 30~40tf 活动管柱，能否解卡，不解卡则倒扣。

（6）倒扣，在原悬重基础上过提 1~2tf 进行倒扣作业，倒扣时观察扭矩及悬重的变化情况，确认倒扣成功后起钻，同时要记录好造扣打捞的各种参数。

（7）作业过程中要严密监测好修井液出口，核对起下钻灌入量及返出量是否与管柱体积相符，发现异常立即关井检查并及时报告现场监督。

4. 母锥打捞工艺控制

1）工具组合要求

必须配合合适尺寸及扣型的安全接头使用，并卸开安全接头后进行数据测绘。

2）下钻前及下钻工艺要求

（1）召开施工前技术交底会，参与人员应有甲方代表、现场专业打捞工程师、井队技术人员及司钻、相关配合方，对施工中要求及注意事项进行交底，确保施工在安全、沟通良好的条件下进行，并由专业打捞公司出具下钻注意要求等技术文件。

（2）入井工、用具丈量准确，尺寸标注清楚并绘制草图，所有入井工具钻必须需用标准规通过。

（3）上扣时，螺纹擦洗干净，外螺纹涂匀密封脂用标准扭矩上紧每道扣。清理钻台杂物，检查吊卡、吊卡销子、钳牙等是否完好和固定，发现问题及时整改。

（4）起下钻时，清理钻台杂物，做好防落物工作，严禁井下落物，起钻操作一定要平稳，卸扣时一定要打好背钳，防止倒扣，若扣紧则使用 B 型大钳卸扣。

（5）加强钻井液工坐岗，密切观察液面的变化，发现异常及时报告。起钻时按要求灌入压井液，并记录准确。

3）打捞作业要求

（1）操作前要对指重表、提升系统、悬吊系统、扭矩表等仔细检查校准，发现问题应及时整改，确保设备正常安全运行。

（2）下钻到位小排量 5~6L/s 探鱼，确认鱼顶后上提鱼顶 0.5m 大排量冲洗鱼顶 30min（排量 8~10L/s，泵压 18~20MPa）。

（3）钻具称重开泵、停泵分别测量静止、上提、下放管柱悬重做好记录。

（4）造扣打捞，保持造扣钻压 1tf，正转 8~10 圈造扣，释放扭矩记录回转圈数；（如悬重增加则缓慢下放保持加压 1tf），重复 2 次造扣，释放扭矩，记录回转圈数，确认造扣成功后试提。

（5）倒扣，在原悬重基础上过提 1~2tf 进行倒扣作业，倒扣时观察扭矩及悬重的变化情况，确认倒扣成功后起钻，同时要记录好造扣打捞的各种参数。

（6）作业过程中要严密监测好修井液出口，核对起下钻灌入量及返出量是否与管柱体积相符，发现异常立即关井检查并及时报告现场监督。

五、小井眼井套磨铣工艺控制

1. 磨铣工艺控制

1）下钻前及下钻工艺要求

（1）召开施工前技术交底会，参与人员应有甲方代表、现场专业打捞工程师、井队技术人员及司钻、相关配合方，对施工中要求及注意事项进行交底，确保施工在安全、沟通良好的条件下进行，并由专业打捞公司出具下钻注意要求等技术文件。

（2）下钻前仔细检查游动系统、指重表、扭力表、旋转系统、循环系统，确保完好，运转正常。

（3）入井前工程技术人员认真丈量入井工具的尺寸，包括外内径、长度、扣型，并绘制草图。清理钻台杂物，检查吊卡、吊卡销子、钳牙等是否完好和固定，发现问题及时整改。

（4）磨铣钻具组合中应加一定长度钻铤，或加稳定器，使磨铣工作平稳。

（5）工具下井、出井必须有人扶正，防止工具碰挂井口装置。

（6）工具入井后，严禁井下落物，要求安装刮泥器。

2）磨铣作业要求

（1）操作前要对指重表、提升系统、扭矩表等仔细检查校准，发现问题应及时整改，确保设备正常安全运行。

（2）磨铣前测试 70r/min 的空转扭矩值，按照该值的 1.5 倍来设置扭矩报警或表盘读数最高极限值。

（3）磨铣落鱼时，推荐作业参数：钻压 0.5~4tf，转速 50~80r/min（根据现场实际调整），排量、泵压以携带铁屑能力为准，进尺根据现场磨铣情况决定，如果出现单点磨铣或长期无进尺，应分析原因采取措施，防止磨坏套管。

（4）磨铣期间，要求按设计精心操作，送钻均匀，严防溜钻顿钻，不得随意停泵，防止卡钻造成井下更复杂，起钻前间断开停泵打捞3次。

（5）磨铣期间修井液过振动筛，钻井液工负责收集清洗振动筛返出物质并称重留存。

（6）作业过程中要严密监测好修井液液面、性能，要做好防漏、防喷工作，发现异常及时报告。

（7）工具出井后要进行地面分析，准确会诊，在进行下一步施工工具的选择。

2. 套铣工艺控制

1）下钻前及下钻工艺要求

（1）召开施工前技术交底会，参与人员应有甲方代表、现场专业打捞工程师、井队技术人员及司钻、相关配合方，对施工中要求及注意事项进行交底，确保施工在安全、沟通良好的条件下进行，并由专业打捞公司出具下钻注意要求等技术文件。

（2）下钻前仔细检查游动系统、指重表、扭力表、旋转系统、循环系统，确保完好，运转正常。入井前工程技术人员认真丈量入井工具的尺寸，包括外内径、长度、螺纹类型，并绘制草图。

（3）清理钻台杂物，检查吊卡、吊卡销子、钳牙等是否完好和固定，发现问题及时整改。

（4）工具下井、出井必须有人扶正，防止工具碰挂井口装置。

（5）工具入井后，严禁井下落物，要求安装刮泥器。

2）套铣作业要求

（1）操作前要对指重表、提升系统、扭矩表等仔细检查校准，发现问题应及时整改，确保设备正常安全运行。

（2）套铣前测试60r/min的空转扭矩值，按照该值的1.5倍来设置扭矩报警或表盘读数最高极限值。

（3）套铣推荐作业参数：钻压0.5~4tf，转速50~60r/min（根据现场实际调整），排量、泵压以携带铁屑能力为准。

（4）套铣期间丈量好方入和进尺，观察好套铣参数，判断套铣的位置。

（5）套铣期间，要求精心操作，送钻均匀，严防溜钻顿钻，不得随意停泵，防止卡钻造成井下更复杂，起钻前间断开停泵打捞3次。

（6）作业过程中要严密监测好修井液液面、性能，要做好防漏、防喷工作，发现异常及时报告。

（7）套铣期间修井液过振动筛，钻井液工负责收集清洗振动筛返出物质并称重留存。

（8）套铣过程中司钻控制好钻盘扭矩，严禁打倒车，活动管柱或扭矩过大停钻盘，刹好钻盘刹车释放无扭矩，再上提下放活动管柱。

（9）工具出井后要进行地面分析，准确会诊，在进行下一步施工工具的选择。

3. 主要配合工具工艺控制

1）高强度捞杯

在小井眼井中磨铣和套铣作业中起着非常重要的作用，因为套、磨铣产生的较大铁屑、皮子很难在正常套、磨铣中随着洗井液正循环携带出来，所以有很多铁屑、皮子会被沉淀杯携带出来，所以在深井的磨铣施工中一般会携带 2 级沉淀杯。如果是在 ϕ127mm 等小套管内套磨铣施工时，可以把沉淀杯下到上一级套管中，一样可以起到很好的效果，因为小套管套、磨铣时，小套管内钻具和环空间隙很小，有足够的上升速度和冲力把铁屑、皮子冲到上层套管内。

2）扶正器

对于水泥凝固、化学物质凝固、电缆、钢丝等绳类落物堆积卡，主要采取钻铣磨解卡方法。钻铣磨管柱连接了钻铤扶正器，其目的是防止处理落物时损伤套管或造成套管开窗。

3）钻铤

一般要考虑最大 3~5t 钻压，需要规范尺寸的钻铤来配重，小井眼建议使用 ϕ88.9mm 钻铤，一般建议配置数量不少于 14 根。

第五章 超深高温高压气井
修井技术展望

随着中国石油油气勘探开发向"低渗透、深层、海域、非常规"领域迈进，油气藏类型越来越多样化，井筒结构越来越复杂，安全环保要求愈加严格，修井作业面临越来越多新的挑战。中西部盆地深层、超深层气藏开辟了中国天然气增储上产的新领域，具有埋藏深（4500~8000m）、地层压力高、地层温度高、普遍含 H_2S 与 CO_2 等腐蚀气体的特点，修井作业具有操作复杂、成本高、周期长、风险性大等特点。中国石油老油田步入特高含水阶段，低品位资源的有效动用仍是建产主体，并且单井产量持续走低，井数必然会越来越多。因此，修井作业对油气田稳产、上产、降本、增效的支撑保障作用越来越重要。本章通过分析修井标准化建立、高效修井工具研发、修井作业储层保护、修井井控装备发展和修井信息化智能化建设，系统地阐述了修井作业技术发展现状，提出了修井作业技术的未来发展方向。

第一节 修井标准化模板建立

面对着油田持续稳产的压力，内外部环境的变化，以及被称为史上最严"两法"的运行实施，种种外部因素及内在要求都要求油田生产单位必须立即转变思维、适势而上、迎接挑战，以往一些老办法、旧方式很难实现企业的持续健康发展，长治久安。因此，作为企业的管理者及参与者必须与时俱进，寻求新突破。标准化建设无疑是突破发展瓶颈的一项重要举措之一，只有强标准、重执行，保证企业时时依标管理、处处依标执行、人人依标操作才能保证企业在新形势下安全、优质、绿色健康发展[98-99]。

修井作业贯穿油气田开发全生命周期，是油、气、水井日常生产、管理、优化、维护的核心，其业务体系庞大、工作任务繁重、人员队伍规模巨大。伴随国家能源安全对油气稳产、增产的需求，产量任务越来越严峻，井数越来越多，修井任务越来越繁重，修井作业的内涵也不断发生变化。与传统作业相比，它具有"常规作业频繁、劳动强度大、粗放式作业、环保风险高"的特征。新时代背景下，修井作业的特征主要扩充为"使命、产量、安全、井筒、技术、质量、环境、发展"八个方面。因此，要提高修井效率应从以下几个方面入手。

一、选择优质高效的修井液

想要提高修井作业质量，必须选择高品质的修井液，进而为油气层保护质量提供保障。保护油气层过程中，选择良好的修井液是提高修井作业成功的基础。因此，需严格控

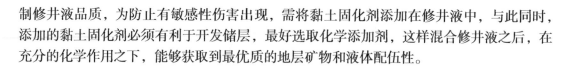

制修井液品质，为防止有敏感性伤害出现，需将黏土固化剂添加在修井液中，与此同时，添加的黏土固化剂必须有利于开发储层，最好选取化学添加剂，这样混合修井液之后，在充分的化学作用之下，能够获取到最优质的地层矿物和液体配伍性。

二、不压井技术的强化应用

对于常规修井施工工作而言，其主要目的是将足够的修井液注入井内，然而，考虑到流入的修井液会一定程度伤害油气层，想要防止此种情况发生，就要应用不压井技术，这样可以对多种问题进行预防，如不搭配的修井液、乳化液形成于井下等。具体应用实践中，修井作业需要承担油井压力，在此前提下，通过对封闭方式的应用，在井下能够实施有效操作，进而可以不使用修井液。

三、应用解堵技术

当有堵塞情况出现在油层施工中，必须及时应用解堵技术解决此种情况。以堵塞程度、类型、原因为依据，应用不同解堵方法。一般情况下，普遍使用两种方法。（1）化学法解堵。此方法通过在堵塞危害的位置应用适量化学解堵剂，借助化学和物理的共同作用，畅通堵塞。降堵剂是化学解堵法常用试剂。（2）机械解堵。主要包括振荡水力解堵技术、脉冲循环解堵技术、超声波解堵技术等。

四、应用解卡技术

与不同类型的卡钻相结合，通过应用具有较强针对性的解卡技术，使高效运行目标得以实现。对于解卡工作而言，在具体实践中需详细分析解卡情况。以分析砂卡管柱情况为例，需要从实际情况出发实施解卡操作。如果对比以前管柱负荷超出很多，则解卡操作需位于中和点附近，在此基础上，应用上下旋转方式转动管柱，有利于更好处理管柱故障问题。在此过程中，还能与实际情况相结合，有针对性地联合处理其他情况。例如，开展冲砂工作之后，如果出现严重漏失情况，或者无法处理砂桥管柱时，有必要暂时停止相应工作，大约 10h 之后对其实施解卡操作，解卡时需应用管柱脱扣形成的反弹力，这样能够促进解卡目标的实现。除了此种类型之外，卡钻类型还有很多，需从实际情况出发进行具体处理。

五、建立修井标准模板

1. 收集全面准确的资料

包括试油设计、工程设计、井身结构图（套管壁厚、井斜、喇叭口）、井内管柱组合、相关作业井史及油气井的生产现状、主要油管参数、入井变扣及短节类参数、入井变扣类参数、井内特殊工具如封隔器和球座及特殊作用的接头等相关资料。

2. 根据初步讨论结果编写打捞总体方案

方案应结合施工井的井况，应充分考虑如井内油管断脱和不断脱、切割能否顺利实现、尾管是否有埋卡等工况，采取两种和两种以上不同的方式方法进行优化选择。

3. 根据收集到的资料确定打捞方案

根据收集到相关全面准确的资料及打捞总体方案，甲方主管部门和专业打捞公司要进行技术方案讨论，应有专业打捞公司、修井公司（钻井公司）、钻井液公司和特殊作业公司（切割、穿孔队伍）等所有参与该井修井的专业公司，应参与技术方案讨论，沟通协作十分必要，这是打捞成功的重要因素。通过有效的技术方案讨论和沟通，选择恰当的打捞方法、处理方式及更加合理的打捞工具，可以使打捞工作更加高效安全。

4. 根据打捞总体方案编写设计

专业队伍施工设计应由专业队伍完成，如打捞设计方案应由专业提供打捞的公司完成并经甲方主管部门审核通过，设计应充分考虑井斜、井眼小、大套变小套的井身结构，及时落实落鱼形态、深度、卡阻类型、管柱结构等，采取两种和两种以上不同的方式方法进行优化选择。对于特殊大尺寸和不常用工具应制定对此工具的打捞方案，应充分分析其入井风险及具有可行性的打捞措施。

5. 施工相关设备的准备

根据设计准备相应的工具，检查所有工具包括：变扣与工具螺纹类型配合、端面是否完好、内外径绘制等是否满足设计及施工要求，为了预防和杜绝事故的发生，保障人员生命安全及油田生产长期安全可靠运行，严格执行油田公司关于第三方检测规定的要求，每一件入井工具均严格执行检测合格后入井原则，对所有准备工具进行探伤检测，确保每件入井工具探伤合格并提供探伤报告和合格证。

6. 到井后的技术资料及工具核验

对材料性能、质量标准、适用范围和施工要求必须充分了解，以便慎用选择使用材料。凡是用于重要结构、部位的材料，使用时必须仔细核对、认证其材料的品种、规格、型号、性能有无错误，是否适合工程特点和满足设计要求，并与井队技术人员再次复核测量相关打捞工具的尺寸，并绘制入井工具草图。

7. 到井后及每趟钻前的技术交底

专业打捞公司人员到井后，应与井队、甲方驻井代表及第三方配合方进行技术交底，确保打捞参与单位都理解存在的问题和打捞计划。

8. 修井（钻井）队应做的准备工作

仔细检查游动系统、指重表、扭力表、旋转系统和循环系统，确保完好，运转正常。

9. 打捞前鱼顶处理

根据产生落鱼的原因及落鱼尺寸、结构，认真地判断鱼顶情况，并针对不同的鱼顶及落鱼结构类制定切割、磨铣、冲洗、套铣等相关措施清理鱼顶，为下步施工创造条件。

10. 打捞作业

提前校核各参数仪表，按照设计要求下入打捞工具至遇阻深度，下钻过程当中，注意观察相关参数的变化；根据每口井的井深、井斜、附件位置、落鱼情况及使用工具特性等制定相应的技术措施。

11. 起捞落鱼

按要求起钻，拆卸打捞工具，对每次出入井的工具进行照相、对比，同时结合循环或捞杯携带碎屑岩综合分析，对已完成施工情况、根据打捞或已完成施工情况判断拟进行的下步方案建议、下步作业主要技术措施，精确诊断和判断后再确定下一步施工工具及方案，见表 5-1-1。

表 5-1-1 打捞方案分析建议表

** 井第 * 趟打捞方案	
已完成施工简况	
根据打捞或已完成施工情况，拟进行下一步方案建议	
下步作业主要方案技术措施	

第二节 高效修井工具研发

经过 60 多年的发展，修井作业伴随着油气田开发的深入和井筒多样化维护需求，形成了一套具有中国特色、适应新时代特征需求的修井工程技术体系[100-102]。

一、修井装备发展趋势

修井装备是修井作业技术的核心和关键，通常由地面提升设备（动力、井架、绞车、绳系等）、泵送设备和井口设备等构成，具体可分为通井机、修井机、带压作业机、连续管作业机及其他井下作业机。

随着油气开发从常规转向非常规、从浅层转向深层、从直井转向水平井，井型和工况日趋复杂，修井作业不断面临新挑战，对修井装备提出了更高的要求，逐步向大功率、自动化、清洁环保方向发展。

1. 修井机

常规车载修井机主要制造厂家为中国石化集团江汉石油管理局第四机械厂、南阳二机石油装备集团股份有限公司、中国石油集团渤海石油装备制造有限公司等。按照《石油修井机》行业标准，定型了 XJ350—XJ2250 共 9 种规格型号，最大钩载 2250kN，可满足井深 9000m 以浅的油、气、水井作业需求，整体技术达到国际先进水平，满足国内生产需求，并出口海外。

2. 带压作业机

主要制造厂家为河北华北石油荣盛机械制造有限公司、河北新铁虎石油机械有限公司、中国石油集团渤海石油装备制造有限公司等。按照《油气田用带压作业机》行业标准，定型了辅助式、独立式 2 大类型 3 种型号，可满足井深 5000m 以浅、井口压力 35MPa 以下的油、气、水井带压作业，设备实现国产化。

3. 连续管作业机

中国石油现已研制出连续管、连续管作业机与专用配套装备（包括注入头、专业化在线检测装置、小型混砂泵等）。宝鸡钢管厂建立了中国第一条连续管生产线，形成了 CT7-CT110 规格的等壁厚、变壁厚连续管，尺寸从 $\phi 25.4mm$ 到 $\phi 88.9mm$，成功替代进口产品，应用成本大幅度降低。中国石油工程技术研究院研制出首套国产连续管作业机，形成了车装式、橇装式、拖挂式 3 种类型的连续管设备，适用管径 $\phi 9.5 \sim 88.9mm$，最大作业能力达到 8000m。

4. 自动化修井装备

自动化修井具有降低劳动强度、节约人力成本、提高作业效率的优势。近年来，大

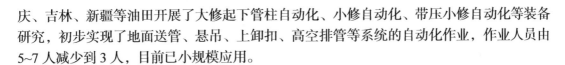

庆、吉林、新疆等油田开展了大修起下管柱自动化、小修自动化、带压小修自动化等装备研究，初步实现了地面送管、悬吊、上卸扣、高空排管等系统的自动化作业，作业人员由5~7人减少到3人，目前已小规模应用。

二、修井工具发展趋势

1. 技术现状

通过调研发现，国内的井下打捞作业实践中，国内工具制造商及打捞服务商根据不同类型的井下落物及井况设计改进了许多相应的打捞工具及技术，修井工具从最初的单一简陋到如今的组合完善，不断发展进步。这也大力促进了修井工艺水平的提高，主要反映在以下几个方面：

1）常规打捞工具性能逐步提升

以最常见公锥为例，已由最初的仿制向吸收转化发展。早期行业内加工无标准，厂家级加工标准、加工材料及处理工艺，导致产品质量参差不齐。随着行业标准的建立与发展，到现在已经形成选材—锻造—正火—高温回火—机加—渗碳—渗硼—淬火—回火—检验的标准化加工工艺流程，工具机械性能及工具可靠性得到了很大提高，可以基本满足国内井况使用。

2）逐步重视打捞工具配套使用

特别是工具与井况适应性的研究；设计修井工具，必须考虑套管规范、鱼头尺寸、形状、井下工况和工具下井后的安全性、可靠性等。使工具结构在满足上述条件下，尽可能做到简单、方便、易操作，处理复杂井况时才能游刃有余。

3）不同厂商工具结构各具特点

工具厂商已逐步向技术专业化精细化发展，材料质量及工具成熟度逐步完善。如四川川石金刚石钻头有限公司，主要加工金刚石系列钻头工具，如孕镶钻头、取心钻头、天然金刚石钻头、特殊用途钻头、巴拉斯钻头，其公司PDC复合片、金刚石聚晶TSP（热稳定聚晶）、金刚石复合片等相关材料已初步形成研发制造规模，其工具质量在国内已经达到先进水平，是中国石油能源行业中从事金刚石钻头研究、设计、制造历史最长、实力最强、规模最大的专业制造公司之一。拥有近三十年的金刚石研究、制造、使用经验，能根据客户的不同需求量身定做从3.5~22in的各类金刚石钻头。"川克"品牌的产品在国内各大油田得到广泛认可和使用。

4）小规模逐步开发组合式打捞工具

通过工具的优化组合改进，使新型修井工具在进行一次作业时实现两项以上的施工要求。如中国石油辽河油田公司根据设计的套铣公锥、套铣母锥、套铣打捞筒等多种工具，实现套铣、打捞、倒扣一次性完成；塔里木油田新疆华油的修捞一体化引鞋捞筒，实现一趟管柱的起下即可完成鱼头修理和打捞施工，这样可以大大提高时效。但这些工具一般多为修井打捞服务公司制作，国内还未形成规模化产品，与国外组合式打捞工具尚有差距。

5）开发辅助打捞工具提高井下事故处理能力

辽河油田自主研发的电缆传输电动切割技术在兴浅气1井现场试验获得成功，填补了国内修井作业领域的空白，打破了外国公司对这项技术的垄断，中曼石油的微电机K-Punch打孔技术特别是电弧切割、激光切割技术，也得到了广泛的应用。但国内在井下打捞工具研制方面与国外相比存在较大差距，应借鉴国外先进的管理模式，开展跨行业厂际间技术合作，制造质量上乘的产品。

2. 技术展望

国内打捞工具及技术发展趋势与国外发展趋势的差异主要反映在以下几个方面。

1）打捞工具结构各具特点，材料质量过关

以震击器为例，在塔里木区域使用的 Halliburton 随钻震击器，到井场之日起，入井三次，震击工作状态始终有效，国外打捞工具材料质量较成熟，工具性能可靠，如 NOV 公司采用摩擦卡瓦式，Dailen 公司采用强扭力弹簧和滚柱卡槽式，工作稳定可靠。再如 Houston 公司为震击器配备自动温度补偿机构，过载保护，使工作性能稳定安全，其震击器使用寿命最长可达三个月。在材料方面，采用新型密封材料、防腐材料和耐高温材料，如 NOV 公司的密封技术享有专利权，其密封使用寿命较长。

2）继续开发组合式打捞工具

为了便于打捞作业，国外制造厂商在研制新产品时尽量做到一机多用。如 NOV 公司研发的 Agitator 水力振荡工具可以有效地提供轴向振动、减小摩阻、协助完成落鱼打捞作业多种功能，进而可以降低额外的打捞作业成本。通常所用的打捞钻具组合和打捞工艺一般局限在过提或者震击两种方法上。而当系统加入 Agitator 打捞工具后，可以有效增强系统的轴向振动从而显著提高解卡的可能性。Agitator 打捞系统可以配合震击使用，也可以在不震击的情况下使用，在进行常规的井下钻具组合解卡或其他落鱼打捞作业时，除震击作用可以产生单次较大的冲击力外，Agitator 打捞系统也可以产生更高频的小冲击力。通过向被卡物传递振动，可以使其与地层的接触面发生松动，从而帮助其解卡。Agitator 打捞系统在打捞作业中，可以有效地回收井下钻具组合、封隔器、套铣筒、防砂筛管，以及其他任何被卡的井下工具，特别是压差卡钻和砂卡的井下情况。

3）开发辅助打捞工具，加速事故处理

为了加速事故处理，除了继续改进和开发打捞工具外，国外各公司十分重视辅助打捞工具的开发，如荷兰 Catch Fishing Services 切割、丹麦 Welltec 切割器、wellbore 液压切管机、Agitator 水力振荡工具、MASTODON™ 液压打捞工具和 BakerHughes INTEQ 的高速螺杆钻具、周向强磁钻杆，都是近年来开发的产品，使处理事故时间大大缩短。

4）连续油管作业在修井作业中应用范围越来越广

连续油管在石油行业有着"万能作业机"的美誉，其在修井作业中应用范围广，可应用于切割、钻磨、打捞等多种作业。随着超深油气井不断开发，连续油管的应用也遇到了一些难题，比如在深水井或者超深井的连续油管使用中，由于其与油、套管之间的摩擦阻力，连续油管很难到达指定深度，从而应用范围受到限制，这已经是业内公认的一大难题，全球各地的服务公司都在不断寻求新的连续油管技术及工程设计，旨在最具挑战性的井况下安全作业。连续油管管柱工程已经发展成一个复杂的工程，需要多方面了解井况，包括连续油管作业范围（压力与轴向载荷）、低周疲劳、强度、应力、作业期间的流体动力学。在管柱设计优化中还需要考虑连续油管地面设备的能力，以及该地区的运输物流。

（1）Toe Tapper 技术使连续油管下入深度增加。

Trican Well Service 公司与 CT Energy Services 联合研发推出一种新型降低连续油管摩阻工具 Toe Tapper。该工具通过流体流动造成负压脉冲，进而引起射流冲击效应，"打破"

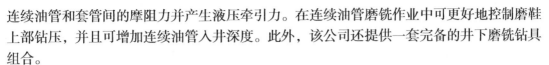

连续油管和套管间的摩阻力并产生液压牵引力。在连续油管磨铣作业中可更好地控制磨鞋上部钻压，并且可增加连续油管入井深度。此外，该公司还提供一套完备的井下磨铣钻具组合。

（2）BlueCoil 技术提高连续油管综合性能。

世界最大钢管生产厂商 Tenaris 公司在连续油管制造和冶金方面有几十年的经验和研究历史，BlueCoil 技术正是在这个基础上形成的。BlueCoil 技术将连续油管的作业质量和作业性能推向一个更高的水平。BlueCoil 也为连续油管的功能拓展和可靠性提升提供了技术平台，新型钢结构设计和制造工艺生产出的连续油管更加结实，抗疲劳性能更好，也更能适应各种环境，为极端作业下的作业提供了可能。

（3）力学性能提升。

全球各地的服务公司都在不断寻求新的连续油管技术及工程设计，以支持当地作业者，在最具挑战性的井况下安全作业。因此，连续油管管柱设计优化已经成为修井作业设计中的一部分。

近年来新研发的钢材化学组分已被用来制造出更高钢级的连续油管，其屈服强度范围为 110000~140000psi。高钢级的连续油管可以满足在深度更深、压力更高的作业中对管柱的性能需求。然而，由于高强度钢固有的材质高硬度，偏置焊缝更容易增加疲劳损伤的积累，这将在低周疲劳模拟软件中通过偏置焊缝降额因数来考虑。SMARTaper 技术（双快速变径过渡带）着力于最大限度降低油管偏置焊缝降额因数的影响，这对管柱的使用寿命产生了积极的影响。

5）井下工具智能化与远程辅助决策相结合

随着油田传感器与数字技术日益成熟，国外油气行业越来越依赖实时数据来优化修井作业。如今的修井作业中，井下数据能决定作业的成败。而在现今低油价的行情下，服务公司是无法承受失败的。业内的各个领域都迫切需要提高作业效率，这推动了修井作业向智能化发展。

近年来，国外服务公司一直在加强修井工具的数据收集能力，以实现对井下状况的实时了解。如果修井作业没有按照设计进行或井下发生意外，作业者就能够进行实时调整。目前的修井工具可以测量一系列的数据，包括振动、温度、压力、钻压（WOB）及工具面角度。所有的测量值都能用来避免代价高昂的作业失败与非生产时间。数据分析也开始在修井作业中发挥作用，分析实时数据，为如何应对修井期间遇到的井下挑战提供具体建议。

2017 年，BHGE 推出了 xSight 智能修井平台，可在修井作业期间提供实时井下监测。该系统由井下钻具组合（BHA）与钻杆组成，钻具配备了传感器，用于测量扭矩、钻压、压力、振动、工具面角度及温度。数据通过修井液脉冲遥测，无线传输到地面。这种通信是双向的，因此也可以利用修井液脉冲将命令发送至井下钻具组合，以改变数据采集速率或正采集的数据类型。采集到的数据被输入软件程序进行解释，然后将其可视化呈现。数据输入与可视化可以在作业现场查看，也可以全天候得地通过首面上传。

迄今为止，该平台主要用于打捞落鱼、磨铣、洗井、造斜器套管开窗及安装与回收封隔器。最近，BHGE 将 xSight 优化服务应用到了墨西哥湾的一口深水井。该井在 26254 ft 处坐封封隔器失败，作业者需要移除该封隔器，然后在封隔器上端弃井，并重新完井。该系统与打捞工具一趟下入，此工具是为了回收密封组件与锚锁销。xSight 提供的数据显示已经有 40000lbf 力作用在密封组件上，而地面测压仪还未显示出密封组件已经接合。若作业者只依靠地面读数，他们将无法意识到组件已经接合，而是会继续施加载荷，这很有可能会损坏井下钻具组合上的打捞工具。一旦密封组件被接合，载荷与张力传感器获得的井下数据就会显示打捞工具已经抓住了落鱼。这证实了落鱼确实被接触到，并能回收它。如果没有井下数据证实已经接合到落鱼，作业者就会有浪费打捞作业时间的风险。花费了一天或是下了两趟工具来打捞落鱼，并且觉得已经打捞成功。不会愿意又耗费了 24h 或 36h 来起钻，最后只是发现并没有打捞到落鱼。

6）精准高效定制化磨铣与修井作业

由于修井作业具有独特性、偶发性，同时成本极高，因此需要在作业前反复验证技术的可行性。不同于钻井作业的重复性，修井任务更加多样化，需要定制解决方案。在方案部署前，若能反馈作业需求，并在模拟条件下进行测试，这将为开发定制化的修井产品铺平道路。为满足铣削与修井需求，NOV 公司投资开发了卧式磨铣评测装置（HMM），有助于评估铣削组件与其他修井工具的性能。在模拟环境中进行测试，可创建量身定制的解决方案，降低修井作业的风险与成本，提高修井作业的成功率。

第三节　修井作业储层保护

为解决超过 7000m 井深的钻井作业问题，塔里木油田研发了适用于井身结构优化、达到 9000m 的钻机设备、高温高压环境测试技术、高密度修井液技术等，形成了一整套超深井钻井配套技术。但仅解决顺利钻进的问题，对于钻井完井过程中的储层保护技术尚未进行系统的研究，还没有形成与钻井完井配套的储层保护技术，严重影响了气藏的高效开发。目前，库车坳陷带油田完井作业时使用的完井液大多都是改进的工作液，修井液大多是盐水和油基完/修井液，这对储层有较大的伤害，再加上成本和环保因素，这些都要求进一步提高完井液和修井液的性能。亟需研发一套适合库车坳陷带油田的完/修井液一体化技术，解决完/修井过程的技术难题，恢复和稳定油气井产能。同时，国内外对完/修井液的技术标准还不完善，研究制定一套完/修井液液体的油田标准，可为评价现有施工用液体体系和开发新的液体体系提供理论指导和技术支持[103-104]。

一、水基修井液技术

水基修井液指以水为连续相，添加加重剂、增黏剂、pH 值控制剂、黏土稳定剂、缓蚀剂、杀菌剂、除硫剂、抗高温保护剂、防水锁剂、暂堵剂等处理剂构成的体系。目前应用最多的是清洁盐水、甲酸盐修井液、溴盐修井液和无固相清洁盐水修井液。

1. 无机盐清洁盐水修井液技术现状

无机盐清洁盐水修井液是采用一种或多种无机盐、水和其他处理剂配制而成。通过加入不同类型或数量的可溶解性盐来调节密度，密度调节范围在 $1.06\sim2.3g/cm^3$，是目前应用最广泛的修井液。清洁盐水修井液的优点是不含固相，避免了固相颗粒对储层的伤害；高矿化度体系，抑制性强，即使部分修井液浸入产层也不会引起黏土膨胀和运移。适应范围是小井眼、深井、水平井，水敏性油气藏，盐岩层和泥页岩层地质，高温高压油气井，不适用于高渗透地层。

2. 有机盐清洁盐水修井液技术现状

有机盐清洁盐水修井液是采用一种或多种有机盐、水和其他处理剂配制而成。通过加入不同类型或数量的可溶解性盐来调节密度，密度调节范围在 $1.06\sim2.3g/cm^3$，是目前应用最广泛的修井液。有机盐盐水体系的特点：（1）有机盐无毒、无害、可生物降解，能满足环境保护的要求；（2）有机盐与稠化剂的配伍性很好，不影响稠化剂的增稠性能，同时能提高稠化剂的耐高温性能；（3）与储层配伍性好、抑制性强，有利于保护油气层；（4）能够有效抑制天然气水合物的形成；（5）耐温性能好，耐温能力可达240℃；（6）对金属和橡胶无腐蚀。适应范围是小井眼、深井、水平井，水敏性油气藏，盐岩层和泥页岩层地质，高温高压油气井，不适用于高渗地层。

3. 无固相聚合物修井液技术现状

无固相聚合物修井液是采用水、聚合物和其他处理剂配制而成的胶液。通过添加聚合物来增加体系的黏度，减缓修井液的漏失速度，实现循环洗井的目的。原理是利用高分子吸水材料控制修井液体系中的自由水，并通过物理脱水作用和化学反应在孔眼或井壁上形成暂堵层，有效地阻断了修井液在中低渗透储层的漏失。井温小于100℃条件下，高分子吸水材料在正压差下物理脱水形成暂堵层，阻断修井液的渗漏。井下大于120℃条件下，暂堵层的化学反应，形成强度更高、渗透性更低的胶质封堵层。无固相聚合物修井液特点是不含固相，避免了固相颗粒对储层的伤害，但是漏失量较大，而且聚合物会对储层造成吸附损害。这类修井液适应范围是常压低渗透砂岩油气层。

4. 暂堵型修井液技术现状

暂堵型修井液由盐水溶液和暂堵剂固相颗粒组成堵剂，既可起到加重作用，还可在井壁形成后期可以清除的内外滤饼，以减小滤失量。适应范围是高渗透或裂缝型漏失油气层。

固化水修井液是由吸水膨胀的聚合物树脂和水配制而成，聚合物树脂吸水形成水凝胶球，起到暂堵作用。其解堵的主要方法是破胶。目前常用的破胶工艺有化学破胶和气举联作，适用于衰竭漏失性砂岩储层修井作业；酸液破胶，适用于碳酸盐岩或酸敏性弱的储层修井作业；氧化剂破胶，不同压力系数的多层合采井；不破胶的诱喷方法。局限性是不能采用过高浓度的二价阳离子的液体配液，密度上限为 $1.20g/cm^3$，抗温上限为140℃。

5. 隐形酸修井液技术现状

隐形酸修井液是在常规（碱性）修井液的基础上加入隐形酸螯合剂（HTA）。HTA自身不是酸，具有极强的水溶性，在水溶液中能释放 H^+，使溶液呈酸性，HTA的浓度越高，酸性越强。隐形酸修井液能够改善储层渗透率，提高油井产能。隐形酸修井液的特点是：可以防止各种有机、无机沉淀的产生；可以清除已经形成的有机或无机沉淀及井壁的屏蔽暂堵层；可与储层岩石中易酸溶的矿物及胶结物产生溶蚀反应，扩大渗透流通道。基本组成为：盐水＋黏土稳定剂＋隐形酸螯合剂HTA＋防腐杀菌剂。

二、油基完 / 修井液技术现状

油基完 / 修井液可分为油包水乳化液和纯油修井液。油基完 / 修井液具有稳定性好，密度范围大，流变性易于调整，能抗各种盐类污染，对泥、页岩有很强的抑制性，井壁稳定和防腐的优点。而且滤液为油相，避免了储层水敏、盐敏、碱敏等。油基完/修井液通常是由油基钻井液直接转化而来，专门配制油基完/修井液的情况较少见。油基完/修井液的配制和维护与油基钻井液相似。

油包水乳化修井液密度低，连续相为油相，对泥页岩有很好的抑制能力，不易造成黏土膨胀、运移，有利于油层保护，因而特别适用于低压易水敏油藏。油基完/修井液容易引起火灾，不利于环境保护，使用成本较高，施工不方便，工艺复杂。

三、气基修井液技术现状

气基修井液可分为空气修井液、充气修井液和泡沫修井液。其中最常用的是泡沫修井液。选择泡沫修井液的原因是在海上生产油田普遍存在压力下降，而压力下降会对生产及修井产生巨大的影响。主要影响体现在：（1）整个油田压力下降，加剧产量的递减；（2）油田压力下降使近井地带压力亏空严重，直接导致修井过程大量修井液的漏失现象、油井自吸、建立循环时间延长等；（3）修井液漏失导致油井产量恢复时间延长，起泵后排液长达3~10天，假定某海上每年修井300次，按单井平均恢复期为6天，恢复期间每天平均少产 $50m^3$ 油计算，则当年"损失"产量 $9×10^4m^3$；（4）由于某些地层对修井液的敏感，大量修井液的进入伤害地层，导致油井产能的损失（不能恢复到故障前的产量），将增加措施费用。

修井漏失的根本原因是修井液密度大，液柱压力高于油层压力。解决的办法是采用低密度的泡沫修井液。空气、天然气泡沫在油井或井场中有爆炸的危险，CO_2 泡沫对管柱有腐蚀性，且受气源影响，在海上平台不推荐使用；N_2 易于制得，气源方便，使用安全，泡沫产生简单，密度易于调节控制（0.45~0.9）可调，工艺成熟，是良好的修井循环介质，所以推荐使用；根据压力、井深等参数，自动控制氮气泡沫液密度，有效防止修井液的漏失。

四、小结

除完井钻井液以外，密度能够达到 $1.8g/cm^3$ 的完井液和修井液中，主要是溴盐、甲酸盐和有机盐。其中溴盐具有较强的腐蚀性和生物毒性，它的应用受到限制。甲酸盐中的甲酸铯能够达到较高的密度，且性能好，但是由于其矿产资源有限，目前主要的两个矿产区均分布在国外，且价格昂贵，塔里木油田库车山前也没有建立配套的回收利用配套技术，生产成本太高，甲酸铯的使用也受到限制；有机盐综合考虑了完井液和修井液的功能要求，既能够生物降解，环境友好，又能够适用于高温高压和超深井环境，具有广阔的应用前景，是新型完/修井液的发展方向。最佳体系为有机盐为基液的无固相完/修井液。

第四节　修井井控装备发展

一、高压耐冲蚀井控管汇的研发

通过对井控管汇进行配套研究（包括井控管汇整体设计及配套、管汇及阀件高压流场分析、管汇结构及材料设计优化等），尤其增强井控管汇的高压耐冲蚀能力，在恶劣工况条件下（超深井、高压、高产、高含 H$_2$S）实现安全可控，避免严重失效导致重大井控风险[105]。

二、防喷器气密封研究

通过密封机理的研究，将影响气密封的因素归纳为密封圈性能、密封圈结构尺寸、接触面粗糙度及形位公差、金属件密封部位的防腐蚀处理等方面。然后从骨架结构、侧门密封平面加工精度、新型配方橡胶研发、密封圈的几何尺寸和形状、轴密封机构、耐腐蚀性能六个方面进行改进、提高，并将其应用到防喷器上，使得防喷器气密封可靠性与液密封相同，气密封检测后密封件无损坏，能够满足气密封要求[106]。

三、液面监测装置

1. 环空液面监测装置

环空液面监测方案采用声呐测深装置，采用超声波渡越时间检测法，即从发射换能器发出的超声波，记录经目标反射后沿原路返回到接收换能器所需要的时间，由渡越时间和介质中的声速即可求得目标与传感器的距离。声呐测深装置应用于井漏失返工况下溢流检测，具有及时、准确、实时和全自动化的特点，为深井条件下的井控安全提供了技术保障[107]。

2. 分离器液面监测装置

利用连通原理，在分离器侧壁开孔引出一个 L 形的支管，将声呐测深装置安装在支管上面，实时监测分离器液面高度。当分离器液面变化超过井控安全所规定的限度时，就会触发监测装置报警器自动报警[108]。

四、带压作业井控设备

井口防喷器是带压作业装置采用井控措施的主要部件，目前带压作业装置防喷器组有手动直控和手动液控两种方式。手动直控结构简单，靠人力操作防喷器旋转手轮，打开或者关断防喷器组的闸板阀，工人操作强度较大，关断速度慢，操作不及时会造成井压失控，导致井喷。手动液控方式虽然工作强度小，但是由于系统配套问题，仍然无法完全解决井口安全问题。国外带压作业装置一般不配备井控用的防喷器，作业时需要配套独立的防喷器系统，单独操作控制，因控制远离井口，在发生井涌、井喷时，无法及时关断；国内井控防喷器系统与带压作业装置复合在一起，操作控制集中在带压操作平台上，当发生严重井喷事故，人员紧急避险撤离井口时，就无法对井控设备再实施操作，因此仍然存在一定的安全隐患[109]。

通过调查研究发现现有常规防喷器控制系统存在以下问题：

（1）控制远离井口（≥25m），为远端直控，控制点固定，操作不便；

（2）液压管线过长（≥30m），压力损失大，闸板存在关断延时，关井速度慢；

（3）管线现场地面铺设，安装工作量大，且容易损坏，可靠性、安全性差。

目前国内设计了一种带压修井作业防喷器控制系统。该控制系统与带压作业修井机集成于一体，采用无线遥控和远程电液智能控制技术，实现井口防喷器组的就近操作和远程遥控关断功能。

当作业过程中发生井涌、井喷事故时，既可以在工作平台上由操作人员就近操作电液控制手柄第一时间关断防喷器，也可以在人员紧急避险撤离后，采用无线遥控装置远程（距离井口100m的范围内）关断井口防喷器。具有提高带压作业的安全性、可靠性和降低操作人员的劳动强度等优点。

带压修井作业防喷器控制系统包括液压动力站、执行液缸、防喷器闸板阀和远程电液控制系统。液压动力站为执行液缸提供动力；执行液缸控制防喷器组闸板阀的打开或关闭；远程电液控制系统通过电控液的方式对多路控制阀控制执行液缸的伸出或缩回。

电液控制系统包括控制模块、无线信号发射器、无线接收模块、指令开关、电磁阀等部件。控制模块通过无线接收模块接收并执行无线遥控器发出的指令，或接收并执行指令开关发出的指令，控制模块通过控制电磁阀的通电或断电来控制执行液缸。

控制模块与通信模块连接，无线数据通信模块实时采集控制模块的数据信息，与通信模块连接的视频监控器拍摄现场设备的工作状态，通信模块通过移动网络实时将控制模块载有的防喷器组的数据信息、带压作业设备工作实况传输至远程终端。控制模块由电源模块供电。

无线遥控器、指令开关具有互锁功能，控制模块优先执行无线遥控器发出指令。无线遥控器的遥控距离小于等于200m。远程终端包括计算机、手机，管理人员通过远程终端掌握和管控设备的运行状况和参数。当电磁阀通电时，电控液压多路阀切换液路，执行液缸伸出，防喷器组闸板阀关闭；当电磁阀断电，执行液缸缩回，防喷器组闸板阀打开。液压多路控制阀设置有操控手柄，手动控制切换液压多路控制阀液路。

第五节　修井信息化智能化建设

一、自动化修井技术

传统的修井作业工艺普遍存在配套装置不完善、自动化程度低的问题，导致工人劳动强度大、工作效率低，尤其是作业现场环保风险突出[110-113]。

修井自动化装置与传统的人工作业相比，具有以下优势：

（1）配套油管举升装置实现管具自动上下钻台，同时避免传统作业使用牵引绳拉吊管具时存在的磕碰风险；

（2）配套井口扶正臂和井口对中装置实现自动取送油管并自动对扣，规避了因对扣不准导致的偏扣、错扣，同时，避免了传统作业钻台上工人存在的磕碰伤、跌落、高空落物砸伤等风险；

（3）将传统液压钳改造为龙门式液压钳实现自动上卸扣，且配套扭矩仪，实现了标准化上扣，降低油管损伤率，劳动强度降低90%，同时，避免了管具甩动及管具内高压喷射物等带来的安全风险；

（4）将卡瓦和吊卡改造为液压卡盘和液压翻转吊卡实现自动起下管柱，全部由司钻操控，不需要钳工，依据设定好的既定程序，实现起下钻时液压卡盘和液压翻转吊卡自动开合，现场劳动强度降低90%，同时，避免了倒换吊卡和卡瓦时带来的挤砸伤风险；

（5）扩大钻台面积，同时，在钻台上配有集成环保装置，实现油污不落地清洁作业；

（6）配套使用船型围堰，不需使用防渗膜，实现油污集中收集，现场油污不落地，实现清洁生产；

（7）设备整体承载负荷满足了超深井修井需要；

（8）开发人机交换控制技术，实现自动化控制和人工控制的自由切换；

（9）开发 PLC 编程控制技术，实现工序互锁功能，防止司钻误操作带来的安全风险。

近几年来，国内石油装备制造企业及油田对与修井机配套的自动化设备开展了较为广泛的研究，研发了部分自动化装置，并进行了现场试验。但由于修井作业工况变化较大、作业周期短、搬迁频繁、井内管柱和工具种类繁杂，所以配套设备存在现场适用性差、效率低、成本高、故障率高等问题，如一般油井检泵修井作业只需要 3~4 天即可完成，但有的自动化装备安装调试就需要 1 天，拆除该装置又需要 1 天，大大增加了占井周期和施工成本；有的装置对井场条件要求高，难以在丛式井或较狭小井场使用；有的配套设备对清洁环保重视不够，需配地面污染源处理材料、车辆，增加了施工费用；大部分装置价格较高，推广难度大。

目前国内研制了新型自动化修井工艺配套装置。该装置井口操作以清洁作业平台为基础，将起下作业带出的液体回流至油套环空或输送至井场液池，使液体不落地。平台上部安装管杆卡持对中及防污液喷溅装置，井口单人操作即可完成起下管柱及抢喷井控。场地安装环保管杆举升输送装置，通过无线遥控实现单根管柱的起下和输送，管柱下部滴落液体全部回收至输送装置尾集液箱。修井机游车大钩自动完成吊环和吊卡的所有动作。

新型自动化修井工艺配套装置、作业工人操作分工及位置分别如图 5-5-1 和图 5-5-2 所示。配套装置包括清洁作业平台、管杆卡持对中及防污液喷溅装置、液控旋转吊臂、吊环摆幅、吊卡翻转及自动开关装置、环保管杆举升输送装置等主要装置。从修井机的发动机取力，利用优化升级的液控、气控和电控操作方式，达到了井口司钻 1 人，平台操作 1 人，场地取收管柱 1 人的单人操作目的。

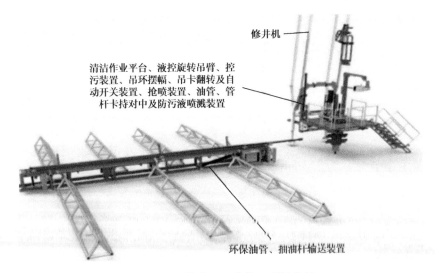

修井机

清洁作业平台、液控旋转吊臂、控污装置、吊环摆幅、吊卡翻转及自动开关装置、抢喷装置、油管、管杆卡持对中及防污液喷溅装置

环保油管、抽油杆输送装置

图 5-5-1　修井机配套装置现场布局

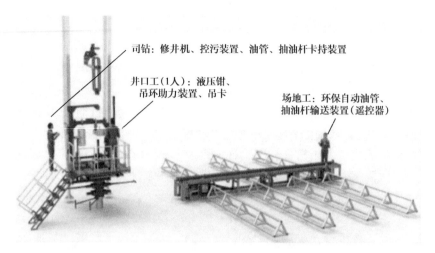

司钻: 修井机、控污装置、油管、抽油杆卡持装置

井口工(1人): 液压钳、吊环助力装置、吊卡

场地工: 环保自动油管、抽油杆输送装置(遥控器)

图 5-5-2　作业工人操作分工及位置

新型自动化修井工艺配套装置采用全过程控污技术，可使井内起出油管和抽油杆带出污液不落地。采用液控、气控和电控操作方式，可缩短井控抢喷总成安装时间，实现快速封井。实现井口单人操作，排除单吊环等安全事故隐患，降低安全风险，减轻现场员工修井作业过程中的劳动强度，提高生产效率，实现全过程的清洁环保高效作业。

二、修井专家系统

修井专家系统针对实际石油工程领域，建造专家系统，用来辅助或代替领域专家解决实际问题。如何把修井专家的知识和经验转化为计算机所具有的能力，这就需要用到知识获取。知识获取就是把用于求解专门领域的知识从拥有这些知识的知识源中抽取出来，并转换为一特定的计算机表示。知识获取为装入、修改和扩充知识库的知识提供手段；知识获取过程可以看作是一类专业知识到知识库之间的转移过程。知识获取策略是由知识的表示模式和知识库的存储结构决定的。

修井作业专家系统知识获取的主要来源是专家的经验和书本上的知识。主要途径是通过事故井维修的书面资料比如设计书等。

软件开发的目的是应用，如何使修井作业专家系统具有修井专家所具有的处理事故的方式，必须建立完善的事故处理推理机制。推理是根据一定的原则（公理或规则）从已知的事实（或判断）推出新的事实（或另外的判断）的思维过程，其中推理所依据的事实叫作前提（或条件），由前提所推出的新事实叫做结论。基于知识推理的计算机实现就构成了推理机，推理机的功能是模拟领域专家的思维过程，控制并执行对问题的求解。它能根据当前已知的事实，利用知识库中的知识，按一定的推理方法和控制策略进行推理，直到得出相应的结论为止。

专家系统具有下面三个属性。

（1）启发性。它运用规范的专业知识和直觉的评判知识进行问题求解。

（2）透明性。它使用户能够在无须了解其系统结构的情况下与专家系统直接交往，了解其知识内容和推理过程。

（3）灵活性。它可以接受新知识，调整有关的控制信息，使其与整个知识库协调。

三、修井作业技术发展方向

随着修井对象的日趋复杂，未来修井作业技术发展主要有以下 8 个方向。

（1）加强储层特征认识，提高修井方案针对性。储层的复杂性主要表现为高含水、低渗透、超深、超高压 / 低压、高温、酸性等，决定了修井作业技术必须针对不同储层特征确定敏感因素、优化方案、选择工具、确定工艺，形成储层特征认识、区域套损井治理、针对储层特征的入井液体系优化等配套技术。

（2）系统攻关大修技术，解决疑难井治理难题。水平井、腐蚀井、严重套损井等疑难待修井数量不断增多，常规修井技术及工具尚不能满足生产需求，必须持续攻关井下精准识别、吐砂井治理、腐蚀套管修复、超短半径侧钻等技术。

（3）加大水平井作业攻关，研发长井段水平井作业配套技术。随着非常规油气资源开发，水平井数量不断增多、水平段长度不断增加，亟须攻关长水平段水平井修井、找堵水及套管重建等技术。

（4）完善带压作业技术，拓展带压作业空间。攻关国产气井带压作业装备和技术，提升核心部件性能，打破国外公司技术垄断；同时，拓宽带压作业范围，扩大应用规模，为油、气、水井的安全、环保作业提供技术保障。

（5）扩充连续管作业能力，提升特种作业水平。攻关高压、超深井、超长水平段连续油管、非金属智能连续管装备及作业技术，拓展特种作业范围，大规模推广常规作业，转变作业方式，实现安全清洁生产。

（6）发展自动化修井技术，迈向人工智能领域。结合工业机械手、视觉识别、自动控制、人工智能等技术，大幅度提高核心系统的控制精度、可靠性及作业效率，突破大修、小修及带压自动化作业技术瓶颈，同时扩大试验规模，实现降本增效。

（7）全面推广清洁作业，建设绿水青山油气田。持续攻关清洁作业技术及配套工艺，推动技术集成、完善、升级、换代，全面推广清洁作业，实现油气绿色生产，建设绿水青山油气田。

（8）完善信息化建设，实现修井作业资源共享。加快修井信息化平台、现场监控系统、远程控制专家决策平台的建设及应用，充分发挥"互联网＋技术"的集群效应，实现修井作业规范、统一、安全、高效管理。

参考文献

[1] 王招明, 李勇, 谢会文, 等. 库车前陆盆地超深层大油气田形成的地质认识 [J]. 中国石油勘探, 2016, 21（1）: 37-43.

[2] 杨海军, 李勇, 唐雁刚, 等. 塔里木盆地克深气田成藏条件及勘探开发关键技术 [J]. 石油学报, 2021, 42（3）: 399-414.

[3] 朱光有, 杨海军, 张斌, 等. 塔里木盆地迪那2大型凝析气田的地质特征及其成藏机制 [J]. 岩石学报, 2012, 28（8）: 2479-2492.

[4] BAHRAM.Stratigraphic and Structural Analysis of Middle Atoka Formation in Aetna Gas Field, Franklin, Johnson and Logan Counties, Arkansas [D].University of Arkansas, 2015.

[5] VANDENBROUCKE M.Kinetic modeling of petroleum formation and cracking : implications from the high pressure/high temperature Elgin Field（UK, North Sea）[J].Org. Geochem., 1999, 30（9）: 1105-1125.

[6] EBRAHIM.Physical properties modeling of reservoirs in Mansuri oil field, Zagros region, Iran[J]. Petroleum Exploration and Development, 2016, 43（4）: 611-615.

[7] Suryanarayana; Smith, Bruce, et al.Basis of design for coiled-tubing underbalanced through-tubing drilling in the Sajaa field, UAE.[J].SPE Drilling & Completion, 2007, 21（2）: 125-132.

[8] Galloway, William E..Cenozoic evolution of sediment accumulation in deltaic and shore-zone depositional systems, Northern Gulf of Mexico Basin[J].Marine and Petroleum Geology, 2001, 18（10）: 1031-1040.

[9] Mark J. Kaiser.Evaluation of Changes in Expected Ultimate Recovery for US Gulf of Mexico Oil and Gas Fields, 1975-2016[J].Natural Resources Research, 2021, 30（2）: 1229-1252.

[10] Humphreys, A.T. Completion of Large-Bore HP/HT Wells[J].Journal of Petroleum Technology, 2001, 53（3）: 66-67.

[11] Hooshmandkoochi, Ghorbani.First Installation of an Openhole Expandable Sand-Screen Completion in the Iranian Oil Fields Leads to Operational Success and Production Enhancement—A Case History[A].Society of Petroleum Engineers Production and Operations Symposium 2007[C], 2003.

[12] Rajes Sau; Alaa Amin; Yasser Ali, et al.Advanced ERD Lower Completion Technology Performance Update in a Giant Offshore Field UAE[A].Abu Dhabi International Petroleum Exhibition & Conference[C], 2019.

[13] Abdalla Elbarbary; Gehad Mahmoud; Abdulraman Bahrom; et al.Auto-Gas Lift and Smart Well Completion Challenges to Extend Well Life and Running Toward Cost Effective Program, Field Case Study[A].Abu Dhabi International Petroleum Exhibition and Conference[C], 2015.

[14] 谢子潇, 冯创己, 李广. 彭州气田雷口坡组四段上亚段碳酸盐岩储层特征 [J]. 江汉石油科技, 2019, （4）: 1-8.

[15] 张哲夫. 高石梯—磨溪区块碳酸盐岩储层测井评价研究 [D]. 青岛: 中国石油大学（华东）, 2019.

[16] 李旭成, 万亭宇, 罗静, 等. 双鱼石区块栖霞组气藏试采认识及早期开发技术对策 [J]. 天然气勘探与开发, 2021, 44（4）: 60-71.

[17] 王蓓, 刘微, 李滔, 等. 四川盆地双鱼石区块栖霞组储层裂缝表征技术及其应用 [A].2021油气田勘探与开发国际会议 [C], 2021.

[18] 李华, 成涛, 陈建华, 等. 南海西部海域莺歌海盆地东方1-1气田开发认识及增产措施研究 [J]. 天然气勘探与开发, 2014, 37（4）: 33-37, 9.

[19] 魏安超, 韩成, 颜帮川, 等. 南海西部海上高温高压井完井技术挑战及对策 [J]. 内江科技, 2017, 38（3）: 30-31.

[20] 计秉玉, 郑松青, 顾浩. 缝洞型碳酸盐岩油藏开发技术的认识与思考: 以塔河油田和顺北油气田为例 [J]. 石油与天然气地质, 2022, 43 (6): 1459-1465.

[21] 江波, 任茂, 王希勇. 彭州气田 PZ115 井钻井提速配套技术 [J]. 探矿工程 (岩土钻掘工程), 2019, 46 (8): 73-78.

[22] 潘积尚, 蒙峰. 钻完井技术看川西 [J]. 中国石油石化, 2023 (3): 72-73.

[23] 周柏年, 孟鋆桥, 沈欣宇. 分支井钻完井技术在高石梯-磨溪地区的适应性分析 [J]. 钻采工艺, 2018, 41 (3): 33-36, 7.

[24] 王宇. 磨溪高石梯区块震旦系探井钻井完井完整性评价 [J]. 钻采工艺, 2014 (1): 4-7, 9.

[25] 李松, 周长林, 王业众. 四川盆地高石梯—磨溪地区裂缝-孔洞型碳酸盐岩储层改造设计优化 [A]. 2015 年全国天然气学术年会, 2015.

[26] 周代生, 杨欢, 胡锡辉, 等. 川西双鱼石构造超深井大尺寸井眼钻井提速技术研究 [J]. 钻采工艺, 2019, 42 (6): 2, 25-27, 36.

[27] 戴强, 张本健, 张晋海. 双鱼石构造超深超高压含硫气井完井管柱完整性设计探讨 [J]. 钻采工艺, 2019, 42 (6): 3, 44-46, 61.

[28] 苏强. 川西双鱼石构造复杂超深井钻井提速技术研究 [D]. 成都: 西南石油大学, 2019.

[29] 田宗强, 鹿传世, 王成龙, 等. 东方 1-1 气田浅层大位移水平井钻井技术 [J]. 石油钻采工艺, 2018, 40 (2): 157-163.

[30] 李中, 管申, 王尔钧, 等. 南海西部海域复杂压力梯度油气田钻完井技术研究及应用 [Z]. 2017.

[31] 张平, 贾晓斌, 白彬珍, 等. 塔河油田钻井完井技术进步与展望 [J]. 石油钻探技术, 2019, 47 (2): 1-8.

[32] 崔龙兵. 塔河油田完井方式的优选 [J]. 西部探矿工程, 2001, 13 (201): 151-153.

[33] 杨玉龙, 毛恒博, 焦少举, 等. 油水井修井作业工艺技术研究 [J]. 石化技术, 2023, 30 (4): 95-97.

[34] 陈曦. 渤海油田修井作业中解决井的完整性问题的思路与实践 [J]. 中国石油和化工标准与质量, 2023, 43 (6): 24-26.

[35] 石闯军, 杨述, 白会彦. 油井修井作业中洗井液配方的优化与应用 [J]. 石化技术, 2023, 30 (3): 63-65.

[36] 王长江. 油田井下修井作业常见问题及对策 [J]. 化学工程与装备, 2023 (3): 58-59.

[37] 郑如森, 高文祥, 王磊, 等. 塔里木油田高压气井压井技术 [J]. 油气井测试, 2021, 30 (2): 30-33.

[38] 袁波, 汪绪刚, 李荣, 等. 高压气井压井方法的优选 [J]. 断块油气田, 2008 (1): 108-110.

[39] 袁波, 刘刚, 王果, 等. 高压气井压井方法的机理及优选 [J]. 中国海洋平台, 2007 (6): 43-45.

[40] 王亦红, 云乃彰, 徐家文. 水平井生产管电化学切割动态分析及参数选择 [J]. 石油机械, 2000 (5): 9-11, 3.

[41] 曹海洋, 杨博钦, 翁天福, 等. 双管生产管柱切割回收技术及其应用 [J]. 现代工业经济和信息化, 2022, 12 (12): 176-177, 180.

[42] 焦巍, 卜鸿浩, 周堉林. SGP 封隔器处理技术 [J]. 石化技术, 2023, 30 (2): 85-87.

[43] 付建华, 邓乐, 陈国庆, 等. 深井裸眼封隔器分段酸压管柱打捞实践 [J]. 钻采工艺, 2023, 46 (1): 91-96.

[44] 陈飞, 徐路, 刘汗卿, 等. 中秋 102 井 139.7mm 小井眼封隔器处理实践与认识 [J]. 石油工业技术监督, 2021, 37 (10): 54-58.

[45] 白晓飞, 魏军会, 钟建芳, 等. 超深井 MFT 封隔器首次打捞工艺 [J]. 西部探矿工程, 2021, 33 (8): 33-36.

[46] 邱勇. 修井作业水井封隔器砂卡的处理方法 [J]. 化学工程与装备, 2021 (5): 95, 100.

[47] 张静. 川东北小井眼落鱼打捞经验 [J]. 石化技术, 2020, 27 (5): 121-122.

[48] 范玉斌，郝建广，司建斌．小井眼井解卡打捞技术研究与应用 [J]．中国石油和化工标准与质量，2018，38（15）：151-152.

[49] 娄明．小井眼修井技术的应用 [J]．石化技术，2018，25（6）：128，138.

[50] 周建平，郭建春，彭建新，等．超深高温高压气井小井眼打捞技术探索与实践 [J]．油气井测试，2016，25（3）：44-45，48，77.

[51] 马认琦，陈建兵，张玺亮．液压驱动式井下机器人的研究与设计 [J]．钻采工艺，2017，40（1）：9，77-80.

[52] 陈惟国，王和琴，赵炜．国外井下打捞工具的现状及发展趋势（一）[J]．石油机械，2000（7）：61-64.

[53] 陈惟国，王和琴，赵炜．国外井下打捞工具的现状及发展趋势（二）[J]．石油机械，2000（8）：59-60.

[54] 张宝晶，郭忠文，崔淑丽，等．修井工具的发展及前景分析 [J]．钻采工艺，2008（S1）：108-110.

[55] 杨冲．修井工具的发展及前景分析 [J]．化学工程与装备，2020（2）：59-60.

[56] 沈传海，曹继虎．高效磨铣工艺技术配套总结 [J]．石油化工应用，2007（3）：81-85.

[57] 宋涛．油气水井高效套磨铣工具创新设计 [D]．西南石油大学，2007.

[58] 井洋．井下作业修井现状及新工艺探讨 [J]．化学工程与装备，2019（9）：31-32.

[59] 黄艳，马辉运，蔡道钢，等．国外采气工程技术现状及发展趋势 [J]．钻采工艺，2008（6）：52-55，168.

[60] David Rich; Bruce Rogers; Quentin Dyson; et al: Thunder Horse and Atlantis Deepwater Frontier Developments in the Gulf of Mexico" Paper Title – Deepwater Completions: The Devil is in the Details[A].Offshore Technology Conference[C]，2010.

[61] Tt-uk Rescues Saudi Trenchless Project[J].Water & wastewater treatment：WWT Ireland，2009，Vol.52（3）：22.

[62] 刘强．浅论油田修井工具的发展及前景 [J]．中国石油和化工标准与质量，2014，34（9）：258.

[63] 张振军．浅析油田修井常用工具 [J]．化工管理，2013（22）：125.

[64] 张宝晶，郭忠文，崔淑丽，等．修井工具的发展及前景分析 [J]．钻采工艺，2008（S1）：108-110.

[65] 徐鹏海，马群，张莎，等．库车山前超深高温高压气井修井配套工艺技术 [J]．天然气技术与经济，2023，17（2）：47-52，74.

[66] 袁键，董周丹，董涛，等．西北油田超深井自动化修井技术应用探索 [J]．中国设备工程，2021(S1)：215-218.

[67] 王立新，葛嵩，曾倩宜，等．浅谈南海西部修井技术前景与展望 [J]．广东化工，2020，47（23）：76-77.

[68] 杨健．川南气田修井工艺技术综述与发展方向初探 [J]．钻采工艺，2000（6）：33-36.

[69] 姚俊材，尹泽刚．液压举升修井技术在渤海油田的应用 [J]．石油工业技术监督，2022，38（1）：51-54.

[70] 杨康，刘冬梅．塔河油田高压气井修井技术难点与对策 [J]．中国西部科技，2014，13（12）：15-16，25.

[71] 高文祥，李皋，郑如森，等．高压气井修井挤压井井筒流动模型 [J]．科学技术与工程，2019，19（24）：119-126.

[72] 郑如森，高文祥，邹国庆，等．塔里木油田超高压高产气井压井方法初探 [J]．油气井测试，2017，26（6）：62-64，76.

[73] 郑如森，高文祥，王磊，等．塔里木油田高压气井压井技术 [J]．油气井测试，2021，30（2）：30-33.

[74] 王春生，代平，何斌，等．浅谈库车山前超深高压气井井控安全与储层保护 [J]．钻采工艺，2015，38（4）：7，28-30，44.

[75] 伍贤柱，胡旭光，韩烈祥，等．井控技术研究进展与展望 [J]．天然气工业，2022，42（2）：133-142.

[76] 郭建华．高温高压高含硫气井井筒完整性评价技术研究与应用 [D]．西南石油大学，2013.

[77] 黄强．塔里木油田克深区块高温高压气井井筒完整性分析 [D]．中国石油大学（北京），2018.

[78] 李欣阳.YP区块水平井重复压裂增产潜力及技术对策研究[D].西南石油大学,2018.

[79] 谭刻明,张强,谭睿.阿姆河右岸三高老井修复可行性论证[J].钻采工艺,2019,42(6):119-121,125.

[80] 赵志川,聂岚,朱敏.新场气田老井潜力复查选井评层标准研究[J].石化技术,2021,28(5):151-152.

[81] 赵密锋,胡芳婷,耿海龙.高温高压气井环空压力异常原因分析及预防措施[J].石油管材与仪器,2020,6(6):52-58.

[82] 胡超,何银达,吴云才,等,高压气井突发环空压力异常应对措施[J].钻采工艺,2020,43(5):119-122.

[83] 曾努,曾有信,廖伟伟,等.克深区块高温超高压气井环空压力异常风险评估[J].天然气技术与经济,2017,11(1):21-23,34,82.

[84] 赵鹏.塔里木高压气井异常环空压力及安全生产方法研究[D].西安石油大学,2012.

[85] 丁亮亮,杨向同,张红,等.高压气井环空压力管理图版设计与应用[J].天然气工业,2017,37(3):83-88.

[86] 景宏涛,彭建云,孔嫦娥,等.塔里木油田气井环空保护液密度优化及应用[J].天然气技术与经济,2019,13(3):49-52.

[87] 胡生勇.高温高压气井完井技术难点与对策[J].中国石油和化工标准与质量,2020,40(20):56-58.

[88] 赵密锋,付安庆,秦宏德,等.高温高压气井管柱腐蚀现状及未来研究展望[J].表面技术,2018,47(6):44-50.

[89] 熊茂县,谢俊峰,章景城,等.高温高压气井清洁完井工艺管柱研究与应用[C]//中国石油学会天然气专业委员会.第32届全国天然气学术年会(2020)论文集.

[90] 向文刚,何银达,吴云才,等.清洁完井工艺在超深高温高压气井的应用及认识[J].天然气技术与经济,2021,15(3):49-53.

[91] 魏波,彭永洪,熊茂县,等.超深层高压气井可溶筛管清洁完井新工艺研究与应用[J].钻采工艺,2022,45(3):61-66.

[92] 周怀光,单全生,沈建新,等.塔里木H油田超深油井套管找堵漏技术实践及认识[J].承德石油高等专科学校学报,2016,18(6):25-30.

[93] 李博.套管找漏堵漏实用技术研究[J].中国石油和化工标准与质量,2013,33(11):60.

[94] 刘子平,屈玲,姚梦麟.油气井井筒泄漏超声波检测技术及应用[J].测井技术,2018,42(4):453-459.

[95] 丁高源.脉冲中子氧活化测井在查窜、找漏井中的应用[J].中国石油和化工标准与质量,2017,37(10):72-73.

[96] 赵志华,时峥,薛景仰,等.噪声、井温组合找漏测井在长庆油田的应用[C]//西安石油大学,陕西省石油学会.2019油气田勘探与开发国际会议论文集.

[97] 李柏颉,王培轶,龚丽.自然伽马测井在套管找漏中的应用[J].石化技术,2015,22(6):78.

[98] 张钦.修井作业中标准化建设的重要性与实施对策[J].石化技术,2017,24(9):158.

[99] 雷群,李益良,李涛,等.中国石油修井作业技术现状及发展方向[J].石油勘探与开发,2020,47(1):155-162.

[100] 袁键,董周丹,董涛,等.西北油田超深井自动化修井技术应用探索[J].中国设备工程,2021(S1):215-216.

[101] 刘庆华.小修、试油修井装备自动化与智能化的现状与趋势[J].云南化工,2018,45(3):222.

[102] 李纬,孙连会,陈辉.新型自动化修井工艺配套装置研究[J].石油机械,2021,49(3):125-131.

[103] 徐鹏,尹达,卢虎,等.库车山前致密砂岩气藏储层伤害分析及控制对策研究[J].科学技术与工程,

2016，16（6）：172-177.

[104] 姚茂堂，袁学芳，黄龙藏，等.库车山前低成本改造液体系研究及应用 [C]// 中国石油学会天然气专业委员会.第 32 届全国天然气学术年会（2020）论文集.

[105] 张勇奇.井下作业井控工作中的常见问题 [J].中国高新科技，2020（19）：90-91.

[106] 欧如学，宋中华，李强，等.塔里木油田修井井控设备密封性试压方法 [J].钻采工艺，2014，37（4）：5-6，77-79.

[107] 王智.钻井动液面无线监测装置研制 [D].西安石油大学，2021.

[108] 胡畔，肖河川，李伟成.基于环空液面监测系统的自动在线监测研究 [J].钻采工艺，2016，39（6）：5，66-68.

[109] 刘东普.带压作业装备与工艺技术研究 [D].东北石油大学，2015.

[110] 孙民笃.修井作业井口操作人性化设计的研究 [J].安全、健康和环境，2018，18（4）：22-24.

[111] 耿玉广，谷全福，王树义，等.修井作业井口无人操作起下油管装置 [J].石油钻采工艺，2014，36（6）：116-121.

[112] 孙越冬.自动化修井作业装置的设计与仿真 [D].中国石油大学（华东），2020.

[113] 周仪，屈海鹏.新时代下自动化修井机现状及发展 [J].当代化工研究，2021（3）：14-15.